建筑装饰设计

（第二版）

王秀静　冯美宇　主　编
王　瑛　主　审

科学出版社
北　京

内 容 简 介

本书由8个项目组成，包括项目前导、居住建筑装饰设计、商业建筑装饰设计、餐饮建筑装饰设计、办公建筑装饰设计、旅馆建筑装饰设计、公共建筑外部装饰设计和建筑装饰施工图设计。本书配套建设了包括电子课件、微课、动画、设计案例、实训任务书和习题库等立体化精品共享课程资源，方便教师教学和学生自学使用。

本书适合作为高等职业本科建筑装饰工程专业、高等职业教育建筑装饰工程技术专业、室内设计专业、环境艺术设计专业及相关专业的教学用书，也可供建筑装饰设计人员和爱好者参考。

图书在版编目（CIP）数据

建筑装饰设计/王秀静，冯美宇主编. —2版. —北京：科学出版社，2021.3

（“十四五”职业教育国家规划教材）

ISBN 978-7-03-067630-6

Ⅰ.①建… Ⅱ. ①王… ②冯… Ⅲ.①建筑装饰－建筑设计－高等职业教育－教材 Ⅳ.①TU238

中国版本图书馆CIP数据核字（2020）第270240号

责任编辑：李 雪 万瑞达 / 责任校对：王万红

责任印制：吕春珉 / 封面设计：曹 来

科学出版社出版

北京东黄城根北街16号

邮政编码：100717

http://www.sciencep.com

北京中科印刷有限公司印刷

科学出版社发行 各地新华书店经销

*

2015年4月第 一 版 开本：787×1092 1/16

2021年3月第 二 版 印张：18 3/4

2025年7月第 十 次 印 刷 字数：445 000

定价：69.00元

（如有印装质量问题，我社负责调换）

销售部电话 010-62136230 编辑部电话 010-62130874（VA03）

序

设计源于生活，设计为生活而存在。建筑装饰设计的目的就是创造满足人们物质和精神生活需要的室内外环境，是建筑设计的继续和深化，是室内外空间环境的再创造。本书在修订过程中，以培养未来建筑装饰设计师的**自信自强、守正创新、踔厉奋发、勇毅前行，责任无比重大，使命无上光荣为目的**。

1. 坚持人民至上的设计

马克思主义中国化时代化新境界必须坚持人民至上。在本书修订过程中，将设计师的社会责任贯穿教材始末，以先进的设计理念为引领，解决大众的生活切实所需，引导未来的设计师开展以解决社会性需求为目的的设计实践探索，使其认识到人民对一件设计作品的反映和评论，可以反映出人民的意愿和需要，这是推动设计创作发展的强大动力，也是检验设计师设计水平的最好标准。设计为人民服务，这是一个具有历史使命感的话题，是设计的初心，是设计的使命。未来已到来，创新在路上，不忘设计为人民服务的初心，期待每一名设计师都能为人民生活更加美好贡献自己的力量。

2. 弘扬中华优秀传统文化的设计

传统文化元素承载着几千年中华文明，包含着较多的物质文明与精神文明，在不同历史时期，充分表达中国人民行为习惯和文化内涵等。设计师应掌握好作品所表达的精神和情感，并把传统文化元素融入到设计中，让设计作品更具有深度，能更好地与人民群众产生情感共鸣。本书在修订过程中注重融入传统设计元素，同时鼓励学生在其基础上进行传承和创新，使学生认识到作为一名优秀的设计师，将中华优秀传统文化和项目设计做到很好的结合是当下必备的职业素质。用中华优秀传统文化来充实项目的设计语言，用项目设计来表达中华优秀传统文化，是作为中国设计师在设计阶段需要精心打磨和创造的核心内容。项目设计中，深入挖掘历史文化价值，选取题材、获取灵感、汲取养分，精挑细选出一系列具备文化特色的经典元素和显性符号不仅是设计师的职业能力，也是实现再创造，用现代设计推动民族复兴的社会责任。

3. 人与自然和谐共生的设计

人与自然是生命共同体，无止境地向自然索取甚至破坏自然必然会遭到大自然的惩罚，中国式现代化是人与自然和谐共生的现代化。中华文明在“道法自然，天人合一”的理念下孕育发展、绵绵不绝；在人与自然的和谐共生中历久弥新、生生不息。在新时代生态文明建设背景下，人与自然和谐共生的现代化图景既要满足设计多样性的需求，又要满足人民日益增长的美好生活需要，本书在修订过程中：**必须牢固树立和践行绿水青山就是金山银山的理念，站在人与自然和谐共生的高度谋划发展**。有针对性地开展各类设计更新实践，旨在以节能减排为基础，以文化挖掘、保护、传承为特色，围绕材料问题、构造设计，全过程、全方位地提升人民群众在绿色空间中的幸福感和获得感。希望通过理论探索、技术创新、体系构建及项目实践在装饰设计领域继续前行，守护绿水青山、推动绿色发展、促进人与自然和谐共生。

编者

2022 年 11 月

前言

本书是“十四五”职业教育国家规划教材。本书以建筑装饰装修工程项目为载体，融合“1+X”室内设计师证书标准要求，基于项目设计实施的方案设计阶段和施工图设计阶段组织编写内容，具备结构项目化、技能系统化、内容综合化的特点，旨在实现与行业标准对接、与岗位技能要求对接、与项目实施过程对接。

本书在第一版的基础上，补充了居住建筑装饰设计项目，替换了大量的陈旧案例。为方便信息化教学增加了大量数字学习资源，包括 PPT 课件、设计案例、微课、动画等，对教材内容做了全面修订与升级。同时，本书配有相应的教学资源包（含工程案例、设计实训等），登录科学出版社职教技术出版中心网站（http://www.abook.cn/）搜索本书即可下载资源。

全书由王秀静、冯美宇任主编，太原理工大学王瑛教授担任主审。本书编写分工如下：项目前导中的 0.1 节和附录由山西工程科技职业大学冯美宇编写，项目前导中的 0.2 节由山西工程科技职业大学金薇编写，项目前导中的 0.3 节和项目 4 由太原学院苏敏静编写，项目 1、项目 2 由山西工程科技职业大学王秀静编写，项目 3 由山西工程科技职业大学范文东编写，项目 5 和项目 6 由山西工程科技职业大学严丽红编写，项目 7 由山西建投集团装饰有限公司庞俊霞编写。在本书编写过程中，得到了作者所在学院的支持，在此表示衷心的感谢！

本书在编写过程中，参考了许多同类教材、专著，引用了一些实际工程中的案例，在此谨向相关作者表示衷心的感谢！

由于作者水平有限，书中难免有错漏及不妥之处，恳请广大读者批评指正。

编　者

2020 年 3 月

目录

模块一 方案设计阶段

模块二 施工图设计阶段

项目前导

教学目标 ☞

教学PPT

知识目标

1. 了解室内设计师的工作方式和内容，职业价值；
2. 熟悉装饰设计各阶段的主要任务、设计与技术依据。

技能目标

1. 初步培养室内设计师的职业能力与素养；
2. 能够运用设计内容与要素。

素养目标

1. 引导学生树立正确的世界观、人生观、价值观，初步具备设计师执业的基本素养；
2. 培养学生正确的设计思维，图示思维，具备脑、眼、手、心的协调；
3. 学习前辈大师的设计方法、设计经验，了解装饰设计市场的规则，为以后就业执业打下坚实的基础；
4. 理解人性化设计的理念与方法，体会传统文化的传承与演绎；
5. 掌握装饰设计的要点与方法，进而引导学生树立以人为本的服务意识、增强文化自信、培养创新意识。

0.1　职业基础

0.1.1　室内设计师的工作方式和内容

认识室内设计师（微课）

1. 室内设计师的工作方式

（1）纯设计

设计师只负责设计，不负责施工。这种工作方式对于设计师而言，比较轻松，只收取设计费用，只承担设计风险；但也存在弊端，如设计师不参与施工，设计在施工完成后可能会走样。

（2）设计并指导施工

设计师不仅完成设计任务，而且参与施工指导，并收取相应施工指导费用。

（3）设计师＝项目经理

设计师等于项目经理，不仅完成设计任务，而且负责全面施工过程，有自己的施工队伍，包括预算员，施工员、安全员、技术员等；相应设计师的收益也高。

2. 室内设计师的工作内容

从装饰设计的内容上来分，室内设计师的主要工作内容如下。

（1）功能分区

功能分区是指装饰设计中房间布局安排、套型分布情况。例如，一个酒店的大堂，首先安排总服务台、休息区、大堂副理台、精品店、商务中心、后勤辅助及办公室等。

（2）平面布局

平面布局是指在设计中，内外分区，动静分区，使用与管理分区，开放与私密分区等。

（3）交通组织

交通组织指在建筑中，重点交通的组织。楼梯、电梯、门厅、过厅、自动扶梯等的安排合理，交通组织顺畅，快捷方便无阻滞。

（4）流线处理

流线处理指不同人流运动的路线。例如，大堂内顾客入店流线，就餐客人流线，办理退房客人流线，来访客人流线，办公人员、服务人员流线，等等。流线不交叉，不混乱，各自独立，简便顺畅。

（5）家具摆放

家具摆放指室内家具的布置。家具摆放是至关重要的一个环节，摆放什么家具决定了一个空间的使用性质及如何高效地使用。

（6）陈设搭配

陈设决定了室内的格调、风格。中式风格就应搭配中式陈设，西式风格就应搭配西式陈设，陈设反映业主的情调、情趣、品味。

（7）软装指导

软装饰（简称软装）是指空间中的饰料安排要符合空间的气氛、格调、品质。

0.1.2 执业程序

执业程序（微课）

1. 设计文件的含义及室内设计流程

（1）设计文件的含义

反映设计师设计思想和设计意图的规范的技术图纸、设计说明、材料和设备清单、设计概算、设计合同、设计变更通知书、图纸会审记录、技术交底记录等，这些都是设计文件。

（2）室内设计的流程（图 0-1）

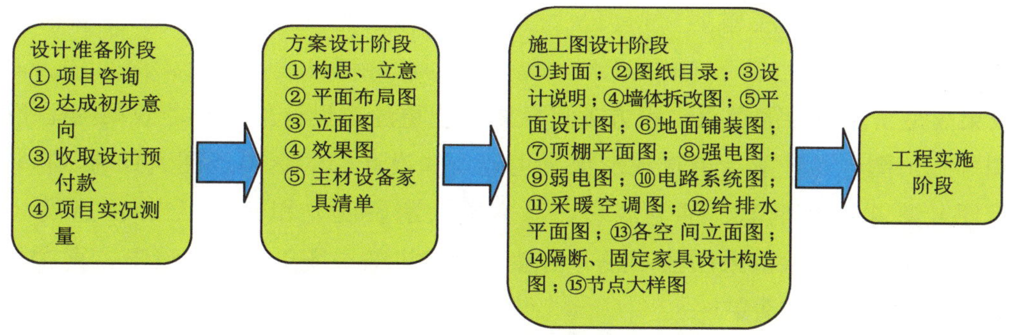

图0-1　室内设计的流程

2. 设计准备阶段

（1）项目咨询

甲方向设计师咨询有关项目的事宜，诸如设计师所在公司的设计取费标准、设计内容和深度、设计责任、施工质量保障、维修与保修、业绩、荣誉等，设计师要如实回答甲方咨询，同时要注意讲话技巧和方式。

（2）达成初步意向

甲方在对设计师的回答满意时，设计师要不失时机地劝说甲方委托设计项目，并交付一定数额的定金。

（3）收取设计预付款

设计预付款一般为拟装修工程设计费的 5% ~ 30%，收取设计预付款的目的是更好地保证双方的权利。一般甲方交了预付款，就不会轻易中止设计项目，而设计师收取预付款后，就会放心地为甲方提供服务。

（4）项目实况测量

在收取项目预付款后，设计师所在公司会安排专人约定时间去项目工地实况测量，取得基础资料，便于开展设计任务。

3. 方案设计阶段

设计项目在完成准备工作后就进入方案设计阶段。

方案设计阶段的主要内容如下。

（1）构思、立意

项目装饰设计的构思、立意就好比写文章的中心思想，是设计的灵魂。可以从造型方面入手、可以从功能方面入手、可以从空间方面入手、可以从色彩方面入手，切入点多种多样，只有创意好，作品才可能有格调。

（2）平面布局图

平面布局决定了空间的用途、效率、感受等，是设计的基础和核心，其内容包括家具的布置，门窗的位置、尺寸、开启方向，空间的划分，功能组合，功能区域划定，地面的标高变化，材料做法等。

（3）效果图

效果图是初步设计的重点，甲方项目负责人会更注重设计的效果，效果图比平面图、立面图等施工图更易理解，更直观形象，也能反映设计师的主要意图。目前，市场上流行的有手绘效果图（钢笔、钢笔淡彩、马克笔快速表现）和计算机（3D 建模、PS 后期处理）效果图。手绘效果图较洒脱、自然，计算机效果图更直观、清晰、真实。

（4）主材设备家具清单

室内设计师在设计工程项目时，要先将主要装饰材料确定下来，一方面主材将决定空间的效果、色彩、材质、肌理，另一方面决定工程造价水平。这时可列一个主材清单，供甲方参考。项目另一个很重要的内容就是设备和家具的选购。设备和家具既涉及一些专业技术问题，又涉及造型、色彩、风格等方面的问题。

4. 施工图设计阶段

方案设计完成之后，即可签订设计合同，然后就进入施工图设计阶段。施工图设计阶段的任务是根据国家规范，深化初步设计，把各空间的设计意图、材料、构造做法交代清楚。要求设计规范、职责明确、表达清楚、面面俱到。施工图设计内容如下：①封面；②图纸目录；③设计说明；④墙体拆改图；⑤平面设计图；⑥地面铺装图；⑦顶棚平面图；⑧强电图；⑨弱电图；⑩电路系统图；⑪采暖空调图；⑫给排水平面图；⑬各空间立面图；⑭隔断、固定家具设计构造图；⑮节点大样图。

施工图完成之后要按照设计程序进行施工图的审核与设计交付。设计交付后就可以全额收取设计费。另外还有设计交底、设计变更等工作尚待完成。

5. 工程实施阶段

工程实施阶段，包括施工技术指导、设计效果控制、竣工验收、项目交付等环节。

0.1.3 室内设计师的职业价值

1. 室内设计师的地位和作用

设计师在行业中处于龙头地位，全面负责项目设计乃至施工，地位举足轻重，设计师凭借其丰富的经验、精湛的技艺、全面的知识、兢兢业业的职业道德，在行业中占据至关重要的地位。

室内设计师在行业中所起到的作用如下。

（1）加快理念创新，推动技术进步

设计理念是设计师的灵魂。好的设计师能不断推出新的设计理念，带给客户耳目一新的感觉。许多新技术、新工艺就是因为设计师的新理念，才不断涌现。这就推动了技术的进步。

（2）合理设计布局，完善使用功能

设计布局决定了空间的使用效率、空间的功能配置，是设计师的基本功。合理的布局设计，可以使空间环境具有美观实用的使用效果。不断完善空间环境的使用功能，是设计师的重要任务。

（3）设计指导施工，解决技术难题

要使设计具有好的施工效果，离不开设计师的现场指导。设计人员要经常下工地，对施工人员和施工过程进行指导。设计师要同施工人员齐心协力，解决施工中的技术难题。

（4）参与竣工验收，指导软装搭配

设计师要参与竣工验收，指导处理好软装搭配的艺术效果。

2. 设计师的理想与现实

设计师要把握好理想与现实的关系，使自己的设计意图与业主要求、工程实际等相符合。

（1）与业主的想法是否吻合

业主的审美修养、经济能力、职业职位都会影响其对家装的想法，设计师的职业理想与业主的想法是否吻合，是关键问题。

（2）与业主的经济能力是否相合

业主的经济能力、支付意愿决定了设计方案选材标准、档次水平。

（3）是否有合适的装饰材料

是否能找到合适的装饰材料，既物美价廉，经济实惠，又能体现业主的身份地位。**同时注重节能、绿色、环保的装饰材料，践行绿色环保理念。**

（4）是否与施工技术相适应

施工技术是否成熟，决定了工期、质量等。

0.1.4 室内设计师的职业能力与素养

1. 室内设计师的职业能力

（1）工程制图能力

会建筑装饰制图，具备识读、绘制方案图、施工图、效果图的能力。

（2）美术造型能力

懂美术的构成，具有一定的造型能力、审美能力。

（3）创新性设计能力

掌握装饰设计原理与实务，具有设计各种空间类型的能力，掌握各类功能空间的装饰要点，**真正做到知行合一，守正创新**。

（4）施工技术指导能力

具备一定的施工技术指导能力，有一定的施工经验。

（5）工程业务管理能力

具备经营业务管理能力，成为全面的技术应用型管理人才。

（6）社会交往能力

与业主的交往体现出设计师的交际艺术与个人魅力。

2. 室内设计师的素养

（1）过硬的政治素养

必须坚定不移走中国特色社会主义政治发展道路，坚持党的领导、人民当家作主、依法治国有机统一，坚持人民主体地位，充分体现人民意志、保障人民权益、激发人民创造活力。

（2）良好的职业素养

设计师应具备良好的职业道德，如诚信、毅力、执着等，只有高尚的人格魅力，才能赢得客户的赞许与认同。所以每位设计师要不断完善自己、提高自己、超越自己。

（3）传统文化素养

我国是一个有着悠久传统文化的国家，有高古空灵的楚汉，有空前繁盛的唐代，有清灵高古的明代，有繁缛富丽的清代……**设计师要善于不断学习传统文化，从传统文化中汲取养分提升自己的传统文化素养**。

（4）艺术造型素养

艺术造型千奇百怪，层出不穷，设计师不仅需要具备造型能力，而且要有创造力。艺术造型是无穷无尽的，从点、线、面造型到立体构成、平面构成，设计师不仅要掌握造型规律，而且要善于从生活中总结体会。

（5）良好的个人修养

良好的个人修养会对一个人的一生产生积极的影响，设计师必须具备良好的与人交往的能力、沟通的能力、分析问题和解决问题的能力。

（6）时尚文化素养

每一种风格与流派都与所处的时代紧密相关，打上时尚时代背景的烙印。时尚即流行，设计师是时尚文化的弄潮儿，是时尚的引领者。每一位设计大师无不与时尚紧密联系，从密斯•凡德罗对钢与玻璃的运用，到安藤忠雄对混凝土的把控，无不体现了大师对时尚文化的紧密把握。

（7）艺术品鉴赏素养

建筑是具备艺术价值的实用品，装饰亦此，大师的作品就是最好的诠释。装饰中的艺术品搭配深深体现出设计师艺术品鉴赏水平的高低，但凡经典的装饰作品中，艺术品都是原创真品，价值不菲。

0.2 装饰设计的依据与方法

0.2.1 装饰设计的依据

装饰设计的依据（微课）

1. 设计任务的工程条件和要求

（1）已确定的投资限额和建设标准

室内设计与建筑设计的不同之处在于，不同建筑设计方案的土建单方造价比较接近，而不同建设标准的室内装修，可以相差几倍甚至十几倍。对室内设计来说，投资限额与建设标准是装饰设计必要的依据因素。

（2）设计任务要求的工程施工期限

室内设计师要掌握工程项目的设计周期和施工工期。对于不同的期限，在设计过程中可能会采用不同的装饰材料、安装工艺以及界面设计处理手法。如国内供材与国外采购所需要的花费及时间不同。

（3）设计风格

室内设计师要把握任务书中对工程项目的风格定位或业主喜欢的风格样式。熟悉工程项目所在区域的历史文化特征，人文背景情况等，地域文化、民族宗教及民俗文化等，这些都将对设计风格产生深远的影响。

（4）原有建筑的相关资料及设计范围

室内设计师要掌握装饰设计所涉及的项目范围，熟悉与工程项目有关的设计图纸及其相关资料，如建筑面积、结构体系、构造做法、功能分区、设施设备等，了解建筑设计中存在的缺陷或不足，以便后期通过装饰装修进行弥补。

（5）内、外部环境

装饰空间的面积、层高、柱网的开间间距、风管的断面尺寸以及水电管线的走向和铺设要求等，都是组织室内空间时必须考虑的。有些设施内容，如风管的断面尺寸、水管的走向等，在与有关工种的协调下可作调整，但仍然是必要的依据条件和制约因素。

了解工程项目的外部环境，包括周边环境、景观、地形地貌、气候、日照等情况，在项目设计过程中进一步解决好保温、隔热、通风、遮阳、防水、防潮等问题。

（6）功能要求及人流情况

根据空间的功能要求及人流路线（包括目的性人流、非目的性人流和停滞状态的人流情况），进一步对空间进行功能分区，在设计中满足人数、空间要求和特殊要求。

2. 装饰设计的技术依据

“以人为本，服务于人”，设计的最终目的是为了满足人的需求，以人为核心，以人体工程学和环境心理学为设计依据。

（1）人体工程学

人体工程学是研究“人–机–环境”系统中人、机、环境三大要素之间的关系，为解决该系统中人的效能、健康问题提供理论与方法的科学。人体工程学在设计中的作用主要体现在以下几个方面。

1）确定人在室内活动所需空间的主要依据。影响空间大小、形状的因素相当多，但是，最主要的因素还是人的活动范围以及家具设备的数量和尺寸。因此，在确定空间范围时，必须明确使用这个空间的人数，每个人需要多大的活动面积，家具和设备需要占用多少面积等，以及成人与儿童在立、坐、卧时的平均尺寸等。还要测定出人们在使用各种家具、设备和从事各种活动时所需空间的面积和高度。根据人体工程学中的有关计测数据，从人的尺度、动作域、心理空间以及人际交往的空间等，来确定空间范围。

2）确定家具、设施的形体、尺度及其使用范围的主要依据。家具、设施为人所使用，因此它们的形体、尺度必须以人体尺度为主要依据。人体的尺度，即人体在室内完成各种动作时的活动范围，是我们确定室内诸如门扇的高宽度、踏步的高宽度、家具的尺寸等最小高度的基本依据。同时，室内空间里，除了人的活动外，主要占有空间的内含物即家具、灯具、设备。对于灯具、空调设备、卫生洁具等，除了有本身的尺寸以及使用、安置时必需的空间范围之外，值得注意的是，此类设备、设施，由于在建筑物的土建设计与施工时，对管网布线等都已有整体布置，室内设计时应尽可能在它们的接口处予以连接、协调。当然，对于出风口、灯具位置等，从室内使用合理和造型等要求出发，适当在接口上作些调整也是允许的。人们为了使用这些家具和设施，其周围必须留有活动和使用的最小余地，这些要求都由人体工程科学予以解决。室内空间越小，停留时间越长，对这方面内容测试的要求也越高。

3）提供适应人体的室内物理环境的最佳参数。室内物理环境主要有室内热环境、声环境、光环境、重力环境、辐射环境等，室内设计时有了上述要求的科学的参数后，在设计时就有可能有正确的决策。

环境心理（动画）

（2）环境心理学

环境心理学是研究环境与人的行为之间相互关系的学科，它着重从心理学和行为的角度，探讨人与环境的最优化，即怎样的环境是最符合人们心愿的。人在室内环境中，其心理与行为尽管有个体之间的差异，但从总体上分析仍然具有共性，即具有以相同或类似的方式作出反应的特点，这也正是我们进行设计的依据。下面列举几项室内环境中人们的心理与行为方面的情况。

环境生理学在建筑装饰设计中的应用（微课）

1）领域性与人际距离。领域性原是动物在环境中为取得食物、繁衍生息等的一种适应生存的行为方式。人在室内环境中的生活、生产活动，也总是力求其活动不被外界干扰或妨碍。不同的活动有其自身的生理和心理范围与领域，人们不希望轻易地被外来的人与物所打破。室内环境中个人空间常需与人际交流、接触时所需的距离通盘考虑。人际接触实际上根据不同的接触对象和不同的场合，在距离上各有差异。根据人际关系的密切程度、行为特征确定人际距离，即分为密切距离、人体距离、社会距离和公众距离。当然对于不同民族、宗教信仰、性别、职业和文化程度等因素，人际距离也会有所不同。

室内环境中人们的心理与行为方面的关系（微课）

2）私密性与尽端趋向。如果说领域性主要在于空间范围，则私密性更涉及在相应空间范围内，包括视线、声音等方面的隔绝要求。日常生活中人们还会非常明显地观察到就餐人对餐厅中餐桌座位的挑选，人们最不愿意选择近门处及人流频繁通过处的座位。而餐厅中靠墙卡座的设置，由于在室内空间中形成更多的“尽端”，也就更符合散客就餐时“尽端趋向”的心理要求。

3）依托的安全感。生活活动在室内空间的人们，从心理感受来说，并不是越开阔、越宽广越好，人们通常在大型室内空间中更愿意有所“依托”的物体。在火车站和地铁车站的候车厅或站台上，人们并不较多地停留在最容易上车的地方，而是愿意待在柱子边，人群相对散落地汇集在厅内、站台上的柱子附近，适当地与人流通道保持距离。在柱边人们感到有了“依托”，更具安全感。

4）从众与趋光心理。从一些公共场所内发生的非常事故中观察到，紧急情况时人们往往会盲目跟从人群中领头几个急速跑动的人的去向，不管其去向是否是安全疏散口。当火警开始报警或烟雾开始弥漫时，人们无心注视标志及文字的内容，甚至对此缺乏信赖，往往是更为直觉地跟着领头的几个人跑动，以致成为整个人群的流向。同时，人们在室内空间中流动时，具有从暗处向较明亮处流动的趋向，紧急情况时，语言引导会优于文字的引导。上述心理和行为现象提示设计者在创造公共场所室内环境时，首先应注意空间与照明等的导向，标志与文字的引导固然也很重要，但从紧急情况时的心理与行为来看，对空间、照明、音响等需予以高度重视。

5）空间形状的心理感受。由各个界面围合而成的室内空间，其形状特征常会使活动于其中的人们产生不同的心理感受。著名建筑师贝聿铭先生曾对他的作品——具有三角形斜向空间的华盛顿艺术馆新馆有很好的论述，他认为三角形、多灭点的斜向空间常给人以动态和富有变化的心理感受。因此，室内环境设计应符合人们的行为模式和心理特征，设计者应深刻领会环境和心理行为模式对组织室内空间的提示作用，充分考虑使用者的个性与环境的相互关系。

（3）装饰市场的流行信息

要想成为一名优秀的设计师，应始终使自己的设计作品位于设计的最前沿，准确预测设计的发展趋势，掌握最新的设计理念，熟知可供选用的各种装饰材料的种类、质量、价格及流行性，施工中的构造做法及施工工艺的可行性，这些都将作为设计的重要依据。

（4）现行设计标准规范等

在进行设计与施工时，政府和行业部门出台的与工程项目有关的政策文件、标准规范、预（决）算定额等相关资料都是必须遵守的规定，例如，在进行公共空间的装饰装修活动中，首先应满足各建筑空间建筑设计的要求；在材料的选用上，遵守《民用建筑工程室内环境污染控制标准》（GB 50325—2020）、《建筑内部装修设计防火规范》（GB 50222—2017）的规定；室内光环境的设计应遵守《建筑照明设计标准》（GB 50034—2013）及《建筑采光设计标准》（GB/T 50033—2013）的规定；图纸设计满足《房屋建筑制图统一标准》（GB/T 50001—2017）的规定；公共场所的声学设计应满足《民用建筑隔声设计规范》（GB 50118—2010）的规定等。

0.2.2 装饰设计的方法

装饰设计的方法（微课）

任何一门专业都有自己科学的工作方法，公共室内空间设计是一门集技术与艺术于一体的环境艺术边缘学科，它运用现代化工程技术手段创建人类生存环境的空间，其内容涉及物理工程学、材料工程学、化学、光学、电子学等现代科学技术。它除用科学技术方法满足人类生存环境的基本使用功能外，更重要的核心问题是环境空间氛围的营造，它直接给我们的生活带来丰富多彩的环境美享受，环境空间的审美需求又依赖于艺术形式的表现。由此可见，公共室内空间设计既有工程技术的成分，又归属于艺术范畴的活动，因而它的设计方法显得尤其独特和重要。

进入室内设计专业学习之前，学生普遍习惯于理工科逻辑思维或纯绘画艺术形象思维，创造性设计思维的能力较薄弱，找不到设计语言的思维途径，因此认识室内设计语言渠道非常必要，常见形式如下。

1. 设计思维渠道

（1）形象联想

形象联想是以某种关联形象为联想的出发点，通过形象的结构、形状、质感、颜色的关系，整体与局部、原因与结果、内容与形式的关系，形象与形象之间相同、相近、相反的关系，海阔天空、跳跃式地去联想。抓住可能发展出的每一个结果和变化去发展，最后形成新的派生形象，成为设计的母体符号。如以苹果为基本形象的联想（图 0-2）。

（2）概念联想

事物的概念，指一种理念、一种风格、一种时尚，或是一句简单的词语。运用类推、抽象、转化等联想思维，把它转换成新的设计概念，如由“上班”概念联想到“上海人”。公共室内空间设计阶段，不妨从与方案有关的几个方向去打开思路。

图0-2　形象联想图例

1）艺术风格：包括中式、欧式、古希腊式、哥特式、巴洛克式、洛可可式、国际派、光洁派、后现代派、浪漫主义等。

2）空间形式：包括长体空间、圆体空间、三角形空间、复合空间、并联空间、母子空间、共享空间、虚拟空间等。

3）建筑构件：包括墙、横梁、各式柱、藻井、坡屋顶。

4）文化风格：包括历史、地域风格。

5）组织识别策划：包括标志、颜色、材质。

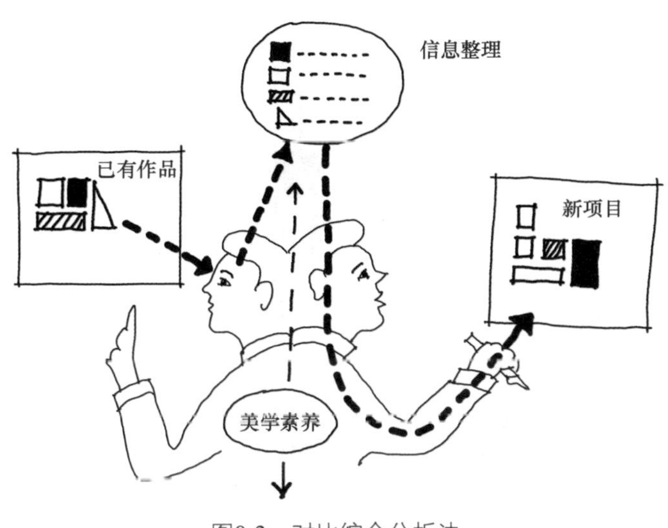

图0-3　对比综合分析法

2. 对比综合分析过程

在室内设计过程中，常将多种方案进行分析，比较出优劣，筛选出精华，然后决定设计发展的方向。有时也可采用综合的手法，将几种设计方案取长补短，经过提炼优化整合为一个新方案，甚至将不相关的材料结合成一个裂变体（图 0-3）。

3. 图解形象思维方式

室内设计是一种图形创意设计，设计者依赖图形语言与外界交流自己的设计意图，其思维借助于图形自我交流。同时，图形在很大程度上反促进思维的发展。因此，掌控室内设计语言方法，关键是要学会各种图解形象的思维方法。在计算机处理图形高度发展的今天，手绘图形不失为一种表达思维最好的方法。手绘图形过程中，通过“眼—脑—手—图形”4 个环节的配合和反思，边看、边想、边画，反复促进设计思维的完善。

在设计中，图解思维方式主要通过两类图形来达到思维的完善。

（1）平面和立面空间界面样式草图

此类主要规划室内功能布局，空间形状和尺度，家具、陈设及设备布局的平面图，对以上设计要素通过多张草图反复论证比较，进行图解分析思维，促进设计者思维活动深化、扩展和完善（图 0-4 和图 0-5）。

TV
墙面造型边线
隐形衣柜
柱面造型边线
定制字母门
豪华大包间
备餐间
卫生间
备餐台
玻璃屏风
墙面造型边线
柱面造型边线
柱面造型边线
R1500
R1100
14380
13810
6870
4720
4120
4020

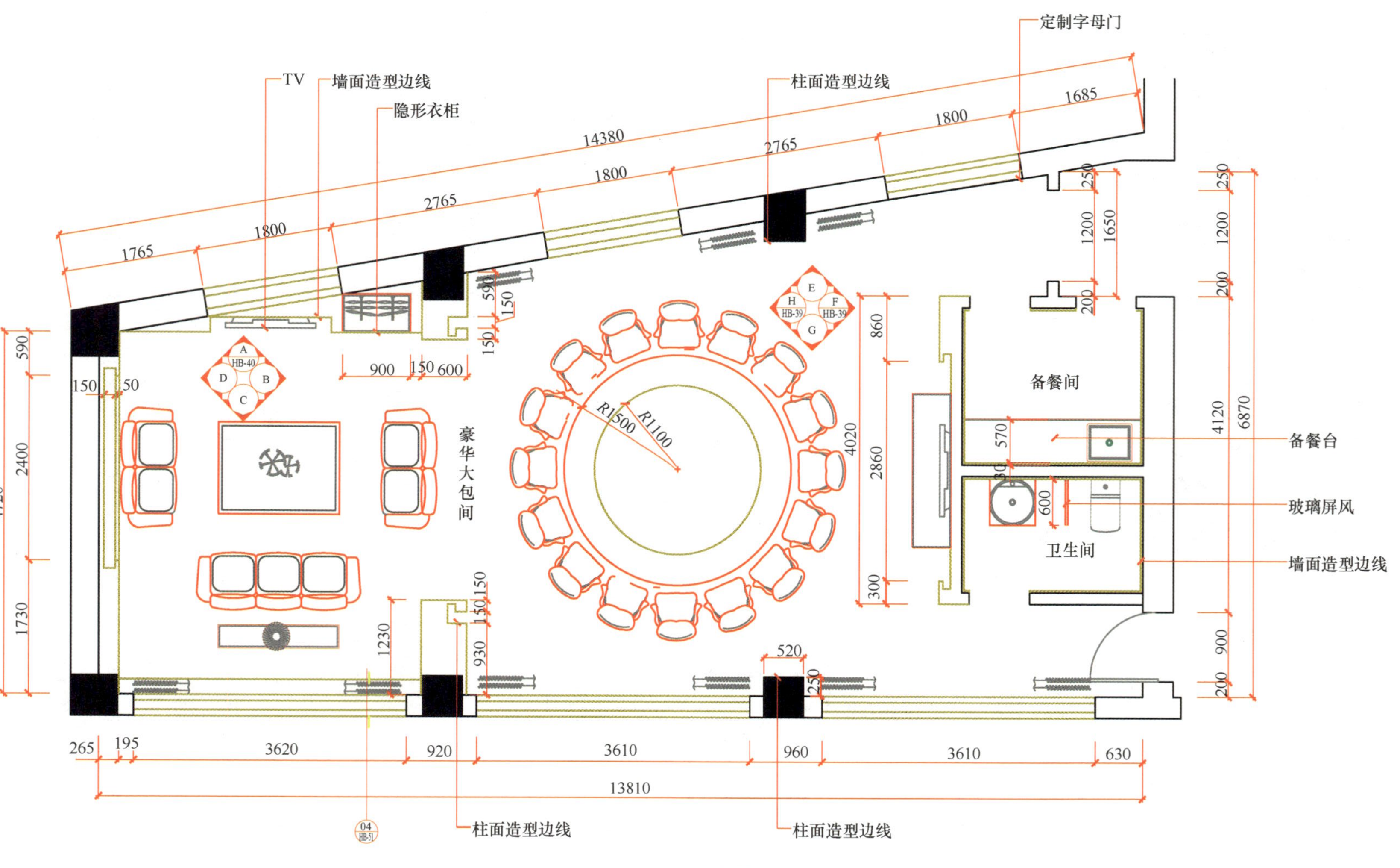

图0-4 平面图

石膏板吊顶 木饰面，内嵌金属线

客厅A立面图

石膏板吊顶 装饰画 木饰面，内嵌金属线

客厅C立面图

图0-5 立面图

（2）透视图解方式

设计师常常需要面对没有空间想象力的对象，有时用平面正投影图解分析方式难以传达给对方，这时借助三维透视的错觉空间来表述设计思维，可以让对方直观而清晰地观察到最后的空间效果。三维透视图解的方式因观看角度和视线的变化不同，常见的类型有平行透视图、成角透视图、斜角透视图和轴测透视图等，也可以是很随意的草图形式，其目的就是达到图解思维设计的表述（图0-6）。

图0-6 三维透视图解

0.3 装饰设计的内容与要素

公装设计概述
（微课）

建筑装饰设计是运用技术手段和美学原理，根据建筑空间使用功能、空间所处的特定环境和相应建设标准，对空间进行创造与组织的理性活动，目的是创造出科学合理、灵活舒适、高效便捷的空间环境，以满足人们的物质需求和精神需求。

根据研究对象的不同，建筑装饰设计可以分为建筑内部装饰设计和建筑外部装饰设计两大类。根据建筑类型的不同，建筑装饰设计又可以分为居住建筑装饰设计、公共建筑装饰设计、工业建筑装饰设计、农业建筑装饰设计。依据建筑类型对建筑装饰设计进行分类，可使设计师明确建筑空间的使用性质，便于设计定位。

现代建筑装饰设计的内容包括功能组织、视觉环境、陈设配置、工程技术、物理环境、生态景观、文化内涵等多种设计因素，是全方位、多层面的功能空间营造。

0.3.1 空间要素

空间要素
（微课）

1. 室内空间的类型及特征

基于人们丰富多彩的物质生活和精神生活的需要，建筑的室内空间呈现多种形式。根据空间构成的性质和特点，可以归纳为以下几类。

（1）由水平界面标高变化形成地台空间、下沉空间、悬浮空间

地台空间是将室内地面局部抬高划分出的边界明确的空间。由于地面升高使其突出于周围空间，表现为外向性、展示性和扩张感，如图 0-7 所示。

下沉空间是将室内地面局部降低而产生的相对独立的空间。由于空间地面低于周围地面，因此具有较强的内向性和围护感，如图 0-8 所示。

悬浮空间是指采用悬吊结构而形成的空间形式。空间具有通透、轻盈之感，其低层空间的利用较充分、灵活，如图 0-9 所示。

（2）由垂直界面布局变化形成凹入空间、外凸空间

凹入空间是指室内某一墙面或局部凹入的空间。通常只一面或两面开敞，受干扰较少，具有较强的领域感与私密性，如图 0-10 所示。

外凸空间是指相对于外部空间凸出在外的空间形式。通常结合栏杆、窗等设置与室外景观取得沟通和融合，如图 0-11 所示。

（3）由空间布局变化形成固定空间、可变空间

固定空间是一种功能明确、空间界面固定的空间，其形状、尺度、位置等往往不能改变。

图0-7　某商店地台展示空间

图0-8　下沉空间

图0-9　悬浮空间

图0-10　凹入空间

图0-11　外凸空间

可变空间是一种灵活可变、适应性较强的空间。设计通常采用可移动的隔墙、隔断、家具、绿化等分隔空间，空间大小可随使用功能要求的变化而变化，如图 0-12 所示。

（4）按空间围合程度可分出封闭空间、开敞空间

封闭空间是指用限定性比较高的实体围合起来的独立空间，具有很强的领域感、稳定感和私密性。

开敞空间是一种强调与周围环境交流、渗透的外向型空间，表现出流动性和开放性的特点。开敞空间界面的围合程度低，可以完全开敞，与周围空间无阻隔；也可以相对开敞，利用隔断等做局部分隔，如图 0-13 所示。

图0-12　可变空间

图0-13　开敞空间

（5）按空间的动静基调可分出动态空间、静态空间

动态空间一般有三种表现形式：一是空间内包含各种动态设计要素，如观光电梯、变换的灯光、流水等；二是利用对比强烈的图案和有动感的线形引起人心理感受上的变动，如图 0-14 所示；三是利用空间序列引导人在空间中流动。

静态空间的限定性较强，趋于封闭型。空间关系较为清晰和单一，视觉效果和谐稳定。此外，将中国传统人文精神和经典美学观念融入空间设计，更能强化静态空间的精神气韵，如图 0-15 所示。

图0-14　动态空间

图0-15　静态空间

（6）运用空间体量大、小变化与组合，创造母子空间、共享空间

母子空间是在原空间中用实体或象征手法限定出大小空间的空间模式。由于限定出的小空间具有一定的私密性和领域感，又与大空间相互沟通，所以是闹中取静的最佳空

间构成，如图 0-16 所示。

共享空间是大型公共建筑内的公共活动中心和交通枢纽。这类空间保持区域界定的灵活性，运用多种空间要素和设施，将空间处理成相互穿插交错、极富流动性的内庭形式，它是主动与自然和谐的、多用途的、综合性的灵活空间，如图 0-17 所示。

图0-16　母子空间

图0-17　共享空间

（7）运用实质环境要素创造结构空间，运用非实质环境要素创造迷幻空间和模糊空间

结构空间充分利用造型优美的结构，体现建筑结构的技术感、力度感、安全感、时代感，从而强化室内空间的表现力，如图 0-18（a）、（b）所示。

（a）现代结构空间

（b）传统结构空间

图0-18　结构空间

图0-19　迷幻空间

迷幻空间在造型上追求变化与动感，运用扭曲、断裂、倒置、错位等手法，配置奇形怪状的家具和陈设，运用跳跃变幻的光影效果和浓艳的色彩获得神秘、新奇、变幻莫测的空间效果，如图 0-19 所示。

模糊空间又称为灰空间，它的界面模棱两可，具有多种功能含义。这类空间常介于室内与室外、开敞与封闭等空间之间，充当过渡部分，起到增加空间层次、丰富空间视觉效果的作用。

2. 室内空间组织方式

现代建筑室内空间功能随着人们生活方式的变化而日趋复杂，科学的空间组织对满足使用要求，提高空间利用率、舒适度和艺术感有着重要作用。

（1）空间的分隔与围合

空间的分隔与围合是对空间的限定，使空间各组成部分之间形成“围”与“透”的关系。空间的分隔与围合应充分考虑到空间的使用功能和人的行为方式、空间的关系与层次、空间的艺术特点和风格要求等。空间分隔的方式决定了空间的限定程度，常见方式有四种：绝对分隔、局部分隔、象征性分隔、弹性分隔。隔断、界面、照明、家具、绿化等是实现空间分隔的手段要素，如图 0-20（a）～（c）所示。

（a）利用墙面局部分隔空间

（b）利用隔断象征性分隔空间

（c）利用旋转门弹性分隔空间

图0-20　空间的分隔与围合

（2）空间的对比与变化

在相邻空间中营造对比关系，是实现空间序列起伏变化、丰富空间效果的最有效手段。设计可从空间的体量、形状、方向、虚实、动静等方面构成空间之间的对比关系。对比的程度有强有弱，弱对比表现含蓄、温和，易调和；强对比表现鲜明、刺激，可突出重点。

（3）空间的重复与再现

重复的空间组织方式通过连续多次或有规律地再现同一形式的空间，使空间组合具有优美的节奏感和连续感。这种方式组织的空间联系紧密、衔接自然，有利于形成明确的主题和统一的格调。常用的重复手法有对称、连续、交替。

（4）空间的引导与暗示

空间的引导和暗示就是以建筑处理手法引导人们行动的方向，通过巧妙、含蓄、自然的空间处理，使人在不经意间沿一定的方向或路线从一个空间依次进入另一个空间。具体设计中，可以利用韵律构图引导人流方向，如连续的柱子、陈列品、灯具等；也可利用特殊造型暗示另一空间的存在，如造型楼梯、曲面墙等；还可以利用视觉中心形成空间暗示和引导，如在空间转折处设大型装饰物等，如图 0-21（a）、（b）所示。

（a）弯曲度墙面形成导向性　　（b）视觉中心形成空间暗示

图0-21　空间的引导与暗示

（5）空间的衔接与过渡

空间的衔接与过渡就是处理相邻空间之间的承接关系。在设计中，可以采用直接衔接和间接过渡的方法。所谓直接衔接，是指空间之间通过设置隔断、楼梯等构件或者改变局部空间体量来体现联系关系。而间接过渡是指在空间之间插入过渡性空间，借助过渡性小空间，形成空间大小、明暗、高低等交错变化，以保证空间组织的连续性和节奏感。

0.3.2 界面要素

界面要素（微课）

建筑装饰设计中的界面要素包括：室内界面（顶棚、墙面、地面）和各种细部构件（柱子、隔断、楼梯、门和窗等）。形、色、光、质构成界面的造型效果。合理的功能、美观的造型、与室内设备的周密协调以及提供安全而舒适的环境，是界面设计的共性要求。

建筑顶棚的装饰装修（微课）

1. 室内界面

（1）顶棚

建筑的室内顶棚最能反映空间的形状及关系。因其往往面积较大，结构形式复杂，且涉及较多的消防、照明、空调等设备，所以在设计中需注意协调各种因素，综合解决造型与技术问题，并需满足以下要求：其一在造型处理上，顶棚要能明确地界定空间，主次分明，并与地面呼应，形成统一的设计风格；其二在技术处理上，顶棚要满足结构和安全要求，满足设备布置的要求，做好隐蔽工程，为设备的安装和使用创造条件。

建筑室内顶棚造型丰富多样，主要有平整式、井格式、分层式、悬挂式、采光顶、黑顶棚等几种。各类顶棚的造型可以是建筑结构本身的形式，也可通过吊顶而成。在室内环境的营造中，不同顶棚具有不同的表现特点，例如，井格式顶棚和分层式顶棚的造型立体感强，与灯具结合能产生较好的光影效果；悬挂式顶棚的格栅或折板可以满足声学、照明等方面的特殊要求；采光顶棚和黑顶棚能体现出建筑结构的科技感、力度感和现代感，如图 0-22（a）～（f）所示。

（a）平整式顶棚

（b）井格式顶棚

（c）分层式顶棚

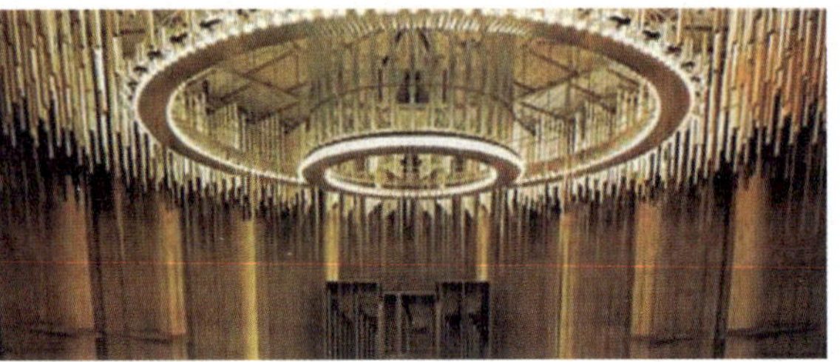
（d）悬挂式顶棚

图0-22 顶棚设计的形式

（e）采光顶棚

（f）黑顶棚

图0-22（续）

（2）墙面

建筑墙面的装饰装修（微课）

建筑室内墙面装饰设计的要点有：首先，满足建筑功能的使用要求和物理环境的舒适性要求；其次，注意结构技术安全，保证装饰部分的结构与构造安全可靠；再次，造型设计必须处理好相邻多个界面的主次关系，与陈设品之间的映衬关系，与顶棚、楼（地）面的呼应关系，做到既突出重点又风格统一。**同时，造型设计还应注意传统文化元素的运用，将现代建造法则与传统东方美学相融合，实现传统文化的传承与创新，提升室内空间的文化内涵和气质。**

建筑室内墙面的设计形式主要有平面式、罩面式、立体式、造景式、家具式等。平面式墙面，造型简洁、干净；罩面式墙面使用的装饰材料决定其装饰效果，常表现为富丽、高贵的风格特色；立体式墙面的凹凸造型能增强空间动感；造景式墙面采用石材、绿化、水体、壁画或雕刻等装饰手段，使空间赏心悦目；家具式墙面，对空间的利用率较高，美观且实用，如图0-23（a）～（f）所示。

（a）平面式墙面

（b）局部罩面式墙面

（c）全部罩面式墙面

（d）立体式墙面

图0-23　墙面设计的形式

（e）造景式墙面

（f）家具式墙面

图0-23（续）

建筑室内地面的装饰设计（微课）

（3）地面

建筑室内地面的装饰设计，一方面要求具备实用功能，如防滑、防水、防电、耐磨、耐腐蚀、隔声、易清洁等；另一方面，还需具备审美价值，与空间整体风格和谐统一。地面形状和图案的变化需综合考虑室内功能区的划分、家具陈设的布置。

地面设计主要有平整式、地台式、下沉式三种。地台式和下沉式设计，通过地面的高差变化对空间形成限定作用，分别表现出外向和内向两种不同的空间特质。平整式地面的装饰效果依靠地面选材和拼花图案来实现，铺地图案设计常采取三种方法：质地划分、导向性划分和艺术性划分，如图0-24（a）～（c）所示。

（a）质地划分

（b）导向性划分

（c）艺术性划分

图0-24　地面图案铺贴设计

2. 细部构件

（1）柱子

柱子的造型设计需注意两点：首先，柱子的装饰风格。古典风格的柱子应讲究严格的比例关系和模式，现代风格的柱子，形式可大胆自由，突出艺术性与个性。其次，柱子的空间位置。对于位置较偏、数量不多的柱子，可将其与墙面一起做隐蔽处理，以加强空间的整体感；对于位置和体量较显眼且数量较多的柱子，可通过精心的造型设计强化柱子的存在感和柱列的节奏感，进而促成空间风格的形成；对于居于空间重要位置的柱子，则可进行重点艺术处理，形成空间的视觉焦点，如图0-25（a）～（c）所示。

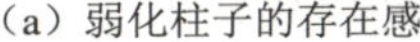
（a）弱化柱子的存在感

（b）强化柱子的节奏感

（c）以柱子为视觉焦点

图0-25　柱子的设计形式

（2）隔断

隔断是一种墙体界面的特殊形式，但在空间设计上隔断分隔较墙体分隔更灵活，分隔的空间更开敞、流动性更强，所以，更适用于功能日趋复杂的现代建筑空间。

根据功能作用不同，隔断可以分为艺术性隔断和功能性隔断。艺术性隔断主要以半封闭式为主，装饰特点表现为增加空间层次，使空间互相渗透，美化室内空间，如图 0-26 所示。功能性隔断一般多为封闭式隔断形式，其主要作用是灵活划分空间，满足多功能需求，如图 0-27 所示。

图0-26　某餐厅艺术造型隔断

图0-27　某办公空间内藏式隔断

（3）楼梯

现代建筑装饰设计常将楼梯作为艺术表现的重点。常见的楼梯结构形式有梁式楼梯、板式楼梯、悬臂式楼梯和悬挂式楼梯，它们的艺术表现方式各有千秋，装饰效果的表现来自于楼梯的结构形式、踏面和栏杆造型、材料的质感等。楼梯的装饰设计要综合考虑结构条件、空间功能、风格特点等因素，它是技术与艺术结合的完美体现，如图 0-28 所示。

（a）梁式楼梯

（b）板式楼梯

（c）悬壁式楼梯

（d）悬挂式楼梯

图0-28 楼梯的设计形式

建筑门窗的装饰装修（微课）

（4）门和窗

在建筑装饰设计中，门的设计需满足以下要求：首先，门的设置必须以满足使用功能和消防规范为前提；其次，门的材料、造型、色彩要统一于空间整体装饰风格，并与所属界面相协调。当门的位置或功能比较重要时，还可以有意突出门的艺术形象，如图 0-29 所示。

窗的装饰程度因其所属空间的功能、窗户的位置和重要性的不同而不同，一般有几种情况：一种为隐蔽装饰，如商场、展馆等建筑的窗户，因物品展示和摆放的需要，被隐于侧界面后；另一种为简单装饰，如普通住宅、办公、医疗等建筑的窗户装饰，重在满足功能需要，而不过分讲究艺术造型；第三种为重点装饰，如别墅、餐饮、旅游建筑的窗户，因具有采光和营造环境氛围的作用而需精心设计，甚至窗户的装饰可能成为界面风格设计的主导，如图 0-30 所示。

图0-29　某餐厅大门的设计

图0-30　某餐厅窗口的设计

0.3.3　艺术要素

光照、色彩是现代建筑室内环境中最为生动、活跃的因素，其作用不仅体现在满足环境的使用要求上，更在于对空间形象的视觉审美价值和精神内涵的创造，**实现物质文明和精神文明相协调的现代化空间环境**。

艺术要素（微课）

1. 室内光环境

建筑室内光环境设计包括自然采光与人工照明，设计要求是选择科学合理的采光方案，充分利用各种光源，提供高质量的采光照明条件，创造适用、经济、美观的视觉环境。

（1）自然采光

自然采光具有节约能源、有益身体健康、亲近自然的特点。建筑的自然采光有侧向采光和顶部采光两种形式。侧向采光可以获得良好的朝向和室外景观，并且有利于防晒，不足之处是只能保证在有限进深内的采光要求（一般不超过窗高的两倍），并且采光口的高度位置对照度也有影响，如图 0-31 所示。顶部采光的优点是光线自上而下，照度分布均匀，亮度高且光色较自然，但由于光源直射，会使室内产生眩光，如图 0-32 所示。在建筑室内采光设计时，须根据建筑的结构条件和功能需求，结合空间艺术效果，采取恰当的装饰技术手段（如设调光板、遮光帘等），发挥自然采光的优势，以达到理想的光照效果。

图0-31　侧向采光

图0-32　顶部采光

（2）人工照明

人工照明是建筑光环境的重要构成部分，兼有使用和装饰双重功能，在具体设计中，两者的比重因建筑功能不同而不同，如工厂、学校等工作场所主要考虑功能需求，而休闲、娱乐场所，则更强调艺术效果。

照明方式和灯具的选择对光照质量和空间艺术风格有重要影响。从灯具投光特点来看：直接照明方式，照度高而集中，但易产生眩光或阴影；反射照明方式，光线柔和，无强烈的阴影；漫射照明方式，光照均匀、光线柔和；综合照明效果是照明与反射照明的混合效果，光影效果丰富，装饰性强。从照明布局特点来看：整体照明方式，使空间宽敞、明亮，并形成统一格调；局部照明方式，对特定区域重点投光，满足功能或装饰要求；装饰照明方式，创造视觉上的美感。鉴于现代建筑空间特别是公共建筑空间复杂的功能要求，其照明设计需要综合运用多种照明方式才能达到理想的照明效果，如图 0-33 所示。

图0-33　综合照明效果

此外，建筑装饰设计还常将人工照明与空间造型结合在一起，利用光色、光影来营造空间气氛和意境，增加空间的层次和深度，创造了光带照明、光梁照明、光檐照明、龛孔照明、发光面照明、空间灯网照明、人工窗等方式，如图 0-34（a）～（f）所示。

2. 室内色彩环境

随着建筑空间功能、造型以及内设物的日渐多样化，室内色彩环境设计也相应变得复杂。在建筑室内色彩配置时，需着重考虑以下方面。

室内装饰设计时应该如何配置色彩（微课）

（a）光带照明

（b）光梁照明

（c）光檐照明

（d）龛孔照明

（e）发光面照明

（f）空间灯网照明

图0-34　与空间造型结合的照明方式

（1）建立和谐的色彩关系

统一的室内色彩设计、统一而协调的色彩关系，能增加空间功能的可识别性，突显环境特色。空间的色彩环境应有明确的主色调，来获得统一的色彩效果。主色调一般由界面色、物体色、灯光色等构成，且选择含有同类色素的色彩，从而使人获得视觉上的和谐感。其次，应做好色彩的层次搭配，对于界面色与物体色，可以加大色彩层次的面积差别以突出主体；对于界面色之间或物体色之间，可以削弱层次的变化形成色彩的整体感，如图 0-35 所示。

图0-35　协调与统一的室内色彩设计

（2）彰显色彩魅力

通过色彩的对比形成丰富多彩的视觉效果，可以从色彩的明度、色相、纯度、用色面积等方面选择对比关系，使各自的色彩更鲜明，从而加强色彩的表现力和感染力。但同时应注意色彩的呼应关系和色彩的主从关系。好的室内色彩环境应是空间色彩丰富而不繁杂，统一而不单调，如图 0-36 所示。

（3）发挥色彩的空间构图作用

色彩在空间构图中常可以发挥特别的作用，运用得当则可以加强视觉中心效果，强化室内空间形式，反之则消弱视觉中心效果，破坏室内空间形式。如图 0-37 所示，为了打破单调的六面体空间，采用超平面美术方法，不以界面区分和限定，任意地突出抽象的彩色构图，使空间更显生动。发挥色彩的空间构图作用可以创造丰富多彩的空间形式，适应更多更复杂的功能要求。

图0-36 利用深色对比调和的室内色彩设计

图0-37 色彩对空间构图的影响

（4）利用色彩效应改善空间效果

利用色彩的物理效应（温度感、距离感、尺度感、重量感）和心理效应，可以在一定程度上调整空间形态，从而改善空间效果。如用深色或暖色来减弱空间的空旷感，用收缩色进行墙面大体感的调节。此外，还需了解和尊重不同民族和地域的色彩文化，把握流行色，满足和平衡当代人精神与心理的需求。如充分利用中国传统色彩文化中的红、黄、青、黑、白五色，通过合理的选择与搭配，提升室内空间的文化气息。

（5）把握材质、照明与色彩的关系

材料的质感、照明和色彩表现相互影响，室内色彩环境设计可以利用这种影响关系，创造与功能相符的环境氛围。例如，咖啡厅需要宁静、亲密的气氛，设计常选用质感柔和的饰面材料，配以低照度的暖色光，以增加环境的舒适感。

0.3.4 陈设要素

陈设要素（微课）

1. 家具

（1）家具的功能

家具是兼顾使用和装饰双重功能的用具。在建筑装饰设计中，家具的使用性功能表现为：家具是满足人们工作、生活需要的重要载体。同时，家具的布置可以分隔和组织空间，提高空间的利用率或增强空间的灵活度。家具的装饰性功能表现为：家具的选配可以体现出空间环境的艺术氛围和民族特点，使人在工作和生活中受到艺术和文化熏陶，如图 0-38 所示。

图0-38 家具选配烘托环境的文化韵味

（2）家具的配置要点

建筑室内空间的家具一般为众多人员所使用，所以在功能、布置、材质、造型等方面有其特殊性。

其一，实用方便。家具的使用功能应满足大众要求或特殊群体要求。家具布置要方便使用，且充分利用室内空间。

其二，安全可靠。家具的结构要坚固，材质要耐久，造型要让人有安全感，对于使用频繁、使用期限较长的家具尤其如此，如图 0-39 所示。

其三，风格统一。同一场所使用的各式家具的造型和风格需保持一致，且与建筑装饰风格协调。

其四，造型和色彩一般应满足大众的审美要求，但也有少数设计作品为满足个别人群的探奇心理，打破常规选用一些造型奇特、色彩夸张的家具装饰室内空间，如图 0-40 所示。

图0-39　酒店大堂的接待台

图0-40　造型奇特的酒吧座椅

2. 饰物

饰物在建筑装饰设计中起着增加室内文化韵味，强化风格特点和美化空间环境的作用，包括实用型饰物和欣赏型饰物。在空间组织上，饰物既可以构成主要的景观点，如门厅入口处大体量的屏风、花瓶等，还可以充实和调整室内空间构图，如在走廊的墙面上布置灯具、书画、雕塑等，如图 0-41 所示。

为建筑室内空间选配饰物要注意以下几点：首先，满足空间的使用和陈列需要，陈列方式不影响空间的正常使用；其次，饰物需与家具搭配，起到丰富空间，烘托家具的作用；再次，保证空间的均衡构图、饰物与所属空间的比例协调，同时重要饰物摆放在显眼位置，以形成视觉焦点；最后，饰物的造型、质地、色彩应与空间格调、家具、其他配饰之间在整体风格上相统一，以保证变化丰富而不杂乱、和谐统一而不单调。如图 0-42 所示，带有浓郁的地域特点的中式家具和饰物充分体现了茶馆的历史文化和意境。

0.3.5　景观要素

景观要素包括绿化、山石、水体等，它们对室内空间环境的塑造，发挥着美化环境、组织空间、改善环境质量、协调人与环境关系的作用。随着自然生态设计理念的推广，室内景观已成为建筑装饰设计的一个重要内容。

1. 室内绿化

室内绿化是指利用植物对室内环境进行配置的设计，其布局形式灵活多样、不拘一格。建筑室内绿化设计需注意以下几点：首先，根据功能需要、艺术造型和空间条件（尺度、光照、温湿度）选配适宜的植物。其次，植物配置要与水体、山石、家具、设备相结合，形成综合性的艺术陈设，如图 0-43 所示。再次，造型设计要符合空间构图原则，作重点装饰的要少而精，以形成视觉中心；作背景的要利用形、色、质等特征成片布置，与周围环境构成对比。最后，绿化配置要充分利用建筑空间，合理组织空间，例如，将植物与天棚造型结合，形成垂挂式的绿色立体景观；利用窗间绿化使室内外空间保持连续性；借助绿化造型形成空间的诱导路线等，如图 0-44 所示。

图0-41　装饰品的空间引导作用

图0-42　中式风格浓郁的茶馆门厅设计

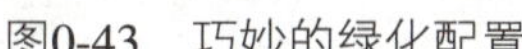

图0-43　巧妙的绿化配置

图0-44　绿化与空间的结合

2. 室内山石与水体

山石与水体也是建筑室内空间造景的主要素材，形状千姿百态、各具特色。它们可以单独成景，也可以结合在一起布置，使其山水相形，交融为一体。**中式风格的装饰设计中，以自然山水为物质载体，通过对传统文化内涵和哲理的解读，能更好地提升空间的文化意境。**如图 0-45 所示。山石与水体的景观设计需把握几个要点：首先，山水景观的特色要与建筑装饰风格相吻合；其次，善于把握山石和水体的形、色、质等表现特征，结合现代灯光、音效等技术手段，增添空间环境的意境和情趣；再次，将造景与空间组织相结合，起到分隔或联系空间的作用。

图0-45　古朴清新的山水景观设计

3. 室内庭院

室内庭院是指利用绿化手段创造的室外化的室内空间，是建筑的室内共享空间和中庭的常用绿化形式。室内庭院的特色因建筑空间功能的不同而不同，如办公建筑的室内庭院是提供休息的场所，采取自然的内庭绿化即可，如图 0-46 所示；旅馆建筑的室内庭院是公共活动的中心，在设计上应注意其观赏性和意境。室内庭院的规模应根据具体空间的大小而灵活设计，小型庭院一般只设花池、盆栽或布置一组主题景观，大型庭院通常有几组景点，设计时要注意景观的主次搭配和层次感。

图1-46　室内庭院方案设计

0.4 工作页：装饰设计准备

姓名： 学号： 班级： 日期：

<table>
<tr><td>任务</td><td colspan="3">0.1 职业基础
0.2 装饰设计的依据与方法
0.3 装饰设计的内容与要素
0.4 工作页：装饰设计准备</td></tr>
<tr><td>项目前导</td><td>设计准备</td><td>课程名称</td><td>建筑装饰设计</td></tr>
<tr><td colspan="4">任务概述：</td></tr>
<tr><td colspan="4">通过讲授、PPT 理论教学和市场调研等教学等形式，了解建筑装饰设计的工作方式和内容，熟悉装饰设计各阶段的主要任务、设计与技术依据；初步培养装饰设计师的职业能力与素养，以及运用设计内容与要素的能力。</td></tr>
<tr><td colspan="4">工作任务流程图：</td></tr>
<tr><td colspan="4">布置教学内容与要求—采用讲授、PPT 理论教学等形式进行理论讲解—通过收集资料（规范、标准、图集等）、市场调研等形式分组进行学习和资料分析—完成相关知识的总结与展示。</td></tr>
<tr><td colspan="4">1. 资讯（明确任务、资料准备）</td></tr>
<tr><td colspan="4">（1）装饰设计师的工作方式和内容有哪些，执业程序是什么，及其应该具有哪些职业能力与素养？
（2）装饰设计的依据和方法包括哪些？
（3）装饰设计的内容和要素包括哪些，分别具有什么特点？</td></tr>
<tr><td colspan="4">2. 决策（分析并确定工作方案）</td></tr>
<tr><td colspan="4">（1）分析如何掌握建筑装饰设计的基本原理和设计方法，以及需要获得哪些依据和资料，初步明确设计准备工作的目的、内容与完成度；
（2）理论学习，小组讨论并完善工作任务方案。</td></tr>
<tr><td colspan="4">3. 计划（制订计划）</td></tr>
<tr><td colspan="4">（1）通过理论学习掌握建筑装饰设计的基本原理；
（2）通过项目分析、市场调研、资料查阅等形式，熟悉装饰设计师的工作方式和内容，掌握建筑装饰设计的规范、标准、技术要求等；
（3）通过小组讨论与案例学习，掌握正确的设计思维方法和设计要素的协调配合的方法。</td></tr>
<tr><td colspan="4">4. 实施（实施工作方案）</td></tr>
<tr><td colspan="4">（1）资料分析报告（包括：理论知识总结、市场调研资料、学习笔记、相关规范和标准等）；
（2）研讨并填写工作页。</td></tr>
<tr><td colspan="4">5. 检查</td></tr>
<tr><td colspan="4">（1）学生对学习笔记和理论知识的总结进行独立检查或小组之间相互交叉检查；
（2）以小组为单位进行调研资料的分析整理，小组成员补充优化；
（3）资料分析报告的展示与评价，检查是否达到预期学习目标。</td></tr>
</table>

续表

6. 评估
（1）填写学生自评和小组互评考核评价表； （2）同老师一起评价认识过程； （3）与老师进行深层次的交流； （4）评估整个理论学习过程和资料成果（相关调研报告或总结），是否有需要改进的方法。
指导老师评语：
任务完成人签字： 日期：
指导老师签字： 日期：

模块一　方案设计阶段

项目1 居住建筑装饰设计

教学目标

教学PPT

知识目标

1. 掌握居住建筑的分类及当下居住建筑装饰发展的趋势与方向；
2. 掌握居住建筑装饰设计的要求及设计阶段的内容；
3. 掌握居住建筑各空间系统的功能内容与设计要点。

技能目标

1. 正确分析并合理组织家居空间的功能布局；
2. 能灵活运用各设计要素；
3. 独立完成居住建筑空间的装饰设计，并绘制方案图、效果图。

素养目标

1. 培养学生顺应行业和市场要求的设计构思和表现能力；
2. 充分挖掘新材料、新技术或新模式背后的科学思维、创新过程以及绿色发展理念，助推家居行业高质量发展；
3. 培养学生对待挫折坚韧不拔的毅力和诚实守信、吃苦耐劳的精神，以及兢兢业业、勇于担当的责任心；
4. 增强学生专业自豪感，激发创新热情。

板房设计（一）

板房设计（二）

了解当前居住建筑项目的整体情况（微课）

住宅的分类及特征（动画）

1.1 项目引入：概述

1.1.1 了解当前居住建筑项目的整体情况

建筑装饰行业新材料、新技术、新模式等创新和绿色发展理念层出不穷。装修部品可进行标准化设计、工厂化生产、装配式施工，智能家居、互联网+背景下的装修产业服务链以及智能生产等，极大地提升了我国建筑装饰装修行业水平。

图1-1 高层住宅

住宅的种类繁多，分为高档住宅、普通住宅、公寓式住宅、TOWNHOUSE、别墅等。随着人们认识的提高，对设计的追求也越来越高，要求设计的内容更加细致和人性化。

1. 住宅的分类

1）按楼体高度分类，主要分为低层、多层、小高层、高层（图1-1）、超高层等。

2）按楼体结构形式分类，主要分为砖木结构、砖混结构、钢混框架结构、钢混剪力墙结构、钢混框架－剪力墙结构、钢结构等。

3）按楼体建筑形式分类，主要分为板楼、塔楼及其他形式住宅等（图1-2）。

图1-2 板楼、塔楼

4）按房屋类型分类，主要分为普通单元式住宅、公寓式住宅、复式住宅、跃层式住宅、花园洋房式住宅（图1-3）、小户型住宅（超小户型）等。

5）按房屋政策属性分类，主要分为廉租房、已购公房（房改房）、经济适用住房等。

2. 智能化住宅

智能化住宅是指将各种家用自动化设备、电器设备、计算机及网络系统与建筑技术和艺术有机结合，以获得一种居住安全、环境健康、经济合理、生活便利、服务周到的感觉，使人感到温馨舒适，并能激发人的创造性的住宅型建筑物。一般认为具备下列四种功能的住宅为智能化住宅：安全防卫自动化；身体保健自动化；家务劳动自动化；文化、娱乐、信息自动化（图1-4）。

图1-3　花园洋房

图1-4　智能化住宅

3. 硬、软装的区别

硬装修：除了必须满足的基础设施以外，为了满足房屋的结构、布局、功能、美观需要，添加在建筑物表面或者内部的固定且无法移动的装饰物。比如，铺地砖、铺地板、吊顶、墙面粉刷、固装家具等（图 1-5）。

（a）固装家具

（b）界面硬装修

图1-5　住宅硬装修

软装饰：软装是包括整体环境、空间美学、陈设艺术、生活功能、材质风格、意境体验、个性偏好，甚至风水文化等诸多方面的一种创造。软装从客观上来说基本可以移动，主要包括家具、装饰画、灯饰、布艺、盆景、其他装饰摆件等（图 1-6）。

建筑室内设计中布艺的设计（微课）

4. 精装修和整体家居

精装修是指住宅套内所有功能空间的固定面铺装或涂饰、管线及终端安装、厨房和卫生间的基本设施等全部完成，已具备基本使用功能的住房。

（a）软装概念方案

（b）装饰陈设

图1-6　软装概念图

整体家居是以家为单位，以风格、色彩、产品材质、家居的整体布局为主线，并以室内家居环境整体设计方案贯穿，包含整体厨房、整体卫浴、室内门、地板主材等产品，再加以装修的基础施工（含装修辅材）在内的一个十分系统性、个性化定制的整体家居装饰的解决方案。

5. 批量化精装与传统装修的区别

1）装修设计特点把控：设计中性化、淡化个性化设计，通过设计，引导消费者向装饰个性化方向发展。提倡“轻装修、重装饰”。

2）设计风格选择：采用现代简约、简约欧式、时尚混搭三种风格为主，在此基础风格之上进行演变和延伸。

3）批量化装修质量保证问题的解决：采用工厂化制作、现场安装的工艺，大大提高标准化施工质量。房屋各种部位、部品具有质量保证期限，尽量减少现场的施工作业。

4）解决业主对材料环保性能的担忧：环保监控从供应商原材料供应的源头抓起，选择信誉度高的、客户认可度高的知名品牌，确保安全。

5）批量化精装设计不同于传统样板房设计：批量的特点，严格的目标成本控制。

6）项目开发周期的特性：合理进行设计、采购及施工节点安排，通常精装修房比毛坯房开发周期长 6 ～ 8 个月。

1.1.2　确定设计任务

1. 设计要求

居室的物质和精神功能应为舒适方便、温馨恬静，并以符合住户和使用者的意愿、适应使用特点和个性要求为依据。对设计者要求能以多风格、多层次、有情趣、有个性的设计方案来满足不同住宅类别（如多层、低层住宅，高层公寓，独立、并列并联式住宅，别墅等）、不同居住标准和不同住户经济投入的需求。对多种类型、多种风格的室内居住环境的要求如下。

（1）使用功能布局合理

住宅的室内环境，由于空间的结构划分已经确定，在界面处理、家具设置、装饰布置之前，除了厨房和浴厕（由于有固定安装的管道和设施，它们的位置已经确定）之外，其余房间的使用功能，或一个房间内功能地位的划分，需要以住宅内部使用的方便合理作为依据（图 1-7）。

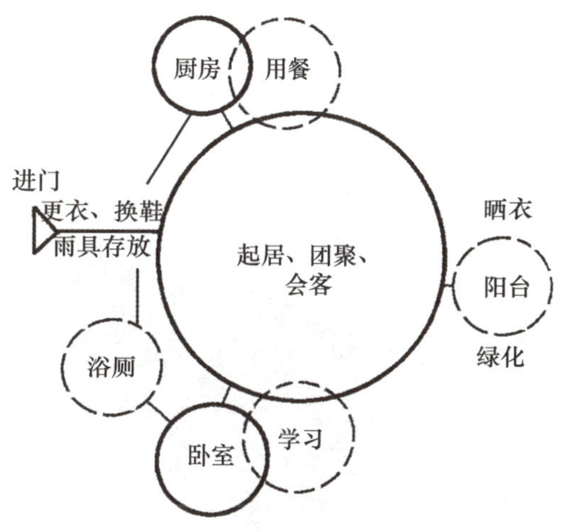

图1-7 住宅基本功能关系图

（2）风格造型通盘构思

构思、立意是室内设计的“灵魂”。室内设计通盘构思就是说把家庭的室内环境设计装饰成怎样的风格和造型特征（图 1-8）。在进行装饰之前，需要从总体上根据家庭人员的职业特点、艺术爱好、人口组成、经济条件和家中业余活动的主要内容等作通盘考虑。

（a）巴洛克风格建筑外观

（b）巴洛克风格装饰

（c）法式（巴洛克）装饰

图1-8 风格和造型特征

（3）色彩、材质协调和谐

住宅室内的基本功能布局已确定，并且有了一个在造型和艺术风格上的整体构思，然后就需要从整体构思出发，设计或选用室内地面、墙面和顶面等各个界面的色彩和材质，同时确定家具和室内纺织品的色彩和材质（图 1-9）。

主色调为黑白灰，局部金棕色、雅致米做点缀，将典雅高贵的气质与都市新贵圈层的品味高度契合，内敛而庄重。

图1-9　家居色彩与肌理

图1-10　重点设计

（4）突出重点、利用空间

住宅室内尽管空间不大，但从功能合理、使用方便、视觉愉悦以及节省投资等几方面综合考虑，需要对装饰进行重点设计（图 1-10）。

2．阶段安排

居住建筑装饰设计一般由生活方式、艺术效果以及技术保障三个部分的内容组成。

（1）生活方式设计

1）功能设计。决定室内空间的各项使用功能。

2）房间分配设计。决定房间的功能组合。

3）套型改进设计。发扬原有套型的优点，改掉原有套型的缺点。

4）设备配置设计。决定采用什么样的家用设备。

（2）艺术效果设计

1）空间设计。确定室内的空间效果。

2）界面设计。确定室内的界面形式和材料。

3）构造设计。确定装修的具体构造。

4）色彩设计。确定家的色彩氛围。

5）材料设计。确定装修的具体材料。

6）家具设计。确定所采用的家具类型、材料、色彩、风格及摆放形式。

7）采光设计。确定所采用的照明形式和灯具。

8）陈设设计。确定家庭的各类陈设的配置。

（3）技术保障设计

1）给排水设计。确定家庭的供水和排水管道的设计。

2）暖通设计。确定家庭采暖设备设计。

3）强电设计。确定家庭电路、开关、插座的位置。

4）弱电设计（智能布线设计）。确定家庭电话、有线电视、网络、报警防盗系统等位置。

5）环境设计。家庭的环境、安全、健康方面的设计。

1.2 项目解析：居住建筑装饰设计要点

玄关的装饰设计（微课）

玄关系统（微课）

1.2.1 玄关系统

1. 功能分析

现代住宅空间多进行玄关的设计，它是住宅室内与室外的过渡空间。所以，在设计中必须要考虑其实用因素和心理因素（图 1-11）。其中应包括适当的面积、较高的防卫性能、合适的照度、益于通风、足够的储藏空间、适当的私密性以及安定的归属感。

（a）装饰性

（b）礼仪式

图1-11 装饰性、礼仪式玄关

2. 设计要点

玄关面积接近最低限度的动作空间，可能只够脱鞋、换鞋动作所需的空间，然而还要力求小中见大。在跃层住宅或别墅中则采用两层相通的共享空间做法，以加大纵向空间，减少压抑感。玄关的储藏功能常被忽视或处理不周，只有鞋柜是不够的。通常，外出时所使用的物品都要在玄关中存放，不仅是方便，更为了卫生。因此，还要考虑雨伞、衣帽、手套、运动用品等物品的存放（图 1-12）。衣帽类的存放空间需要考虑留给客人的余量。玄关的收藏空间必须在详细研究与所需存储物品的关系后，选择利用率高的方式。

（a）收纳式

（b）玄关收纳图

图1-12　收纳式玄关

1.2.2　起居室

起居室的装饰设计（微课）

起居室系统（微课）

1. 功能分析

起居室是住宅中的公共区域，也是家庭活动的中心，即家庭成员团聚、畅谈、娱乐及会客的空间。起居室有时兼备用餐、学习和工作的功能。它往往还兼做套内的交通枢纽。因此它是住宅内活动最为集中、使用频率最高的核心空间。在设计上是整体住宅空间设计的重点，因其使用率较高，与其他空间的联系紧密，所以要强调动静分区、流线畅通。因人们在起居室内活动的多样性，它的功能也就是综合性的。从下面的图表可以发现，起居室几乎涵盖了家庭中 80% 的生活内容。同时，也成为家庭与外界沟通的一座桥梁（图 1-13）。

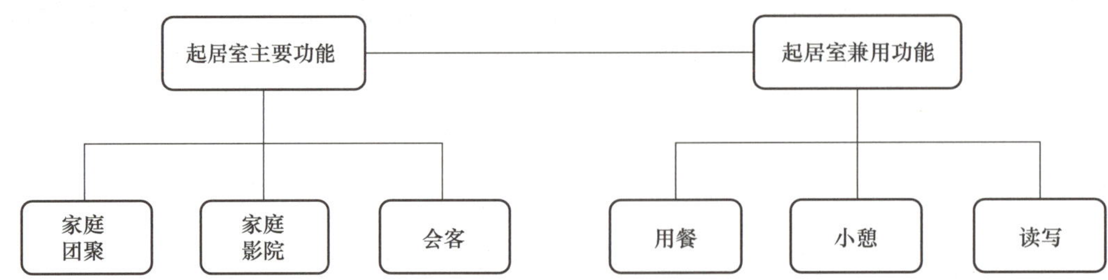

图1-13　起居室功能图

2. 设计要点

由于人们生活质量的改善，对起居室舒适度的要求越来越高。起居室在空间处理上也趋向自由，同时还成为展示个人风格的场所，从中体现主人的品味及家庭气氛。要满足居住功能的需要，应具有稳定的可供起居的活动区。起居室的家具布置不宜太多，以保证有足够的活动空间。较大的起居室，往往层高、开窗、装饰材料、空间尺度等都有独特的处理，这里成为展示主人个人风格的场所。目前起居室中通常布置沙发、家庭影院设备、钢琴、工艺品展示柜等能体现主人个人爱好及家庭气氛的陈设和装饰品（图 1-14）。

（a）起居室

（b）会客厅

图1-14　起居室与会客厅

起居室的平面形状及视听要求往往影响其使用的方便程度，通常矩形是最容易布置家具的平面形式，适当面积和比例的空间，能提供多样的布局可能性（图 1-15）。L 形的平面（即有两个呈 L 形的实体墙面）是比较开敞的布局方式，可通过天花的造型、地面的高差等限定起居室的空间范围，从而在保证空间上具有流动性的同时，对空间又有所限定。正方形起居室不宜于家具的布置，而正多边形、圆形等形状因为平面本身具有较强的向心性，因而在室内设计中和家具布局上容易形成中心感不规则的平面形状（比如局部是弧形的矩形平面），会造就比较活跃的空间气氛。

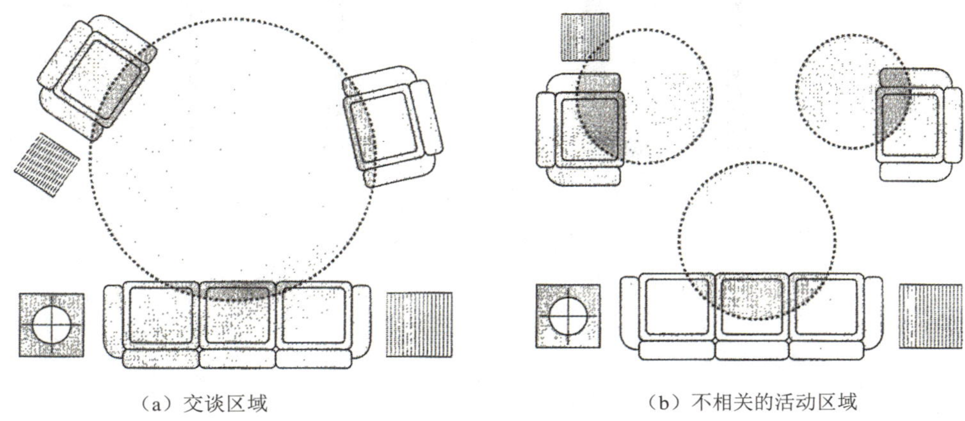

（a）交谈区域　　（b）不相关的活动区域

图1-15　不同视听形式的家具摆放

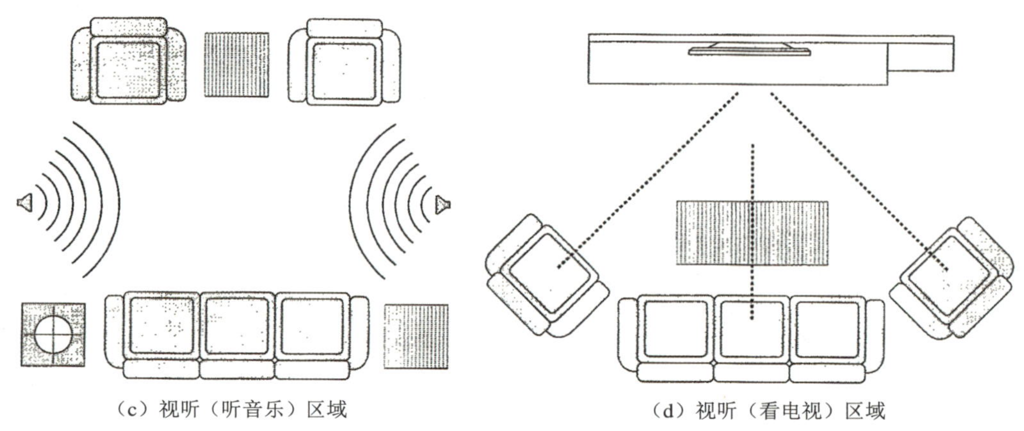

（c）视听（听音乐）区域　　（d）视听（看电视）区域

图1-15（续）

1.2.3 餐厅系统

餐厅系统（微课）

1. 功能分析

餐厅是家庭人员进餐的主要场所，也是宴请亲友的活动空间。因此每套住宅都应设独立的进餐空间。然而，若空间条件不具备时，也应在起居室或厨房设置一个开放式或半独立的用餐区位。当餐厅处于一个闭合空间之内时，其表现形式便可自由发挥；如果是开放型布局，应和它共处的那个区域保持设计风格上的统一（图 1-16）。

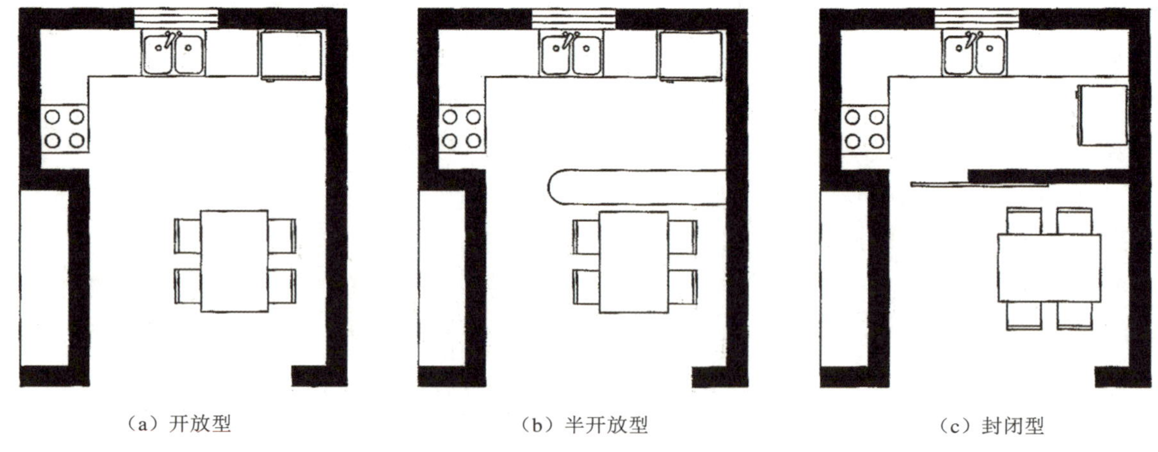

（a）开放型　　（b）半开放型　　（c）封闭型

图1-16　餐厅的三种类型

2. 设计要点

餐厅的天花板设计常采取对称形式，并且比较富于变化。其几何中心所对应的位置正是餐桌。可以在吊顶的立体层次上丰富餐厅的空间。主光源以暖色为佳，天花板的形态与照明形式决定了整个就餐环境的氛围（图 1-17）。

餐厅的地面要求便于清洁、防水和防油污。可选择大理石、釉面砖、复合地板及实木地板等。地面的图案可与天花板相呼应，也可有更灵活的设计。

餐厅墙面的色彩以明朗轻松的色调为主，对刺激食欲和活跃就餐气氛起着积极的作用。

图1-17 餐厅设计

1.2.4 厨房系统

厨房空间设计（一）（微课）

厨房空间设计（二）（微课）

1. 功能分析

厨房是服务空间中最重要的组成部分。在平面布局上，厨房通常与餐厅、起居室紧密相连，有的还与阳台相连。随着生活水平的不断提高，越来越多的人已意识到厨房的设计和质量关系到整套住宅的使用功能。如今，许多先进的厨房设备也在改变着以往厨房的样式以及烹饪方式。瑞典家务管理研究所通过对厨房内活动的研究，取得了有关操作活动联系的研究成果（图 1-18），它可以反映出存储、洗涤、备餐以至烹饪等诸多相互密切联系的环节，按厨房内操作活动的频率，将其科学地分类。于是便建立起相连的三个工作中心，并形成一个连贯的工作三角形（图 1-19）。三角形边长之和控制在 3.5 ～ 6m 之间为宜。该三角形的边长之和越小，人在厨房中所用的时间就越少，劳动强度也就越低。

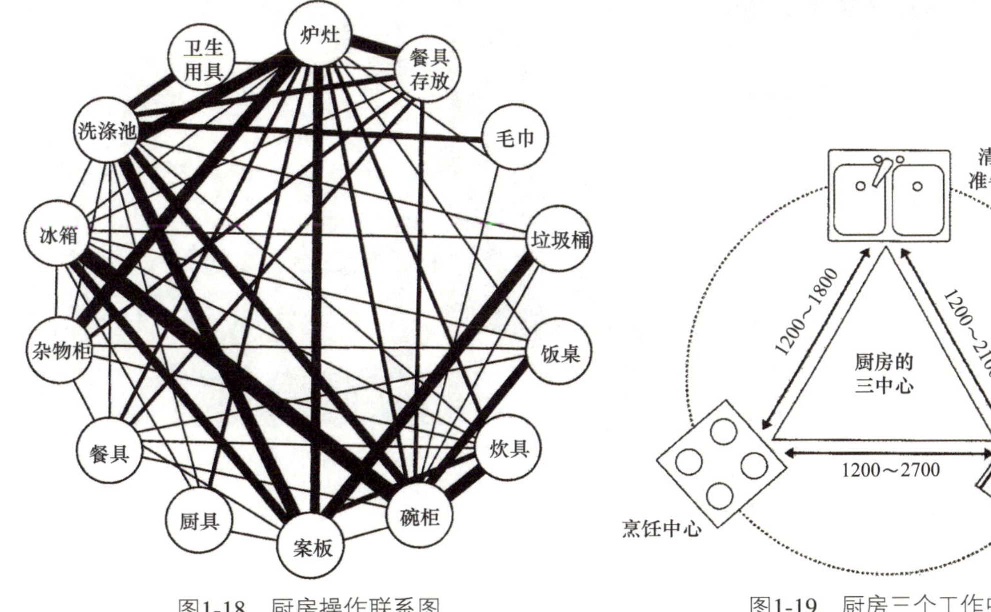

图1-18 厨房操作联系图

图1-19 厨房三个工作中心

2. 平面布局

厨房中的活动内容繁多，如果对平面没有科学合理的布置，即使拥有最先进的厨房设备，也会造成过多的往复劳动，使厨房里显得杂乱无章。所以，按活动流线推敲出来的合理布局就显得尤为重要。下面列举六种厨房布局形式，其中前四种出自国家建筑标准设计图集《住宅厨房》。

1）I 形（单墙）平面布局：三个工作中心列于一条线上，构成常见面实用的形式。但若路线拉得过长，反而影响工作效率（图 1-20）。

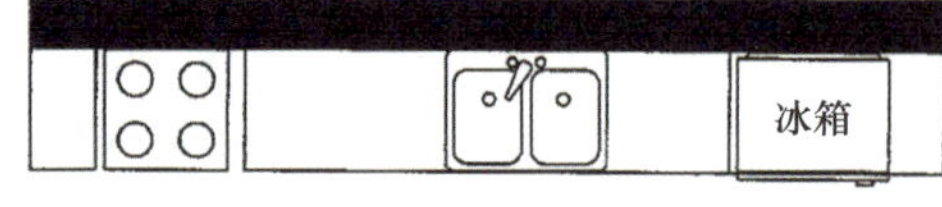

（a）单墙布局

（b）单墙厨房

图1-20　单墙布局形式

2）L 形平面布局：沿着相邻的两墙面连续布置，如果 L 形延线过长，厨房使用起来略感不够紧凑（图 1-21）。

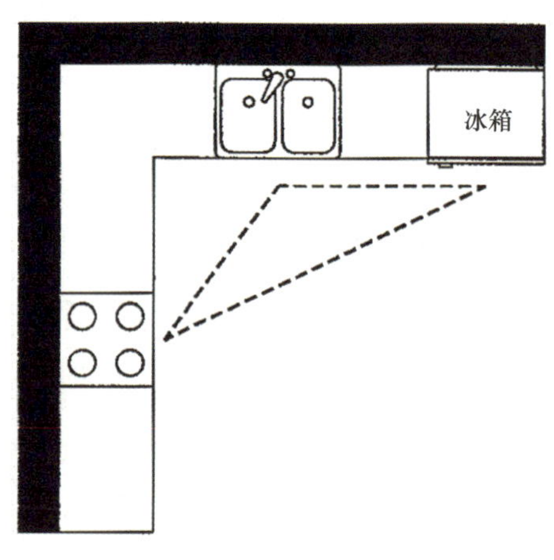

（a）L 形布局

（b）L 形厨房

图1-21　L形厨房布局

3）Ⅱ形（走廊式）平面布局：沿着相对两面墙布置的走廊式平面，适用于长方形的厨房。但如果有人经常穿过，将会令使用者感到不便（图 1-22）。

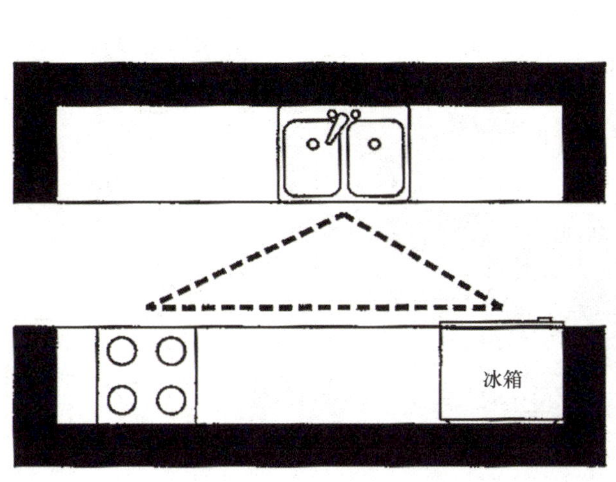

（a）走廊式布局

（b）走廊式厨房

图1-22 走廊式厨房布局

4）U 形平面布局：利用 U 形平面可使基本操作流线顺畅，工作三角完全脱开，是一种十分有效的形式（图 1-23）。

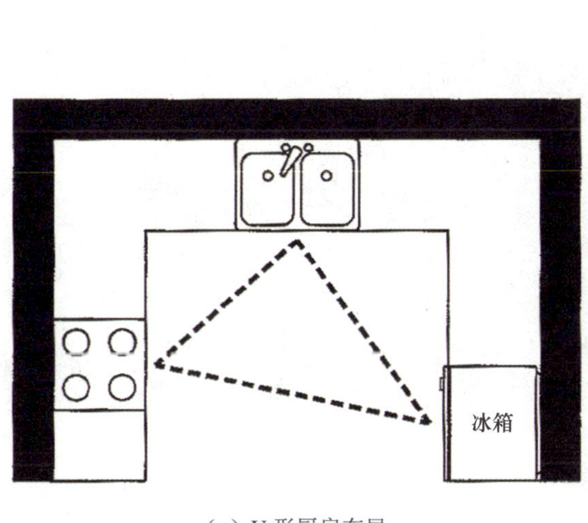

（a）U 形厨房布局

（b）U 形厨房

图1-23 U形厨房布局

5）半岛式平面布局：它与 U 形平面布局相似，但有三分之一面积不靠墙，可将烹调中心布置在半岛上，是敞开式厨房的典型（图 1-24）。

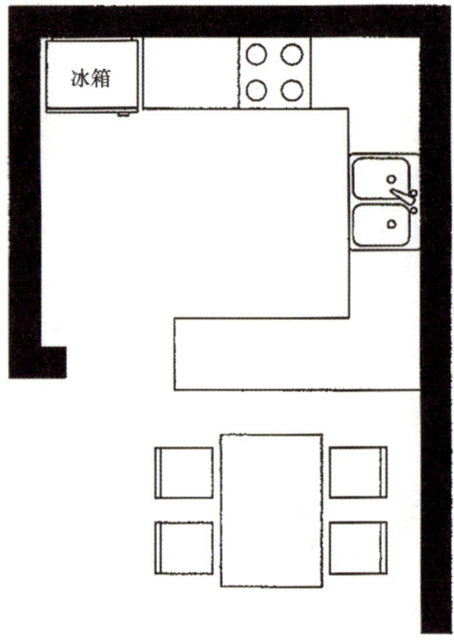

（a）半岛式布局

（b）半岛式厨房

图1-24　半岛式厨房布局

6）岛式平面布局：在厨房平面中间设烹调中心（或清洗备餐中心）。同时从所有各边都能够进行使用，也可在“岛”上布置一些其他设施，如备餐台等（图 1-25）。

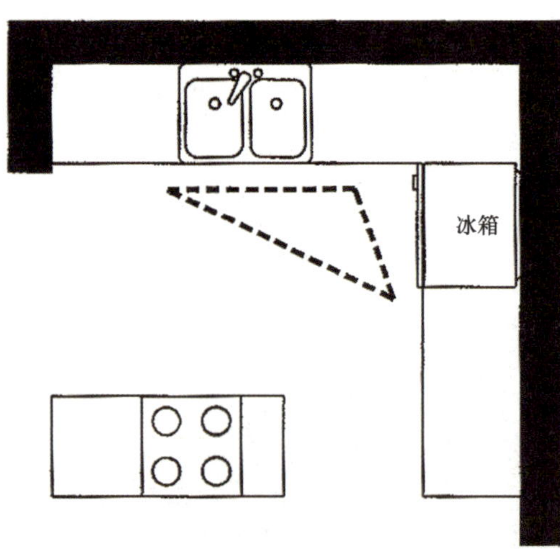

（a）岛式布局

（b）岛式厨房

图1-25　岛式厨房布局

1.2.5　卧室系统

卧室系统（微课）

卧室的装饰设计（微课）

1. 功能分析

卧室是确保不受他人妨碍的私密性空间。一方面，要使人们能安静地休息和睡眠，还要减轻铺床、收床等家务劳动，更要确保生活私密性；另一方面，要合乎休闲、工作、梳妆及卫生保健等综合要求。因此，卧室实际上具有睡眠、休闲、梳妆、盥洗、储藏等综合功能。

2. 设计要点

卧室可分为主卧室、儿童卧室、老年人卧室及客用卧室。其设计要素虽略有区别，但设计处理上又多有相同之处。

卧室的平面布置是以床为中心的。床有单人床、双人床、特大床等。此外还必须加上居室内其他活动及储藏所需的空间。床及周围所必需的空间如图1-26所示。

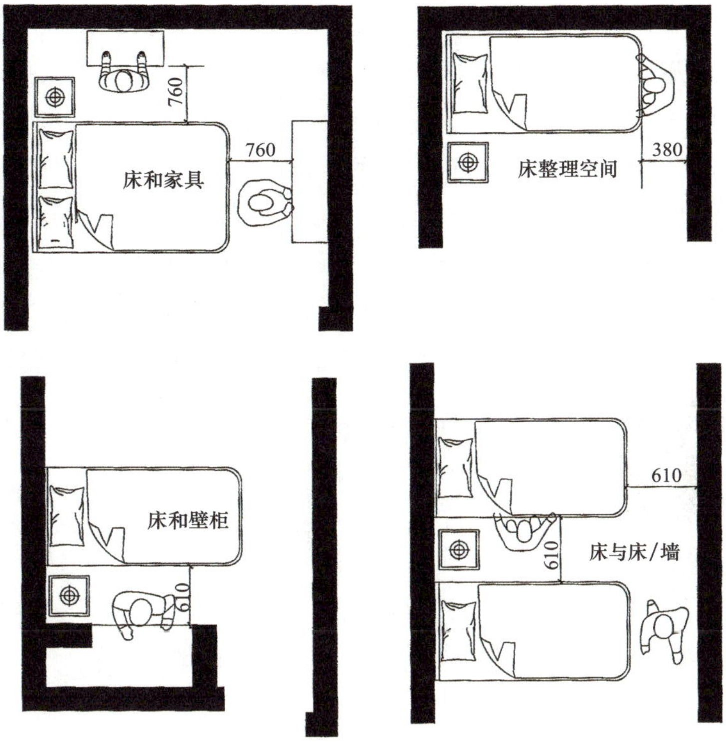

图1-26　床的布局尺寸

（1）主卧室

主卧室（图1-27）中设休闲区的目的是满足主人视听、阅读和思考等活动的需要，并配以相关的家具与设备。梳妆与更衣是卧室的另外两个功能，组合式与嵌入式梳妆家具，既实用又节省空间，并增进整个卧室的统一感。更衣功能的处理，可在适宜位置上设立更衣区域，在面积允许的条件下，可于主卧室内单独设立步入式更衣柜。

（2）儿童卧室

在安排睡眠区时，应赋予适度的色彩。完善学习区域过程中，书桌和书架是青少年房间的中心。除了读写活动之外，要根据其不同性别和兴趣，突出表现儿童的爱好和个性，如设立手工制作台、实验台及女孩梳妆等设施（图1-28）。

图1-27　主卧室

图1-28　儿童卧室

（3）老年人卧室

要切实考虑老年人的心理和生理特点，做出特殊的布置。第一，要作好隔声，避免干扰，营造安静的休息环境。第二，房间朝向以南为佳，以保证接受充足的阳光；夜间要设置柔和的照明，解决老年人视力不佳、起夜等问题，确保安全。第三，家具的棱角应圆润细腻，避免生硬；确保房间地面平整，不设门槛，减少磕碰、扭伤与摔伤的概率；床铺高度要适中，便于上下；门厅要留足空间，方便轮椅和单架进出或回旋；第四，在色彩的处理上，应保持古朴、平和、沉着的基调。**本着设计为老年人服务的原则，加大人性化设计投入，适老化设计的房屋将成居家养老“主战场”，这样的设计让老年人生活更加便利和安全。人性化、超大空间、超低成本、低能耗成为居家养老新的标杆。**

卫浴系统的装饰设计（微课）

1.2.6 卫浴系统

1. 功能分析

卫浴间含有洗漱、沐浴、厕所等空间。洗浴有助于保持清洁、消除疲劳，同时对心理放松也有很大的帮助。因此，卫浴间在满足使用方便、安全、经济等条件之外，还具有满足精神需求的功能。

2. 设计要点

（1）平面布置

目前，我国住宅的卫浴间设置有两种主要形式：单卫浴间和多卫浴间。依据功能的不同可分为兼用型、独立型和折中型三种类型，其平面布置图分别如图 1-29（a）～（c）所示。

1）兼用型：集浴缸、洗面盆和坐便器三洁具为一室。其优点是节省空间、经济、管线布置简单。缺点是不适合多人同时使用，因面积有限，储藏空间较难处理。洗浴的潮湿还会影响配套电器寿命（图 1-30）。

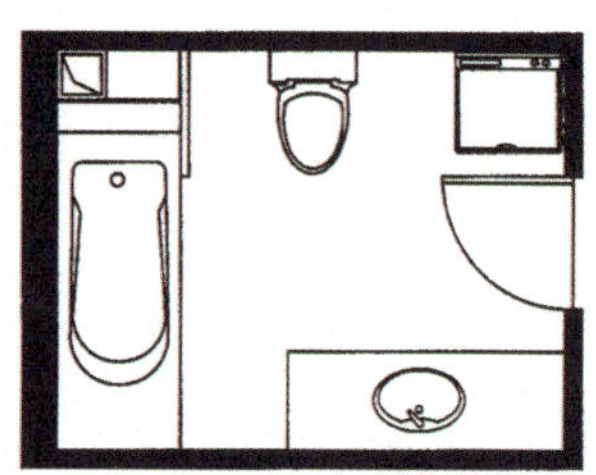
（a）兼用型卫生间

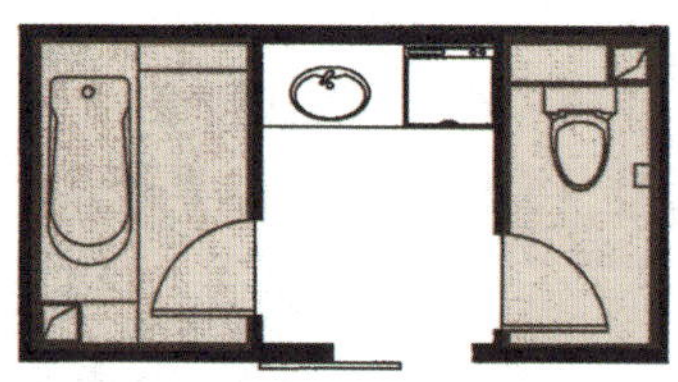
（b）独立型卫生间

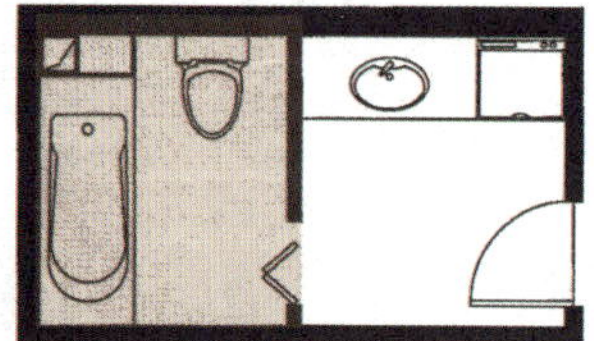
（c）折中型卫生间

图1-29 卫浴间平面布置图

图1-30 兼用型卫生间布置

2）独立型：因美容化妆需要，洗脸、化妆部分被从卫浴间分离。其优点是各部分可以同时使用，且互不干扰，功能明确，使用方便；缺点是空间占用多，而且装修成本高（图 1-31）。

3）折中型：兼顾上述两种类型的优点，在同一卫浴间内，分干身区和湿身区，且各自独立。干身区包括洗面盆和坐便器；湿身区包括浴缸或喷淋屋，中间用玻璃隔断或浴帘分隔（图 1-32）。

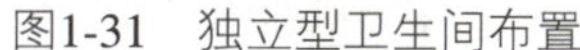

图1-31　独立型卫生间布置

图1-32　折中型卫生间布置

（2）卫浴空间及洁具

卫浴间的空间与其中设备的规格有关，此外还应考虑到人体活动必要尺寸和心理因素。下面列举了人在卫生间中的活动所需的空间尺寸（图 1-33）。

1.2.7　收纳系统

收纳系统的装饰设计（微课）

1. 功能分析

收纳储藏空间的设计是住宅空间设计重点之一。有序地将生活用品进行存放、保管，可以很大程度地提高生活效率。作为生活用品的保管空间，可分为储藏室、壁橱及具有收纳功能的家具（图 1-34）。因为收纳是为了使用，所以要在使用场所或附近设置收纳空间，如衣物与卧室、食品与厨房、书籍与书房等，这样设置的收纳系统能够为生活带来方便。

2. 处理要点

生活用品按类型、季节及使用频率来分别存放，同时要考虑到日用品的特性与人体工程学的关系，这样更能提高使用效率（图 1-35）。

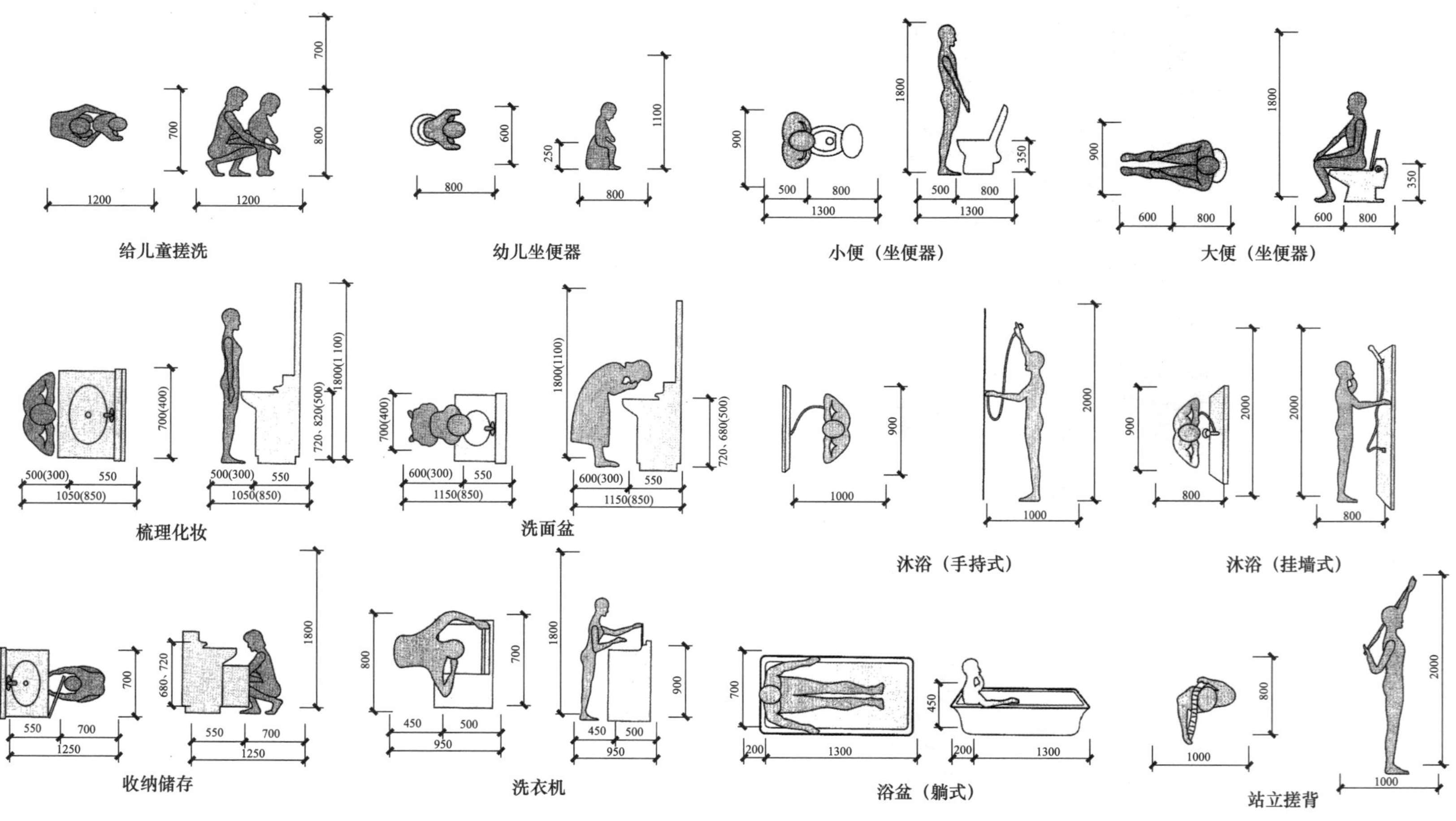

图1-33 卫生间人体活动空间尺寸（单位：mm）

注：括号内为儿童使用时的数据。

（a）餐厅客厅储物柜

（b）成品储物柜

（c）楼梯空间收纳柜

图1-34 固定式储物和成套柜

高度		储藏形式	乐器类	欣赏品贵重品	书籍办公用品	餐具食品	衣物	寝具类
2400～2200	不常用物品、重量轻的物品	取出不便		稀用品	稀用品		稀用品	
2200～1800		宜用推拉门、平开门	稀用品	贵重品	消耗品存货	存储食品备用食品	季节外用品	旅游用品备用品
1800～1100	常用物品、易碎物品	宜用推拉门	扬声器类 电视类	欣赏品	中小型开本 常用书籍中型开本	罐头 中小瓶类	帽子 上衣外套、裤子、裙子	枕头 客用寝具
1100～700		宜用抽屉	收音机放大器类照明灯等	小型欣赏品		零用调料筷子、叉子		睡衣毛毯
700～200	中等重量物品 大而重、很少用的物品	宜用推拉门、平开门	唱片柜	稀用品贵重品	文具 大开本 稀用品 文件夹	大瓶、桶、米箱、炊具		寝具类
200～100								

图1-35 储物空间尺寸的关系

1.3 项目实战：精装修样板间任务设计过程与设计要点分析

1.3.1 工程概况

本项目为××小区住宅样板房，位于某城市开发新区（图 1-36），周边临近商业区及办公中心，其主体结构为剪力墙结构，该样板间建筑面积 120m^2。要求设计样板间，突出楼盘时尚特色。要求确定该工程的方案设计阶段的工作内容，对居住建筑装饰设计的要领进行探索与学习。

图1-36　××小区及建筑效果

1.3.2 住宅分级体系及标准化

根据客户的市场定位确定产品定位，将不同装修部品的组合与不同装修材料的产品种类根据目标客户的需求进行分类匹配，形成不同梯度的装修标准。

1）根据楼盘产品定位确定分级标准。

2）根据户型大小确定分级标准。

3）根据楼盘的产品类别确定分级标准。

1.3.3 空间优化与无障碍设计

空间优化与无障碍设计（微课）

空间优化是在原建筑平面图的基础上进行适当的调整，合理分布动静区域，推敲完善交通流线进而规划出科学的平面布局，需要采取物理手段和必要的分隔措施加以解决。需充分考虑具有不同程度生理伤残缺陷者和正常活动能力衰退者（如残疾人、老年人）的使用需求，配备能够满足这些功能需求的装置同样要体现在这一完整的设计过程之中（图 1-37 ～图 1-39）。

1.3.4 风格与生活方式设计

住宅设计与装修日益多样化、高档化和个性化。如今，住宅的功能随着生活方式的变化，其功能愈发完善，除了就寝和吃饭还包含了休闲、工作、清洁、烹饪、储藏、会客和展示等多种功能为一体的综合性空间系统（图 1-40 ～图 1-42）。

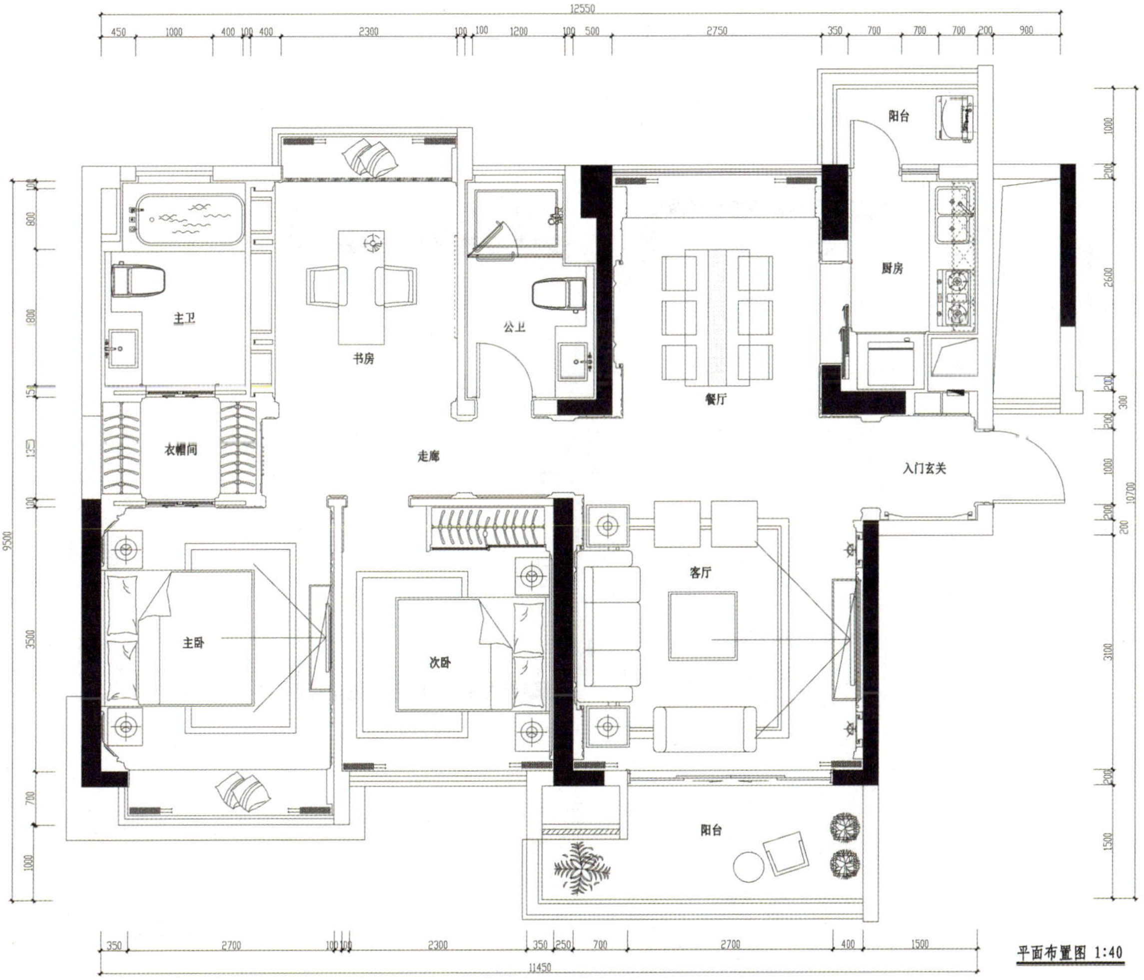

（a）平面布置图

图1-37 平面布置图与地面材质图

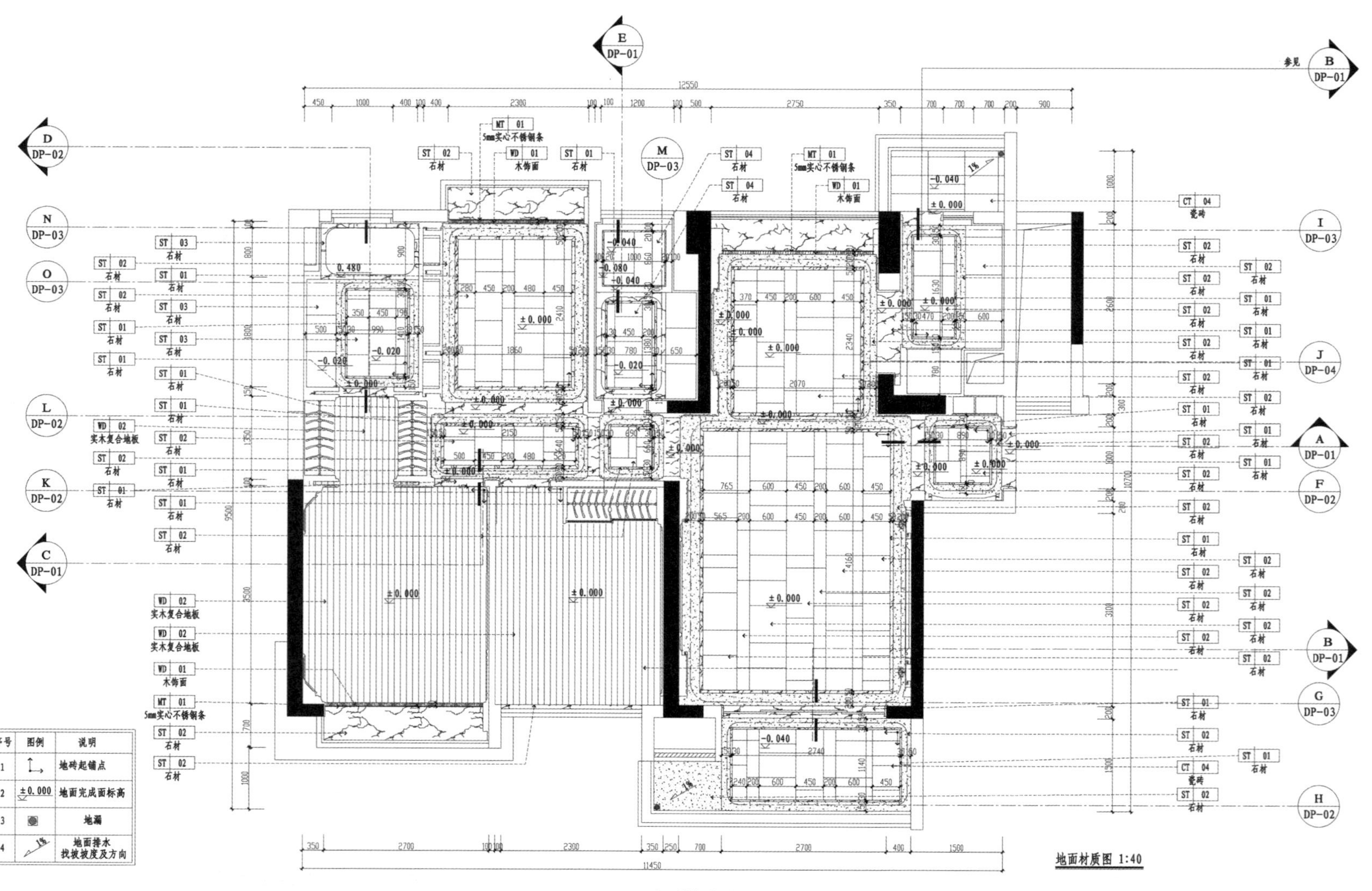

（b）地面材质图

图1-37（续）

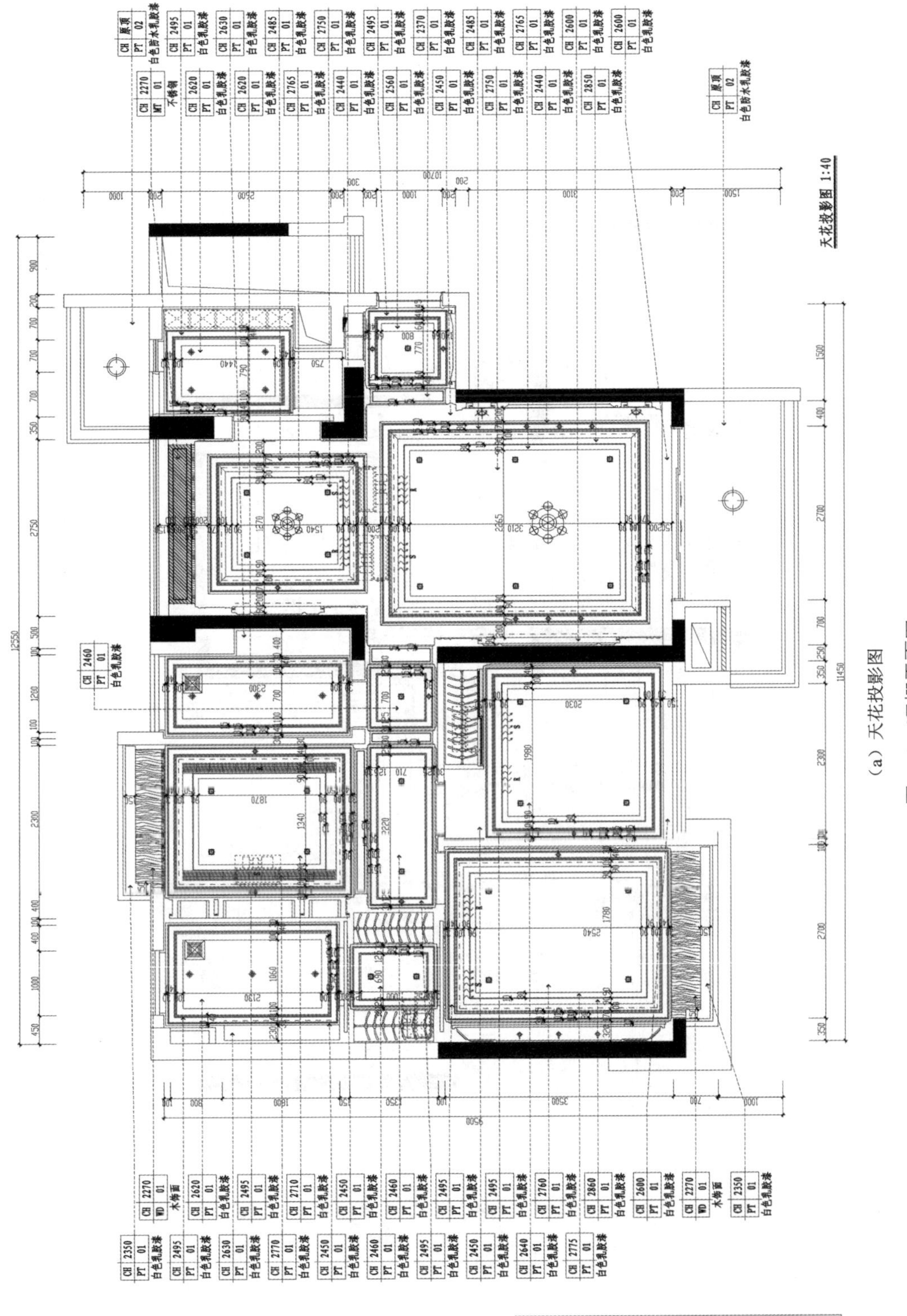

（a）天花投影图

图1-38　顶棚平面图

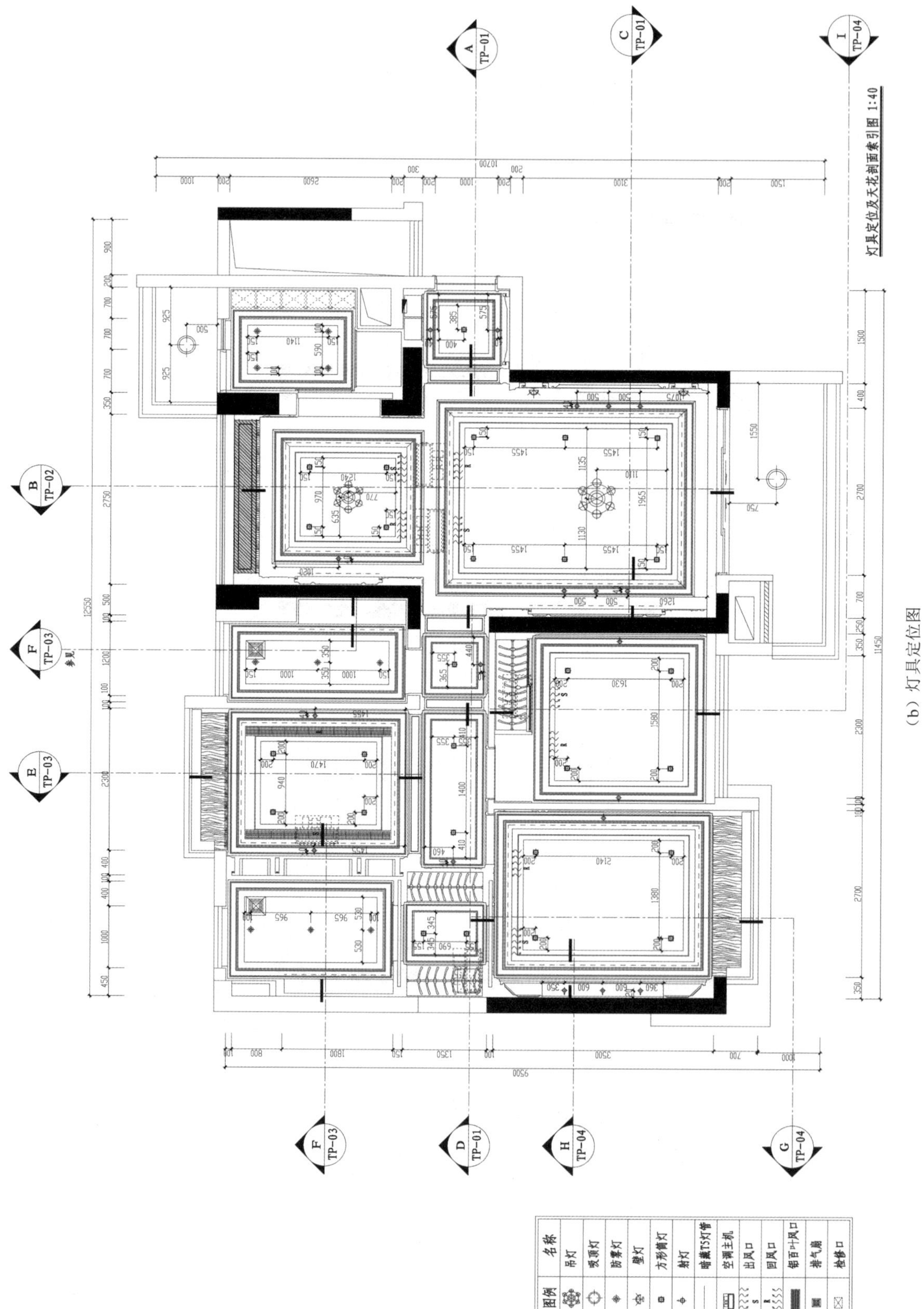

（b）灯具定位图

图1-38（续）

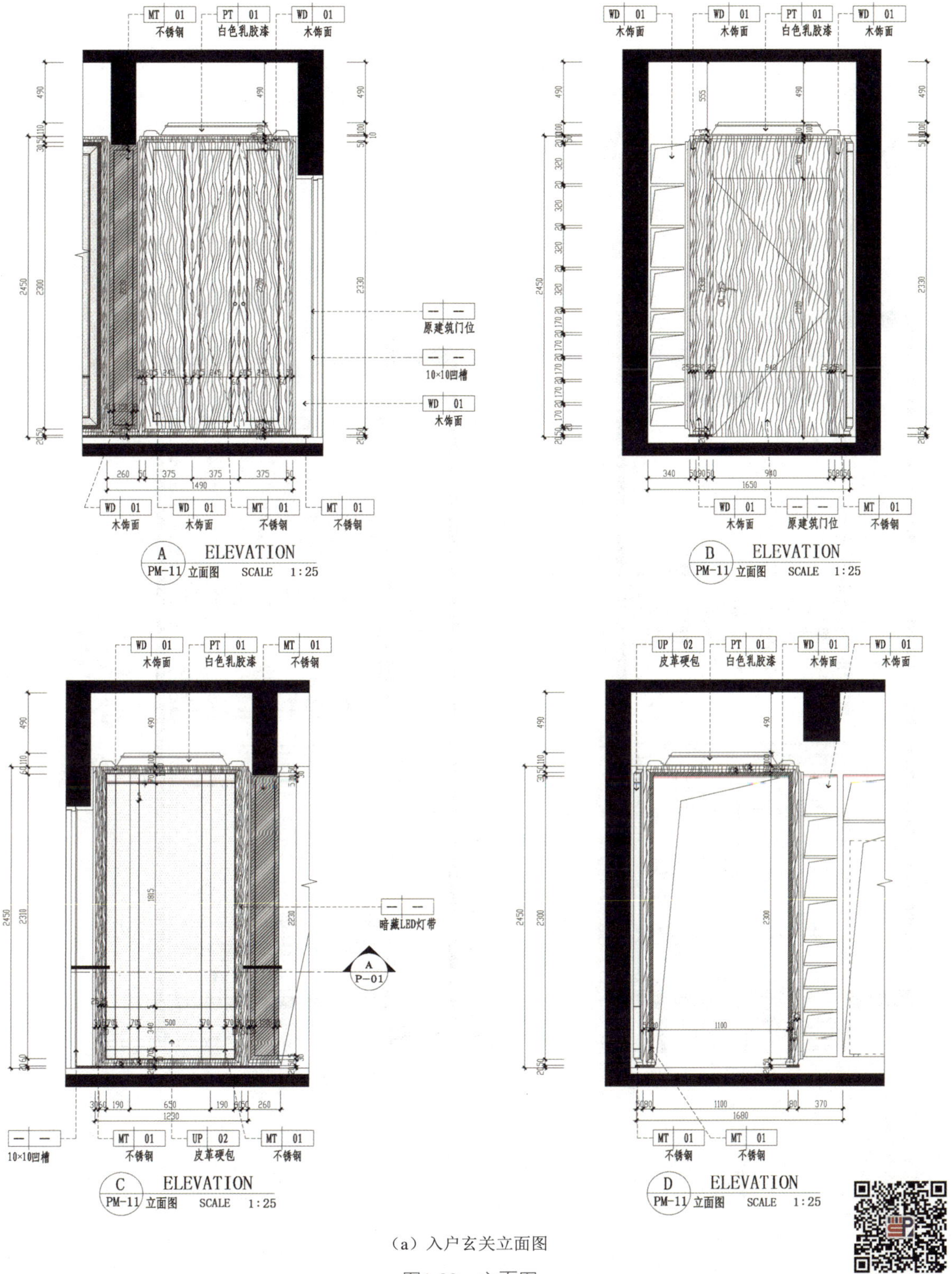

（a）入户玄关立面图

图1-39 立面图

客厅玄关立面图的尺寸调整（微课）

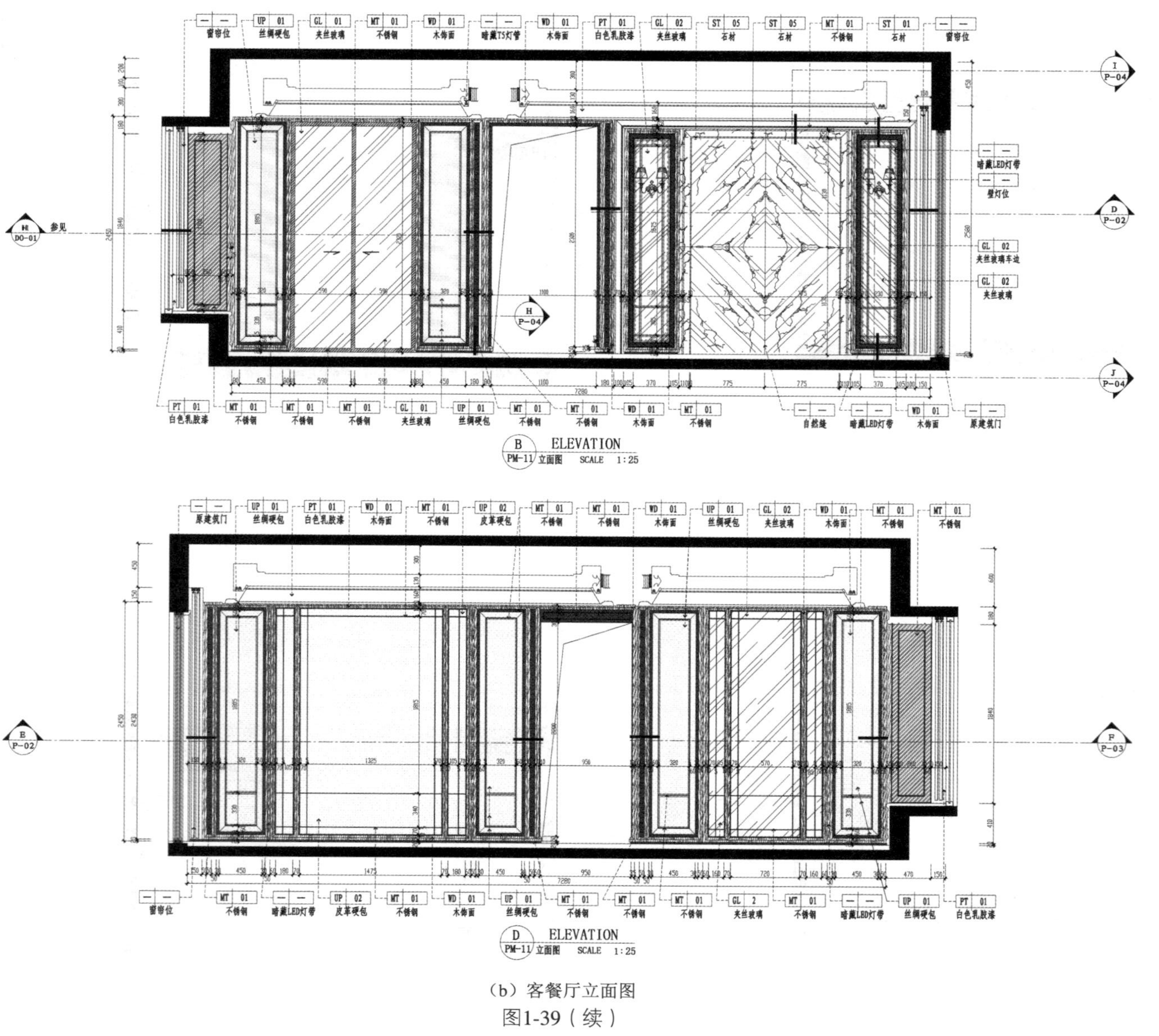

（b）客餐厅立面图

图1-39（续）

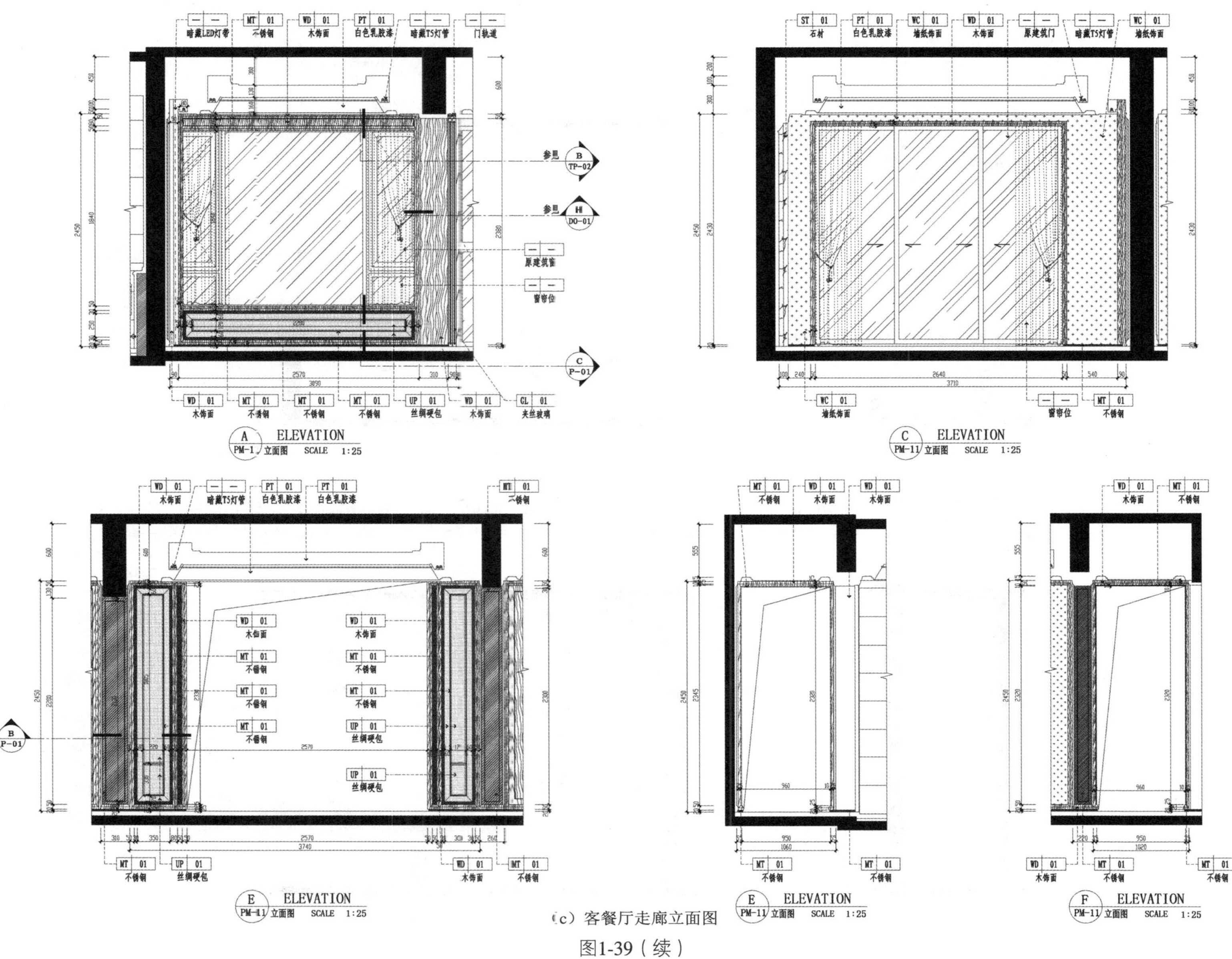

（c）客餐厅走廊立面图

图1-39（续）

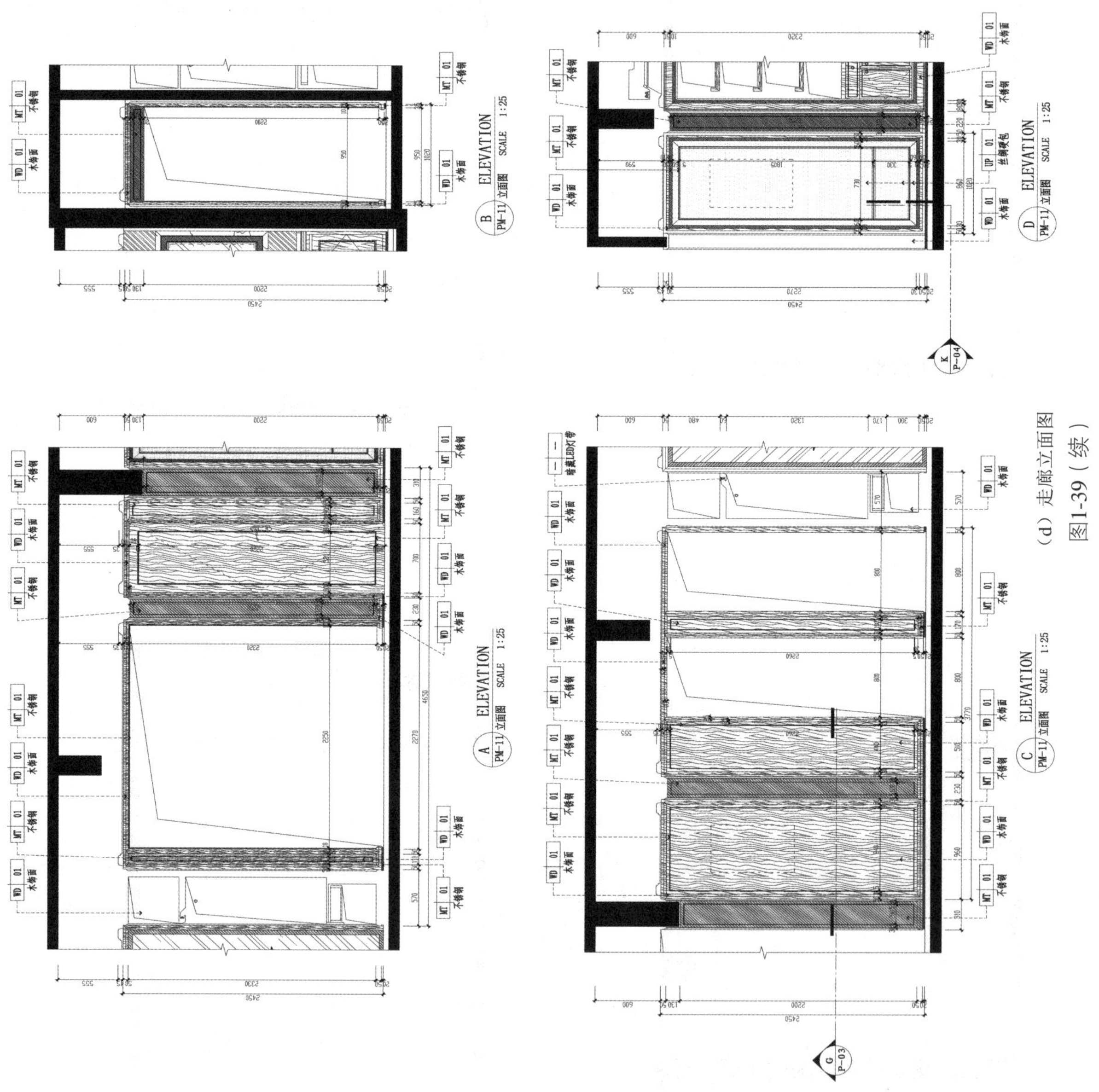

（d）走廊立面图

图1-39（续）

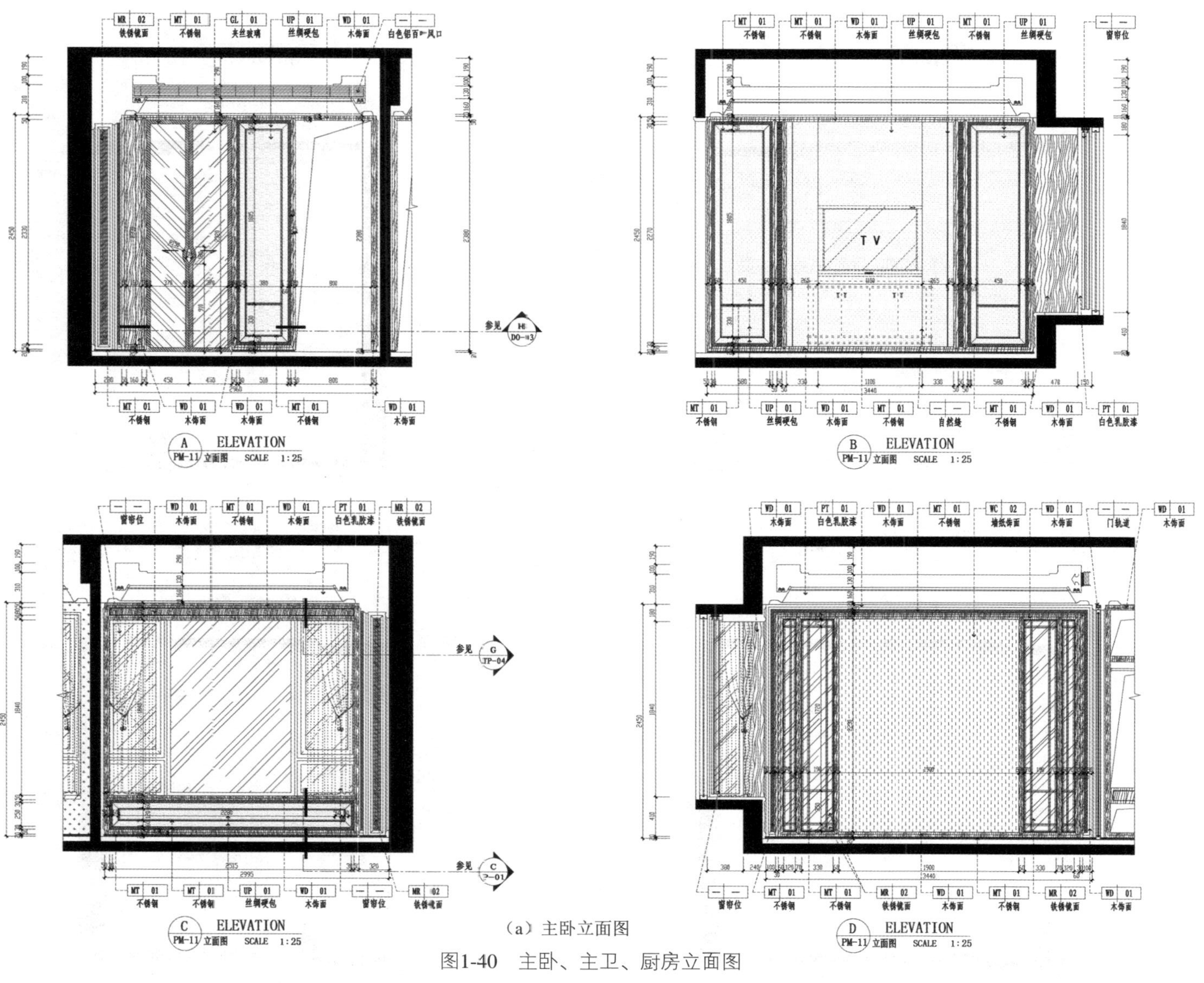

（a）主卧立面图

图1-40　主卧、主卫、厨房立面图

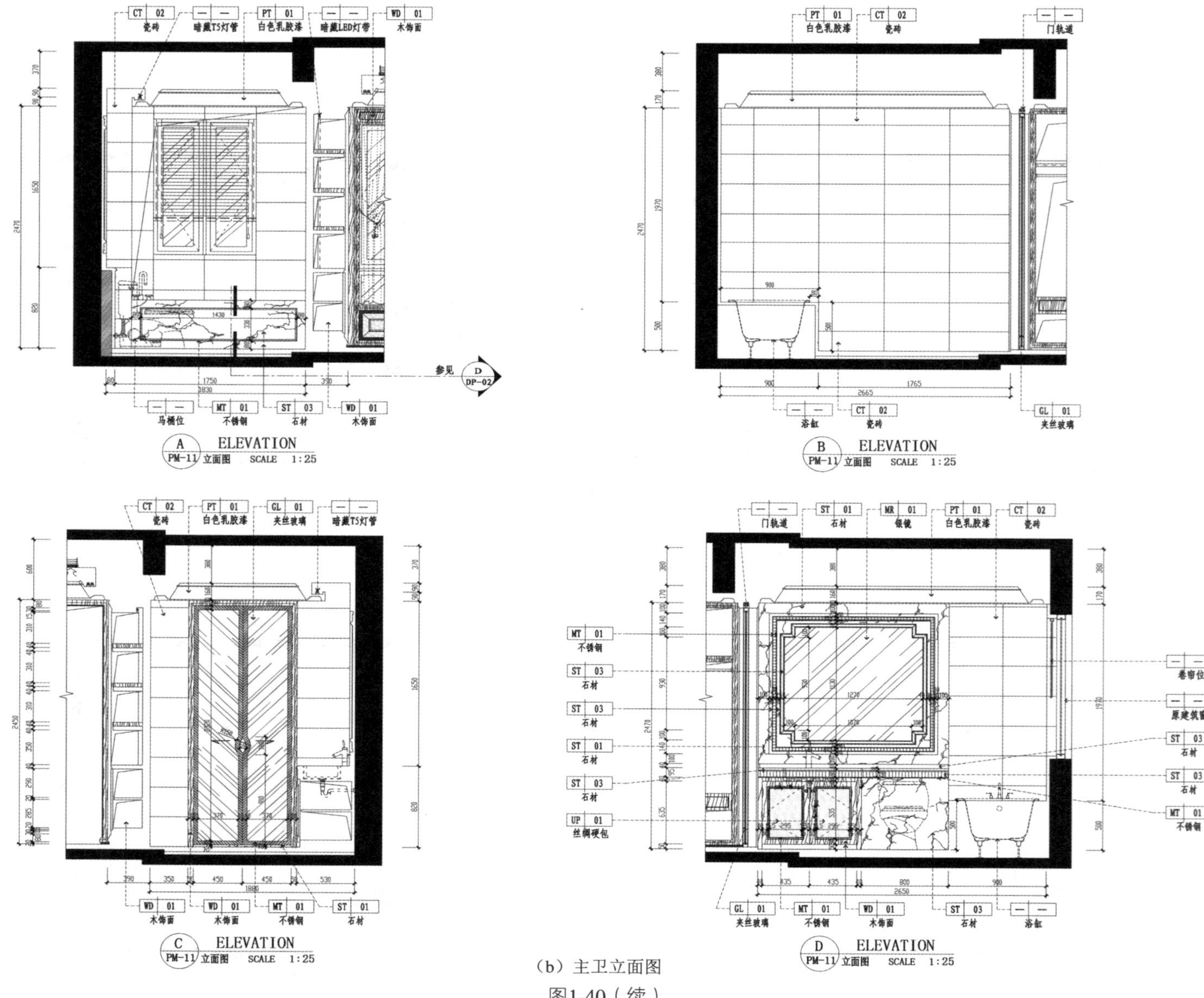

（b）主卫立面图

图1-40（续）

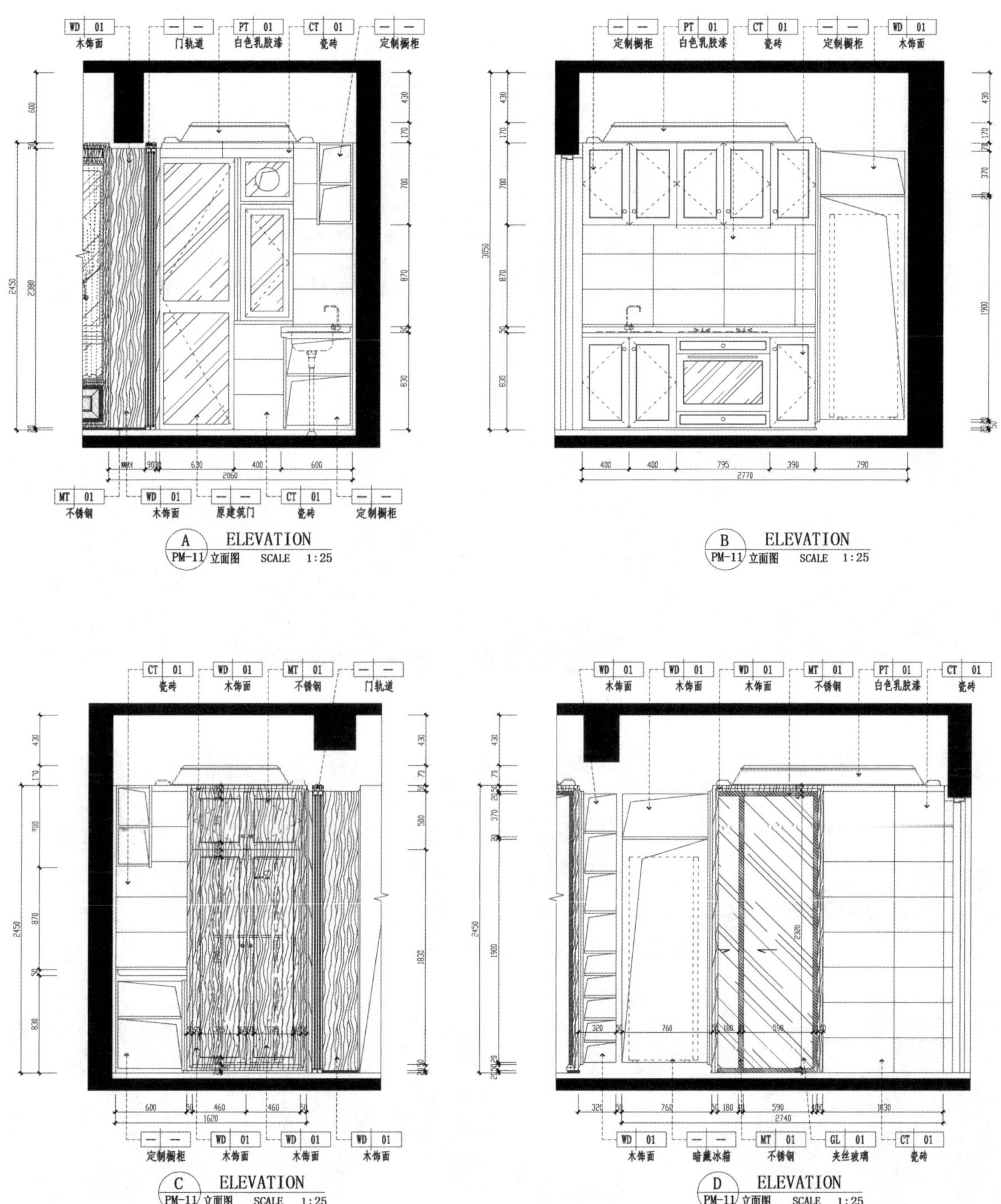

（c）厨房立面图

图1-40（续）

（a）客厅效果图

（b）主卧效果图

图1-41　客厅及主卧效果图

（a）

（b）

（c）

（d）

图1-42　客厅及主卧实景图

1.4 拓展训练：居住建筑空间室内装饰设计

1. 参观居住建筑空间室内装饰设计

（1）教学目的

通过现场参观学习，认识居住类建筑的主要空间组成，熟悉空间系统的室内装饰设计，掌握居住类建筑空间的一般室内装饰设计方法。

（2）参观地点

学校所在地市区内的商品房样板间及装饰公司样板间。

（3）参观内容

1）动线分析。访客流线、起居流线、家政流线。

2）设备布置。洗衣机、冰箱、热水器、空调、新风系统、卫生间排气扇、浴霸（暖风机）、电动窗帘等。

3）收纳设计（二次深化设计）。玄关、厨房橱柜、卫生间橱柜、卧房衣柜及其他收纳柜。

4）装饰设计。风格设计、色彩设计、地面铺贴设计、天花设计、背景墙设计、窗台（窗套）设计、楼梯踏步设计、栏杆设计等。

5）水电设计。照明灯光设计、插座布置、设备预留孔洞布置、弱电布置、智能化设计、验收前及验收后的水电设计。

6）系统整合设计。部品整合、机电整合、装饰材料整合、交楼标准整合、成本可控设计。

（4）实战要求

对本次参观的居住空间室内装饰设计的认识与理解，写出不少于2000字的参观报告。

2. 居住建筑室内装饰设计

（1）实战目的

通过本章内容初步了解居住建筑室内设计原理及特点，加深对设计规范的认识，增强设计技巧和表达能力，进而使学生理解、掌握居住建筑空间的室内装饰设计。

（2）实战要求

1）本项目位于某市中心区小高层商品房一楼（图1-43），室内使用面积约160m^2，层高2.9m。

2）装饰风格及主题定位：风格自拟（如现代简约＋森林）。

3）关键词：环保、实用、舒适、简洁、大方。

4）功能定位：居家休闲。

5）客户定位：年轻人，两人，女主人目前常居家照顾家庭，男主人职业白领，父母有时会来同住，小孩不到 2 岁，计划要二孩。

6）详细要求如下：因为楼层为一层，请设计师注意采光、防潮、通风。

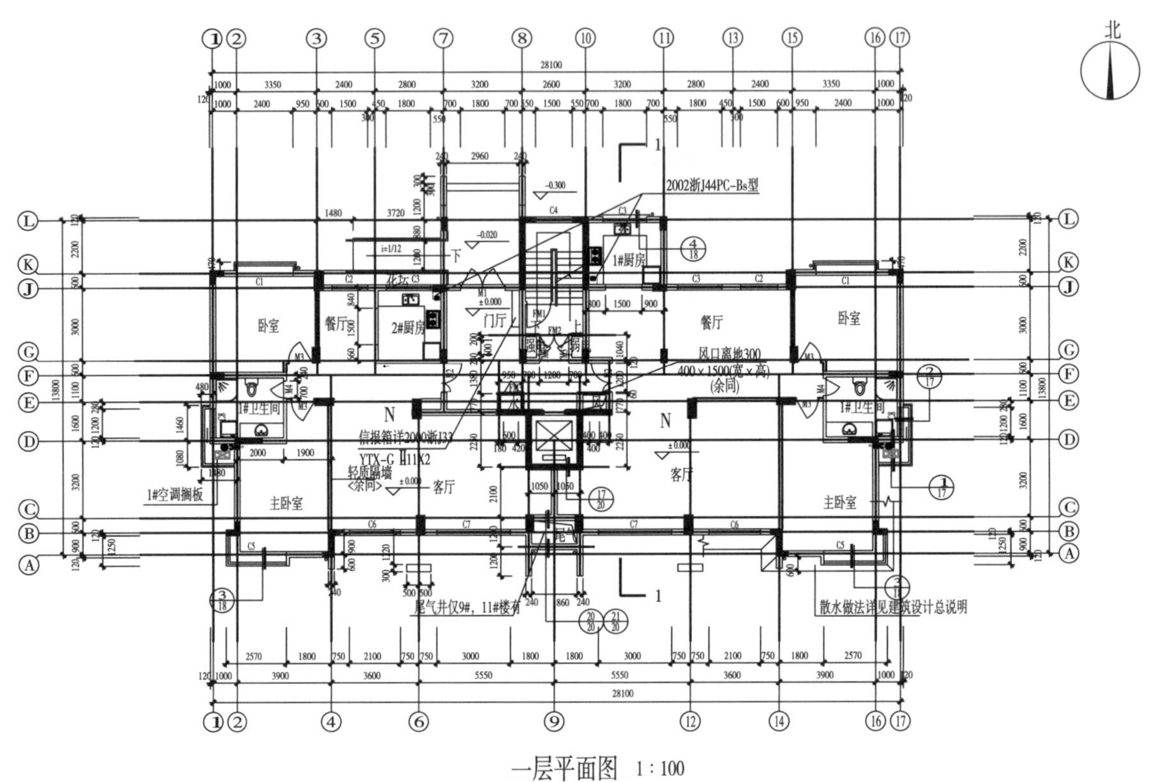

图1-43　建筑平面图

（3）实战成果

A3 文本，图面整洁规范，构图饱满，符合国家制图规范。

1）设计说明：100 字左右。

2）平面布置图：比例为 1∶50。

3）地面平面图：比例为 1∶50。

4）顶棚平面图：比例为 1∶50。

5）主要造型立面图（6 个）：比例为 1∶50。

6）效果图（3 幅）：3 个空间手绘彩色效果图，能表达设计意图和意境，画面完整，表现手法不限。

1.5 项目提交与展示：学生作品成果要求

项目提交与展示是学生攻克难关完成项目设定的实战任务，进行成果的提交与展示的阶段。

1. 项目提交

（1）成果形式

一本设计图册，包括封面、扉页、目录、设计说明和设计方案图。

（2）成果格式

1）封面设计要素。封面设计要素包括项目名称、学生姓名、专业、班级、指导教师、完成日期等内容，并进行封面设计。

2）封面规格。一般采用 A3 图纸，装订线在左侧。

3）扉页。包括设计理念、创新点、亮点、内容提要。可采用硫酸纸、白色绘图纸或彩色卡纸。

4）目录。采用二级或三级目录形式，层次分明、图名正确、页码指示正确。

5）设计说明。包括工程概况、设计依据、技术要求及图纸上未尽事宜。

6）方案设计图。图纸的核心内容，要严格按照国家制图规范绘制，可以加色彩和排版信息，徒手绘制。

7）封底。封底设计要与封面图案、色彩相协调，且纸质相同。

2. 项目展示

项目展示包括 PPT 演示、图册展示及问答等内容。要求学生用演讲的方式运用最佳的语言表达能力，展示设计理念与方案亮点。

1.6 项目评价：成果考核方法

1）采用学生自评、小组互评、汇报及答辩、教师（专、兼）评价的方式对学生提交项目进行考核。

2）以过程性考核和终结性考核相结合。

3）考核标准。

考核点	评分点	分值	自评分值	小组评分	教师评分
前期（5分）	调研报告	5			
构思创意（15分）	设计主题明确、切题	5			
	色彩协调，材质合理	5			
	使用新材料、新技术	5			
功能空间配置合理（15分）	满足业主所需的必要空间	5			
	动静分区明确，组织有序	5			
	户型设计扬长避短	5			
活动使用关系顺畅（20分）	餐厨操作线顺畅便捷	5			
	卫生间净污分区，注重隐私	5			
	收纳空间考虑充分，利用完善	5			
	无障碍设计恰当	5			
地面（5分）	地面形式美观，材料规格、尺寸标注齐全	5			
顶棚（10分）	吊顶造型合理美观，标高、尺寸、材料标注齐全	5			
	灯具布置合理，图例符号齐全	5			
立面（10分）	样式美观，符合形式美的基本规律。尺寸齐全，做法、材料标注齐全	10			
效果图（10分）	透视角度合理，图面表达完整，层次丰富	10			
提交与制图（10分）	图纸按时提交，内容完整	5			
	制图规范，排版美观	5			
合计		100			

1.7　工作页：居住建筑装饰设计

姓名：　　　　　　学号：　　　　　　班级：　　　　　　日期：

任务	1.1 项目引入：概述 1.2 项目解析：居住建筑装饰设计要点 1.3 项目实战：精装修样板间任务设计过程与设计要点分析 1.4 拓展训练：居住建筑空间室内装饰设计 1.5 项目提交与展示：学生作品成果要求 1.6 项目评价：成果考核方法 1.7 工作页：居住建筑装饰设计		
项目 1	居住建筑装饰设计	课程名称	装饰设计实务
任务概述：			
通过讲授、PPT 案例教学、现场参观等形式，了解当前居住建筑项目的整体情况，掌握居住建筑装饰设计要点（全面家居解决方案）；能够完成居住建筑的装饰设计，并绘制方案图、效果图。			
工作任务流程图：			
布置设计任务书，提出教学要求—采用讲授、PPT 案例教学等形式进行理论指导—通过收集资料（规范、标准、图集等）、实地参观考察或现场勘察等形式分组进行学习和资料分析—完成设计任务—设计成果展示与评价。			
1. 资讯（明确任务、资料准备）			
（1）居住建筑的分类有哪些，各自具有什么特点？ （2）硬、软装的区别是什么？精装修、整体家居的概念是什么？ （3）居住建筑装饰设计包括哪些设计内容，分别需注意哪些设计要点？			
2. 决策（分析并确定工作方案）			
（1）分析如何掌握居住建筑装饰设计的基本原理和设计方法，项目设计需要获得哪些信息和资料，初步确定设计任务的完成过程和完成程度； （2）小组讨论并完善工作任务方案。			
3. 计划（制订计划）			
（1）通过理论学习和参观考察，掌握居住建筑装饰设计的基本原理和发展方向； （2）通过项目分析、市场调研、资料查阅等，掌握居住建筑装饰设计的规范、标准、技术要求等； （3）通过初步设计阶段的训练，掌握正确的设计思维方法和设计要素的协调配合的方法。			
4. 实施（实施工作方案）			
（1）资料分析报告（包括项目特点和要求、市场调研资料、学习笔记、相关规范和标准、同类空间的设计情况等）； （2）初步设计； （3）研讨并填写工作页。			

续表

5. 检查
（1）以小组为单位进行设计资料的分析整理，小组成员补充优化； （2）学生自己独立检查或小组之间相互交叉检查； （3）设计成果的展示与评价，检查是否达到预期设计目标。
6. 评估
（1）填写学生自评和小组互评考核评价表； （2）同老师一起评价认识过程； （3）与老师进行深层次的交流； （4）评估整个工作过程和设计成果（相关设计图纸和设计答辩），是否有需要改进的方法。
指导老师评语：
任务完成人签字： 日期：
指导老师签字： 日期：

商业建筑装饰设计

教学目标

教学PPT

知识目标

1. 商业建筑营业厅的空间组织与界面处理；
2. 人流组织与视觉引导；
3. 经营方式与商品陈列；
4. 照明与标志；
5. 绿化与陈设。

技能目标

能够正确分析并合理组织营业厅的功能布局；在商业建筑装饰设计中灵活运用各设计要素，独立完成商业建筑空间的装饰设计，并绘制方案图、效果图。

素养目标

1. 启发学生对于文创产业状况的思考，引发对文化自信的认知；
2. 发动学生对于当下实体商业，尤其是文化商业经营状况的思考，如何优化未来的商业体验，提升商业服务，打造民族商业品牌；
3. 鼓励学生通过商业空间设计和运营，开展创新创业实践，从而体现价值引领；
4. 引导学生从设计制图到设计师的职业身份、社会角色转变和工匠精神培育。

设计案例——书吧（一）

设计案例——书吧（二）

2.1 项目引入：概述

商业空间分类及整体情况（微课）

2.1.1 了解商业建筑项目的整体情况

商业建筑的类型可分为食品销售空间、服装销售空间、饰品和化妆品销售空间、百

货销售（家具、电器、生活用品等）空间、服务业（生活服务、娱乐服务、商品售后服务等）空间。

按照所销售的商品类别、销售方法和销售量及规模大小等因素又可分成不同的业态。

（1）购物中心

购物中心是业态不同的商店群和功能各异的文化、娱乐、金融、服务、会展等设施以一种全新的方式有计划地聚集在一起，通常以零售业为主体。

（2）百货商店

百货商店是以经营日用工业品为主的综合性零售商店。百货商店的经营范围广泛，商品种类多样，花色品种齐全，便于顾客挑选商品，能够满足消费者多方面的购物要求，商店内按商品的类别设置商品部或商品柜，实行专业化经营。

（3）专卖店

专卖店经营品种单一，但同类品牌的商品种类丰富，规格齐全。一般分两种情况。

1）专营某类商品的专卖店，如电器店、男装店、女装店、乐器店等。

2）专卖品牌的店，如金利来、华伦天奴等。

（4）超级市场

超级市场是以顾客自选方式经营的综合性零售商场，顾客可直接到货柜前挑选商品，让商品与顾客距离接近，既能提高效率，又能减少人员的拥挤，又称自选商场。

1）便利店：便利店是位于居民区附近，满足顾客应急性、便利性需求，采取自选式购物方式的小型零售店。

2）仓储式超市：仓储式超市是一种带有批发性质的批售式商店，营业面积大，库架合一，装饰简单，节约成本。

3）一般超市：一般超市是以顾客自选方式经营的大型综合性零售商店。

2. 商业空间的功能

1）展示性：对商品进行合理的，并富有重点性的陈列和展示，还可以包括舞台上动态的表演、各种形式广告的发布等有关商品自身以及附加信息的传达，这样会促进顾客消费心理。

2）服务性：提供以购物为主的有形或无形的服务，包括购物、休闲、咨询、汇兑、寄存、修理、餐饮、美容等。

3）休闲性：在服务的同时，或多或少伴随休闲性质，如提供影院剧场、儿童游乐、电子游戏、运动休闲等调剂身心的活动。

4）文化性：商业活动场所，是大众传播信息的媒介，具有不可忽视的文化性。

2.1.2 确定设计任务

1. 设计要求

根据人们购物的心理，通常遵循以下六条原则。

（1）塑造良好的购物环境

营业厅的室内设计应有利于商品的展示和陈列，有利于商品的促销，为营业员的销售服务带来方便，最终为顾客创造一个舒适、愉悦的购物环境。

（2）合理确定室内设计风格与格调

营业厅应根据商店的经营性质、商品的特点和档次、顾客的构成、商店形体外观乃至地区环境等因素，来确定室内设计总的风格和格调。

（3）突出商品

营业厅的室内设计总体上应突出商品，激发购物欲望，即商品是"主角"，室内设计和建筑装饰的手法应是衬托商品。从某种意义上讲，营业厅的室内环境应是商品的"背景"。

（4）保证营业厅良好的照明、通风

营业厅的照明在展示商品、烘托环境氛围中作用显著。厅内的选材用色也均应从突出商品、激发购物欲望这一主题来考虑。良好的空调，特别是通风换气，对改善营业厅的环境极为重要。

（5）满足防火和安全疏散要求

营业厅内应使顾客动线流畅，这样才能使营业员服务方便，防火分区明确，通道、出入口通畅，并均应符合安全疏散的规范要求。

2. 阶段安排

从拿到设计任务书开始，商业建筑装饰设计就应该按照设计流程完成以下任务。

（1）设计准备

1）明确设计要求。在设计之前进行项目分析，与该商业建筑经营者进行沟通，明确委托方对营业空间使用情况、装饰标准、预期效果等方面的意向；了解客源市场群体的消费标准；了解投资规模及功能区域组成。这对方案设计是否能合理和有针对性具有关键意义。

2）现场勘察、资料调研。进行现场实地勘察，分类整理设计准备阶段收集的各类信息和资料，总结并量化数据。主要包括以下内容。

① 通过设计现场的实地勘察，在原建筑图纸上记录详细数据，掌握基础性设计依据，包括建筑空间的结构体系、空间尺度、采光照明、设备管线位置以及周边环境状况等客观条件。

② 观察建筑周边环境、周围建筑的类型、颜色、环境等，并分析可能对该建筑造成的影响。

③ 研究同类营业空间设计的案例以便展开设计思路和把握流行趋势。

④ 分析相关设计资料、规范和法律法规，研究设计的可行性。

3）确定设计理念。根据前期对相关资料的调研，收集相同类型建筑装饰图片，确定该建筑的设计风格和设计理念，并及时与委托方沟通。

（2）方案设计

1）主要功能空间分析。按照传统的空间划分方式，商业建筑一般由以下三个部分组成。商业建筑装饰设计主要是对这三种功能区域进行设计，特别是营业空间。

① 营业空间。营业空间是商业建筑中最为重要的空间，主要用于商品的销售和展示，可分为引导部分（店面、入口、橱窗）和商场部分（货架、收银台、试衣室等）。

营业空间的分区方式一般有：

a. 不同商品种类进行分区，图 2-1 是某珠宝店按所售商品种类进行分区。

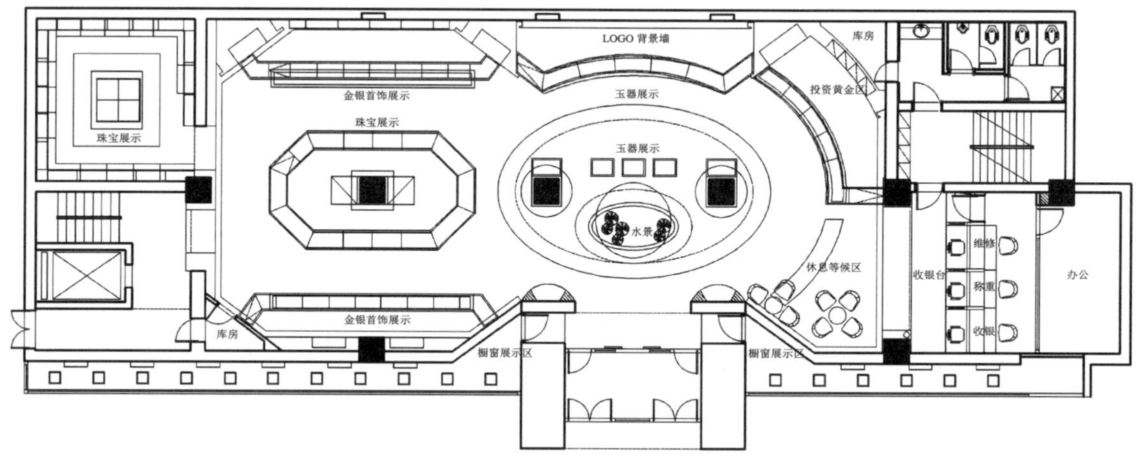

图2-1　某珠宝店按所售商品种类分区

b. 将营业厅分租给不同的厂家、公司经营，按公司、品牌进行分区，如图 2-2 是某家具商场按品牌进行分区。

② 仓储空间。仓储空间是商业建筑中重要的组成部分之一，用于商品的临时存放和周转。

③ 辅助空间。辅助空间包括行政管理用房、员工休息用房、卫生间、设备用房等。

2）方案设计与表达。方案设计最终需要通过设计图纸将设计理念形象化地表现出来，商业建筑主要针对营业空间进行方案设计，主要图纸包括设计说明、平面图、顶棚平面图、主要立面图、必要的分析图、效果图等。

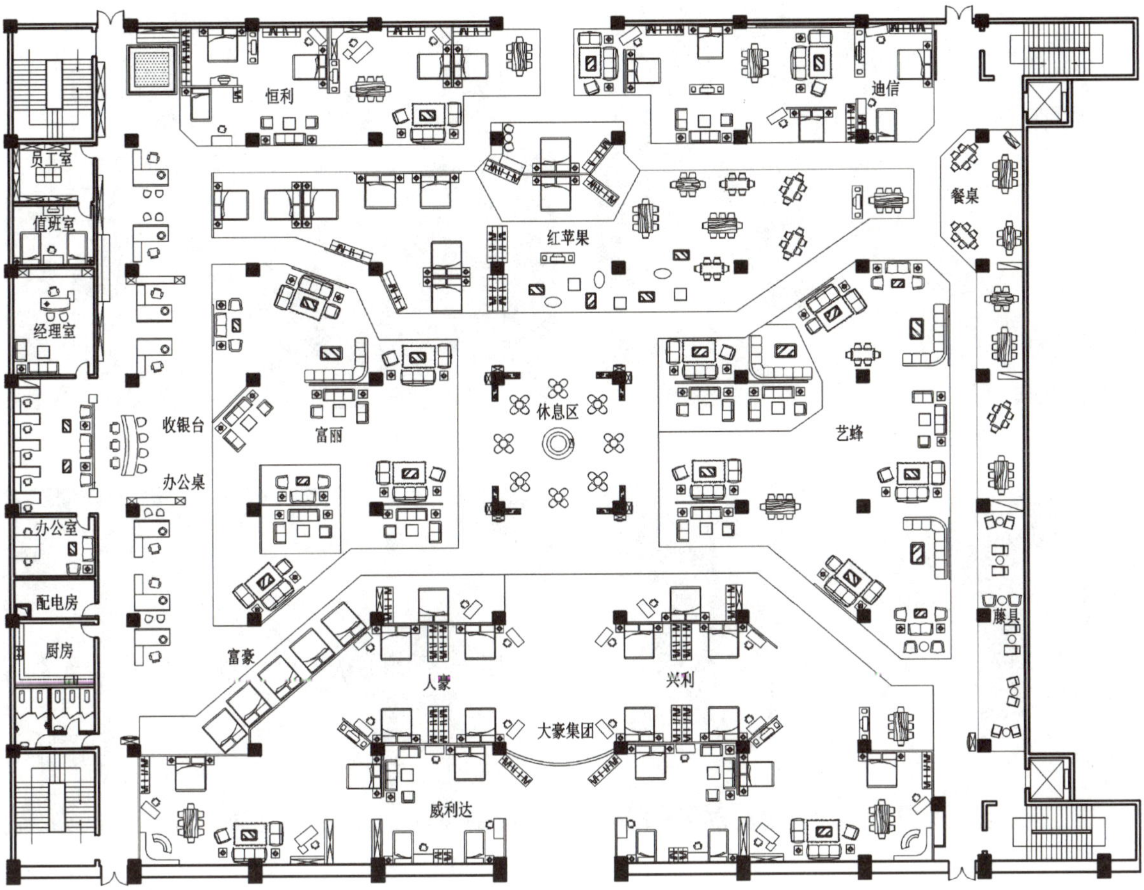

图2-2　某家具商场按品牌分区

2.2　项目解析：商业建筑装饰设计要点

2.2.1　商业建筑的空间组织与界面处理

商业建筑的空间组织与界面处理（动画）

1. 空间组织

（1）利用货架设备或隔断水平方向划分营业空间

其特点是空间隔而不断，保持明显的空间连续感，同时，空间分隔灵活自由，方便重新组织空间。这种利用垂直交错构件有机地组织不同标高的空间，可使各空间之间有一定分隔，又保持连续性，如图 2-3 和图 2-4 所示。

（2）用顶棚和地面的变化来分隔空间

顶棚和地面在人的视觉范围内占相当比重，因此，顶棚和地面的变化（高低、形式、材料、色彩、图案的差异）能起空间分隔作用，使部分空间从整体空间中独立，是对重点商品的陈列和表现，并较大程度地影响室内空间效果，如图 2-5 和图 2-6 所示。

图2-3　利用货架划分营业空间

图2-4　利用隔断划分营业空间

图2-5　美发厅通道通过顶棚和地面的材料变化分隔空间

图2-6　商场利用地面变化分隔空间

2. 界面处理

商店营业厅地面、墙面和顶棚的界面处理，从整体考虑仍需注意烘托氛围，突出商品，以形成良好的购物环境。各部分设计要求如下。

（1）地面

1）防滑、耐磨、易清洁。

2）若营业厅地面面积较大，可简洁图案处理，以引导人流。

3）对于大型商场中专卖型“屋中屋”的地面，材料可另行规划，但不能高出原地面过多。图 2-7 的营业厅以地砖地面为主，局部采用木地板与柜台连成一体。

（2）墙、柱面

可进行一定装饰处理，如图 2-8 所示。

（3）顶棚

1）一般要造型简洁大方。

2）特殊空间效果，可以采用特殊设计，如图 2-9 和图 2-10 所示。

3）相关设施齐全，结构合理。

4）材料防火。常用轻钢龙骨、石膏板、矿棉板、金属穿孔板等作为吊顶材料。

图2-7 营业厅地面的变化

图2-8 墙面的处理

图2-9 利用镜面作顶棚

图2-10 顶棚利用图案创造空间效果

2.2.2 动线组织与视觉引导

动线组织与视觉引导（动画）

1. 动线组织

动线是顾客在商业空间中运动的轨迹，往往是从建筑的入口开始的，在空间中具有前后的次序。商业空间往往不是一个单一的空间，而是由多个空间组成，顾客在空间中的活动也是一种时空连续的有序运动。在空间的组合中，既要相对独立又要相互联系，既要功能明确又要动线流畅。

商业动线设计在商业建筑设计中作用越来越明显，一般有七条原则。

1）动线脉络清晰，通道宽度适宜，通道宽窄可有变化。主次通道有不同宽度，设置在相应区段也可适当改变宽窄。

2）注意曲与直的结合（图 2-11）。直线通道不要过长，要有一定变化，以免令人打消由一端走向另一端的念头。

3）方向的改变要有过渡。对角度的处理，圆角优于钝角，钝角优于锐角，锐角不要出现。

4）保证顾客回路，避免出现死角。无法避免时，常有三种方法处理：端头设置主力店、端头设置垂直交通、将通道加宽并做中空处理。

5）中庭对平面动线的核心化作用要处理好（图 2-12）。要使店铺及招牌尽量面向中庭展开，面向视觉焦点。

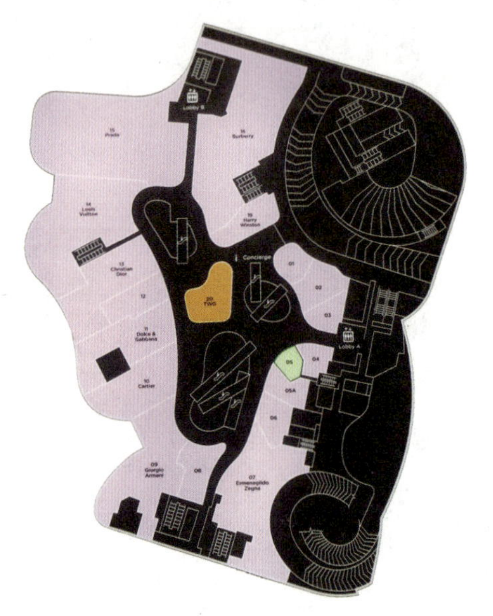

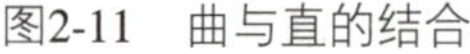

图2-11　曲与直的结合

图2-12　中庭作为视觉中心

6）主动线与出入口、消防通道要顺畅连接。保证顾客流线通畅，水平、垂直交通满足防火安全疏散。

7）垂直人流设置应相对简单。特别要注意形式、数量和地点。

商业空间的动线一般包括顾客动线、服务动线、商品动线。营业厅的动线是由营业厅柜台、展台、模特台、收款台等一系列家具分划围合而成的。设计中，我们要以人体尺度为依据，来确定货架、柜台的布置和相互的间距。在保证流线的前提下，商家往往尽可能地多布置家具，以提高使用面积。

图2-13　以弧形货架作为视觉引导

2. 视觉引导

通过各种手段引导顾客的视线，使之注视相应的商品与展示信息，以诱导和激发顾客的购物意愿（图 2-13 ～图 2-17）。

商店营业厅内视觉引导的方法主要如下。

1）通过柜架、展示设施等的空间划分，作为视觉引导的手段，引导顾客动线方向并使顾客视线注视商品的重点展示台与陈列处。

2）通过营业厅地面、顶棚、墙面等各界面的材质、线型、色彩、图案的配置，引导顾客的视线。

3）采用系列照明灯具、光色的不同及色温、光带标志等设施手段，进行视觉引导。

图2-14　利用鲜艳的图案作为视觉引导

图2-15　利用顶棚的图案作为视觉引导

图2-16　利用光色作为视觉引导

图2-17　利用光带作为视觉引导

视觉引导运用空间划分、界面处理、设施布置等手段的目的，最终是烘托和突出商品，创造良好的购物环境，即通过上述各种手段，引导顾客的视线，使之注视相应的商品及展示路线与信息，以诱导和激发顾客的购物意愿。

2.2.3　经营方式与商品陈列

1. 经营方式

闭架：适宜销售高档贵重商品或不宜由顾客直接选取的商品（首饰、药品等）。

开架：适宜销售挑选性强，除视觉审视外，尚有对商品质地有手感要求的商品（服装、鞋帽等）。

半开架：商品开架展示，但进入该商品展示的区域却是设置入口的（超市等）。

洽谈：某些高层次的商店，由于商品性能特点或氛围的需要，顾客在购物时需要与营业员详细地进行商谈、咨询，于是采用可就坐洽谈的经营方式，体现高雅、和谐的氛围（销售家具、电脑、汽车等）。

2. 布置方式

陈列商品主要使用售货柜台或陈列货架等。柜台、货架的布置方式有周边式、周边式带散仓、半岛式、岛式、半开敞式、开敞式、综合式（图 2-18）。

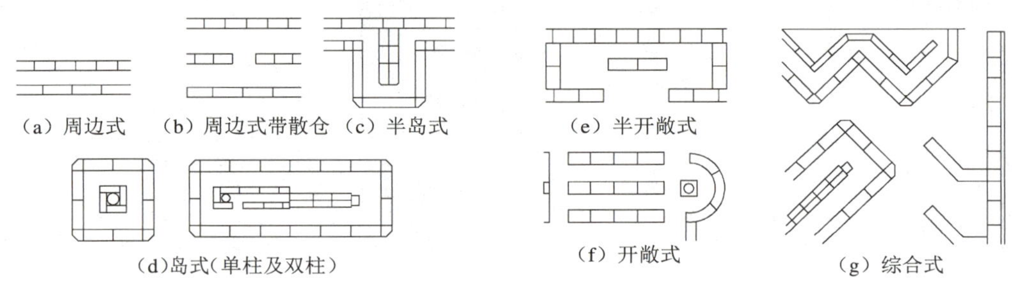

图2-18　柜台、货架的布置方式

2.2.4　店面与橱窗

1. 店面的识别性

店面与橱窗（微课）

店面的识别性是指店面具有使人感知其经营内容和性质的一种形象特征。它是通过店面的造型和醒目的牌匾、店徽、广告、橱窗、标志等展示商店的内涵，体现商店的特色和个性。

可以从以下三个方面增强识别性。

1）通过店面的整体设计反映商店的识别性。

2）通过牌匾、店徽、橱窗展示商店的识别性。

3）通过灯箱、旗牌、幌子等标志物，突出商店的识别性。

2. 店面的造型设计

1）立面划分的比例尺度，如图 2-19 所示，入口和墙面形成良好的比例关系。

2）墙面与门窗的虚实对比，如图 2-20 所示，入口处墙面凸出，突出实的墙面，门洞则产生“虚”感。

3）形体构成的光影效果，如图 2-21 所示，出挑的檐部在墙面上形成光影变化。

4）色彩、材质的合理配置，如图 2-22 所示，入口处采用金属，与木材的材质形成对比。

图2-19　入口和墙面形成良好的比例关系

图2-20　突出实的墙面

图2-21　出挑的檐部在墙面上形成光影

图2-22　金属与木材的材质对比

3. 橱窗

（1）设计原则

体现设计师的新颖构思和创意，让顾客能体会到商店的特色、城市文化的底蕴、季节的变换和节假日的气氛；综合运用色彩、材质、灯光等手段，让平面形象和立体形象相结合；注意风格特点，根据商店的规模、性质和商品的类别，展示出具有个性的多样的设计；注意特别要做好防晒、防撞、防盗和防止眩光的措施。

（2）橱窗的分类（图 2-23）

按橱窗背板的空实程度，可分为封闭式、开敞式、半开敞式。

空间设计中对橱窗的分类如下。

前向式橱窗：橱窗成直立壁面，单个或多个排列，面向街外或面对顾客通道，一般情况下顾客仅在正面方向上看到陈列的商品。

双向式橱窗：橱窗平行排列，面面相对伸展至商店入口，或设于店内通道两侧，橱窗的背板多用透明玻璃制作，顾客可在两侧观看到陈列的展品。

多向式橱窗：橱窗往往设于店面中央，橱窗的背板、侧板全用透明玻璃制作，顾客可从多个方向观看到陈列的展品。

（a）

（b）

（c）

（d）

图2-23　橱窗的分类

4. 招牌和广告

招牌是指挂在商店门前作为标志的牌子。主要用来指示店铺的名称和记号，可称为店标。招牌可有竖招牌、横招牌或是在门前牌坊上横题字号，或在屋檐下悬置巨匾，或将字横向镶于建筑物上。

图2-24　招牌悬挂

招牌和广告在店面设计中起很大作用。每个店面都有自己的店名、形象标志、商品标准、特色。随着现代科技的发展出现多种新型材料和高科技手段，给店面的设计带来了新样式。

商店的招牌和广告，根据连接和固定的构造方式，通常有下列几种。

悬挂：招牌或广告直接悬挂于商店外墙面或其他构件上（图 2-24）。

出挑：招牌或广告从商店外墙面悬臂出挑。

附属固定：以招牌或广告的字体图案（或连同底板）直接固定在外墙面、雨篷上或建筑物的檐部上端。

单独设置：招牌或广告以平面或立体的形式独立设置于商店前的地面或屋顶上。

2.2.5　照明设计

商店为吸引顾客的注意力，让顾客能看清商品，对环境和商品采用不同的照明方法以突出主题，进一步吸引和招揽顾客，诱发人们购物的意愿。商业照明除了满足一般照明照度以外，更需要考虑照明的装饰艺术效果，以烘托商业购物氛围。

1. 照明设计要点

1）要有足够的照度。

2）要根据商品选择光源。对服装、毛线等应选择显色性高的光源。对玻璃、金属、珠宝应选择显色性低的光源。

3）要处理好一般光源和重点光源的关系。

4）要注意投光方向，对于模特等立体感强的物品，应采用侧投光。

5）营业面积在 1500m^2 时，应设应急灯和疏散指示灯。

6）柜架、柜台等处的照明要防止眩光。

2. 照明方式分类

（1）基本照明

基本照明是确保营业厅拥有最基本、必要的亮度而采用的照明方式。通常指利用天顶灯具照明提供足够光线。基本照明多选用嵌入式吸顶灯或建筑化照明方式，顶棚较高时，也可采用下吊式灯具（图 2-25）。

（2）重点照明

重点照明是在基本照明的基础上，在商品陈列处和顾客关注的焦点处进行的重点、明亮的照明，或是在营业厅的某些部位，如自动梯上下登梯处，需要增加局部场合的照度时采用。营业厅局部照明常采用投射灯或内藏式光源直接照明，也可采用便于滑动、改变光源位置和方向的导轨灯照明（图 2-26）。

陈列柜、柜台、展台等展示商品的部位，用相当于一般照明的 3 ～ 5 倍照度给商品局部追光，可采用聚光灯明示商品的光泽感、立体感、质感，突出商品形象、增加商品魅力（图 2-27）。

（3）装饰照明

通过光源的色泽、灯具的造型以及与营业厅中室内装饰的有机结合，室内装饰照明可采用彩灯、霓虹灯、光导灯、发光壁面等。天顶边缘、陈列橱、柜台、展台等边缘部位，用霓虹灯、灯带等间接照明源，以漫反射光线渲染形体轮廓气氛，营造富有魅力的购物环境，诱发顾客的购物意愿，表现商场或商品展示的个性与特征。

图2-25　商场顶棚的基本照明

图2-26　利用导轨灯重点照明

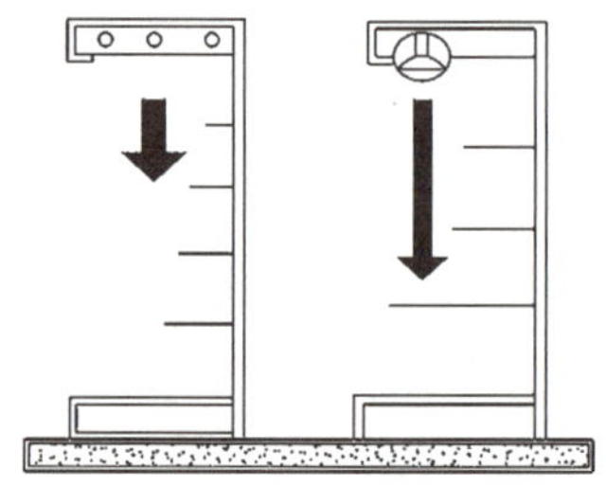

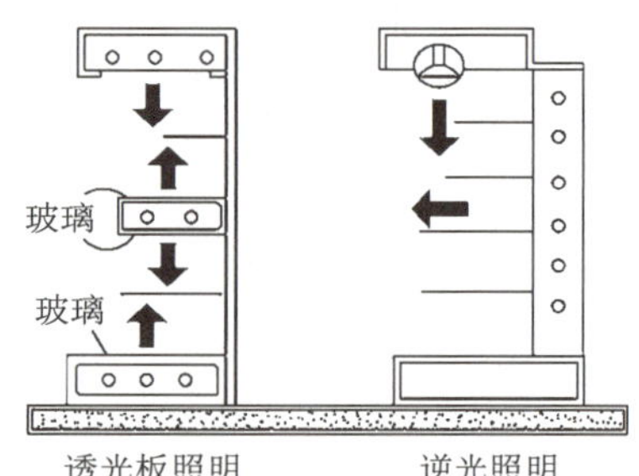

荧光灯照明　　聚光灯照明　　透光板照明　　逆光照明

图2-27　陈列柜照明方式

3. 店面室外照明

（1）招牌照明

招牌的明亮醒目，一般是通过霓虹灯或灯箱的装饰做到的。霓虹灯不但照亮招牌，也增加了店铺在夜间的可见度。为了使招牌醒目，灯光颜色一般以单色或结合较强的红、绿、白等颜色为主，突出简洁、明快、醒目的要求（图 2-28）。

图2-28　招牌照明

（2）橱窗照明

在橱窗照明中，为了突出陈列品的某一显著特色，多采用局部照明或重点照明，橱窗照明中选用的比较多的灯具有聚光灯、筒灯、射灯、冷光灯杯、装饰灯串等。橱窗内的照明设备应尽可能地隐蔽安装，如安装在反射灯巢内，嵌入壁内、顶上、地下、两侧，或者放在橱窗外不易观看到的地方。橱窗内的亮度必须比卖场的高出 2 ～ 4 倍，但不应使用太强的光，灯色间的对比度也不宜过大，光线的运动、交换、闪烁不能过快或过于激烈，否则消费者会眼花缭乱，造成强刺激不舒适的感觉。灯光要求色彩柔和、富有情调。同时，还可以采用下照灯、吊灯等装饰性照明，强调商品的特色，尽可能在反映商品本来面目的基础上，给人以良好的心理印象（图 2-29）。

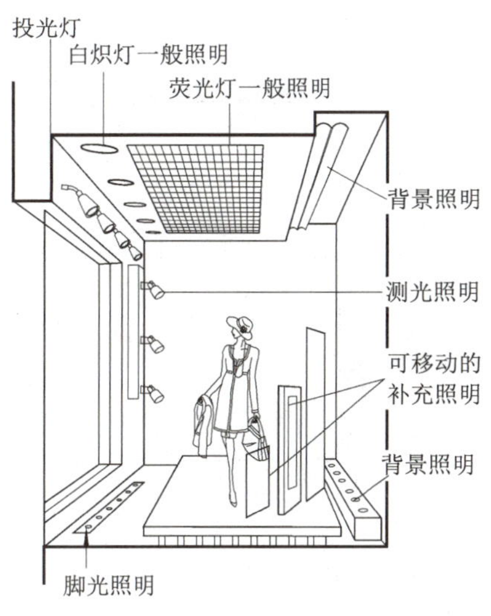

图2-29　橱窗照明

（3）外部装饰灯照明

外部装饰灯照明包括整体泛光照明和轮廓照明两种。为了显示商店建筑整体的体型和造型特点，外部装饰灯常安装于建筑周围地面或隐藏于建筑阳台、外轮廓等边缘，以投光灯作泛光照明，也可以在相邻的建筑物或构筑物上对商店建筑进行整体照明，但需注意尽可能不使人们直接见到光源；轮廓照明则是以带灯或霓虹灯沿建筑轮廓或对具有造型特征的塔楼、立面花饰等轮廓作照明的方式。

2.3　项目实战 1：专卖店任务设计过程与设计要点分析

2.3.1　工程概况

本项目为某运动品牌专卖店，位于我国某城市商业步行街，共两层，下层为专卖店，上层为库房。要求设计一层部分，突出专卖店的特色。要求确定该工程的初步设计阶段的工作内容，对专卖店装饰设计的要领进行探索与学习。

设计案例——满谷宝栗专卖店

2.3.2　确定专卖店的功能分区与空间组织

专卖店内利用货架、陈列橱、展台等道具的分隔进行空间组织与划分，形成良好的功能分区（图 2-30）。

确定室内营业环境的功能分区与空间组织（动画）

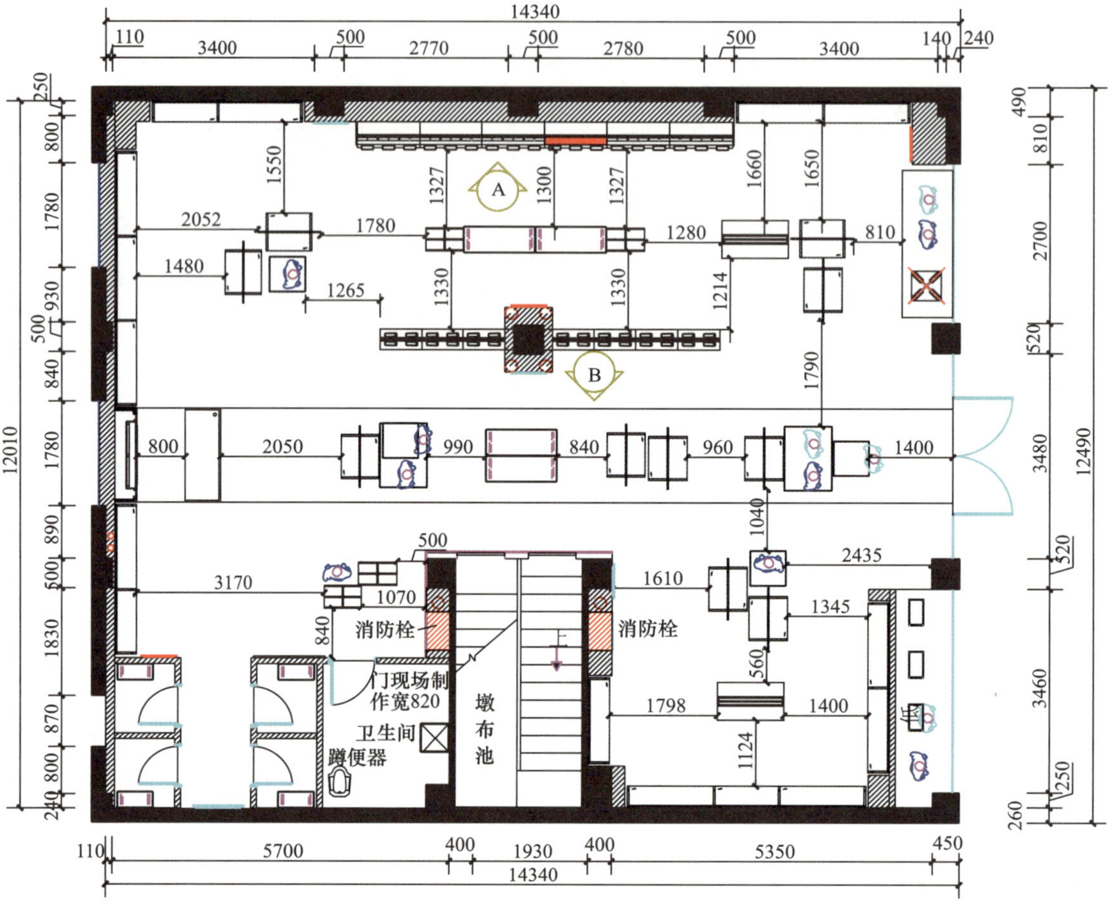

图2-30　平面布置图

2.3.3　装饰风格的定位与界面设计

设计案例——服装专卖店设计步骤

专卖店整体装饰简洁。地面主通道采用 800×800 白色抛光砖，其余部分为 800×800 黑色抛光砖（图 2-31）；顶面结合荧光灯、射灯、音响、空调等设备设施，与地面货架、地砖等呼应；立面结合陈列橱布置，造型简单、大方。

2.3.4　店面造型设计

专卖店作为连锁店，店面要求统一。利用原外立面安排户外广告射灯、标志等（图 2-32 ～图 2-34）。

14340
110
3400
500
2770
500
2780
500
3400
140
240
800×800黑色抛光砖
800
800
800
800×800白色抛光砖
消防栓
消防栓
800×800黑色抛光砖
12010
12490
5700
400
1930
400
5350
450

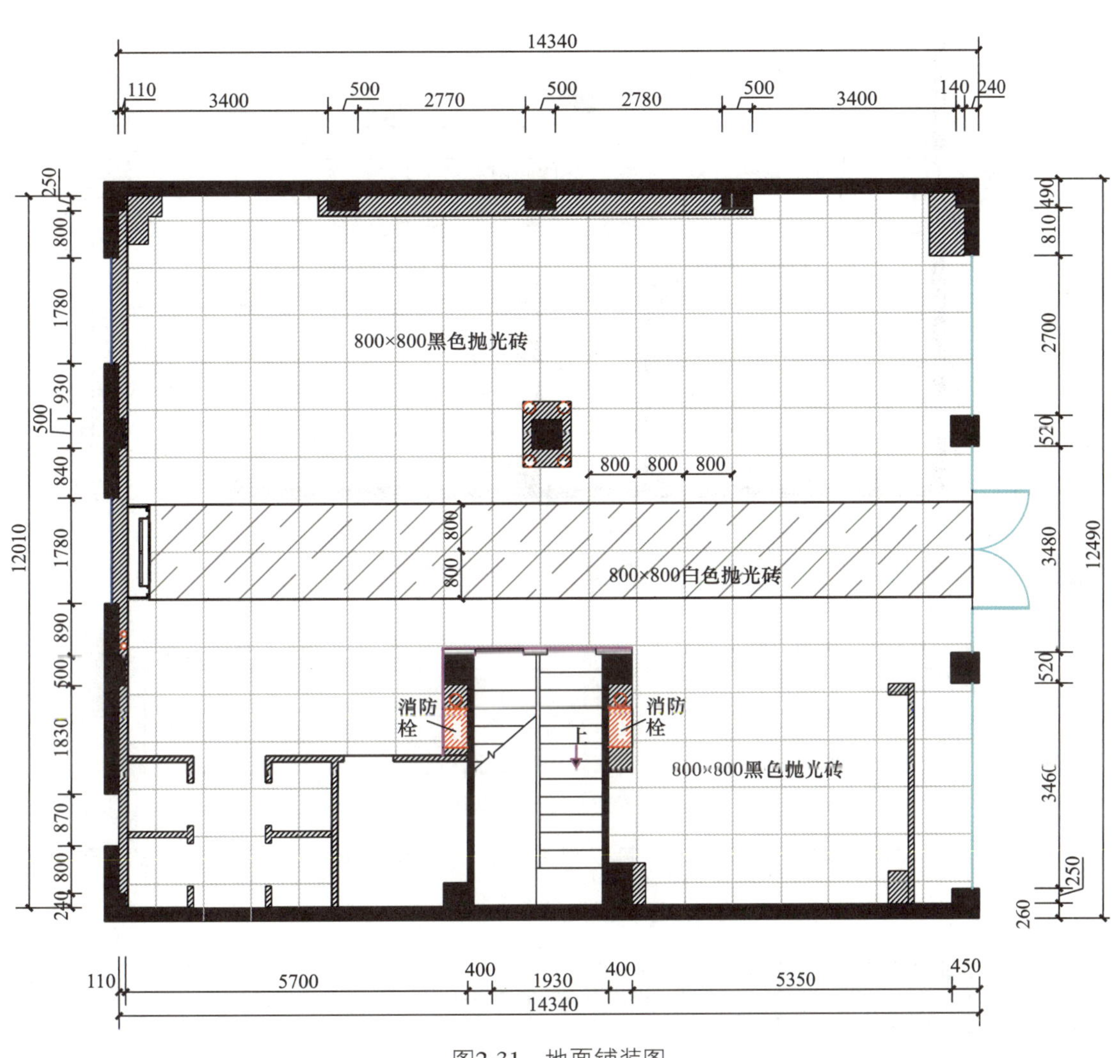

图2-31 地面铺装图

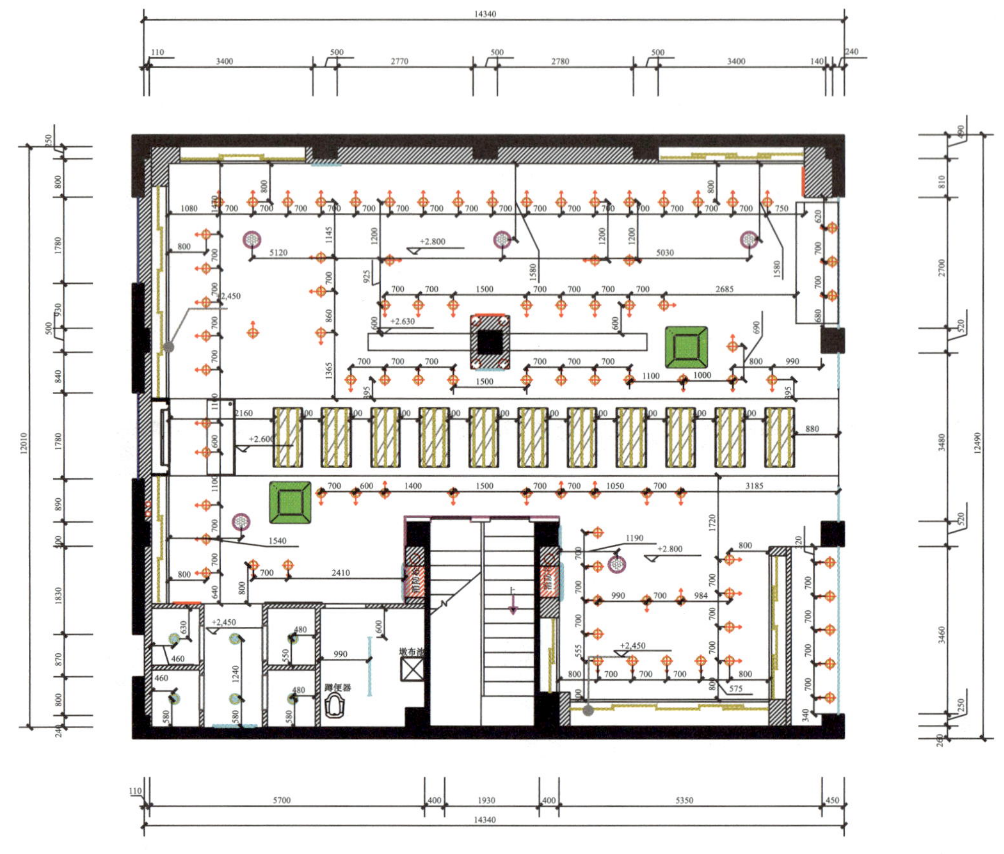

图例														
型号	射灯:雷士T-NDL651P /L LW G1270W/3000K /10度 射灯嵌入式	射灯:雷士T-NDL651P /L LW G1270W/3000K /40度 射灯嵌入式	单孔陶瓷金卤嵌 0W/3000K TN-98109T	双管横插节能筒灯40W	吸顶式音响 (≤100W) 间距5000mm	飞利浦日光灯 色温:4300K(暖白色)L:600mm 14W T5	飞利浦日光灯 色温:4300K(暖白色) L:900mm 21W T5	飞利浦日光灯 色温:4300K(暖白色) L:1200mm 36W T8	1200灯箱飞利浦日光灯 色温：4300 K(暖白色) T5 每根28W 3根 84W	防爆灯	排气扇 每台 30W	3匹空调 每台2820W	5匹空调 每台约4750W	室内总电量约为 31.832kW
数量	14	73	0	14	10	0	30	6	19	4	5	0	4	
总功率	2.73kW	5.04kW	0kW	0.56kW	≥1.0kW	0kW	0.63kW	0.216kW	1.596kW	0.30kW	0.150kW	0kW	19kW	

图2-32　顶棚平面图

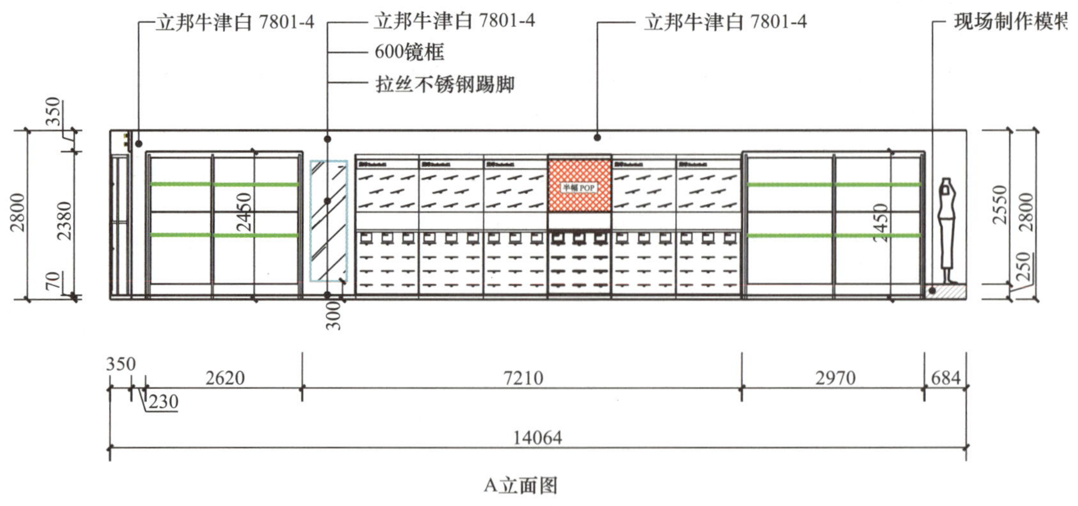

A立面图

图2-33　立面图

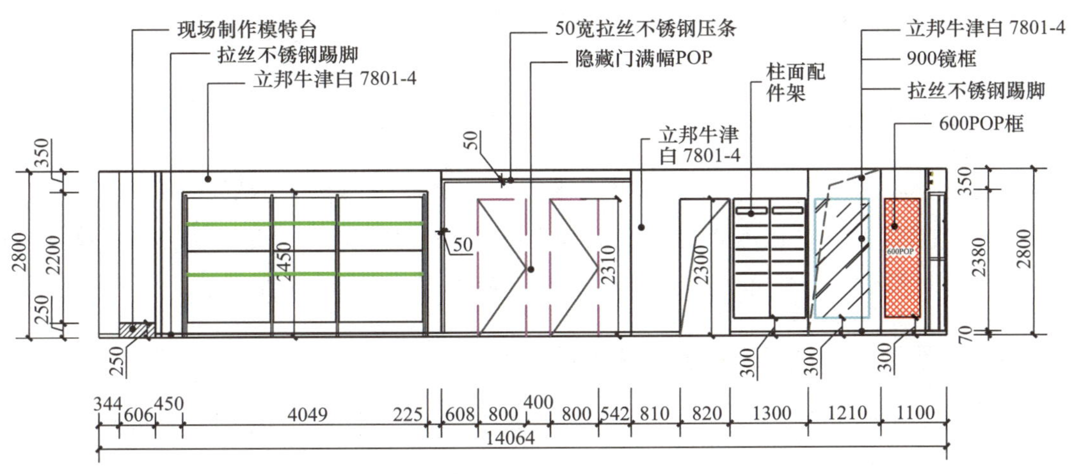

C立面图

图2-33（续）

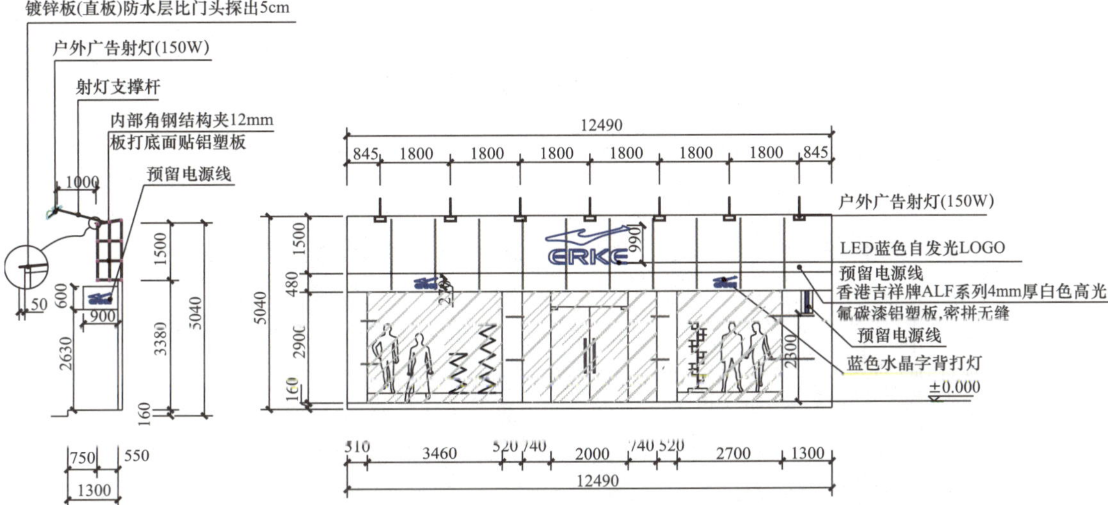

图2-34 外立面

2.4 项目实战 2：营业厅任务设计过程与设计要点分析

2.4.1 工程概况

本项目营业厅为某城市地下商场的一部分，要求设计为精品世界，在空间上具有相对独立性，按照防火分区在入口处内部设有防火卷帘。要求确定该工程的初步设计阶段的工作内容，对商业建筑空间装饰设计的要领进行探索与学习。

2.4.2 确定营业厅的功能分区与空间组织

室内设计时对空间进行再创造，围绕中心区，四周形成 A、B、C、D、E、F 区域，根据商家需求再对各空间部分进行详细设计（图 2-35）。

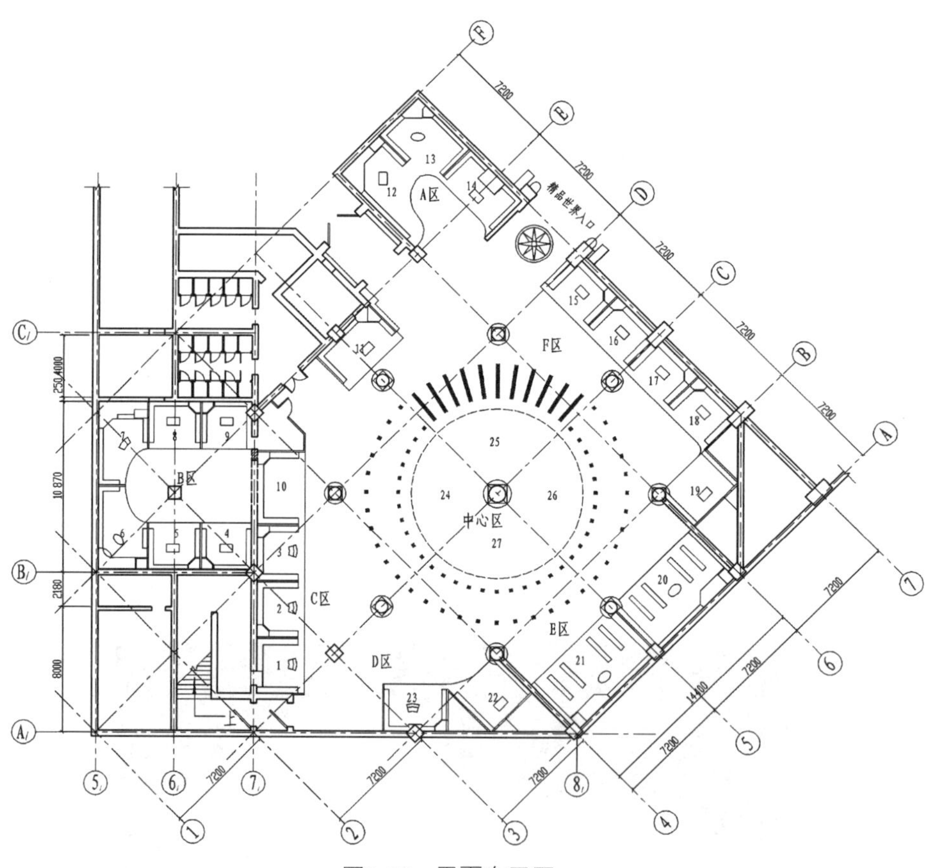

图2-35 平面布置图

注：本图中所有档口尺寸、详细构造及节点见各档口详图。

2.4.3 装饰风格的定位与界面设计

以 A 区为例，要求定位为简洁的现代风格（图 2-36 ～图 2-38）。商场营业厅地面采用地砖，为突出 A 区，该区使用了复合木地板；顶棚呼应地面曲线部分，采用轻钢龙骨纸面石膏板吊顶，安装筒灯与格栅灯。立面结合衣橱整体设计。

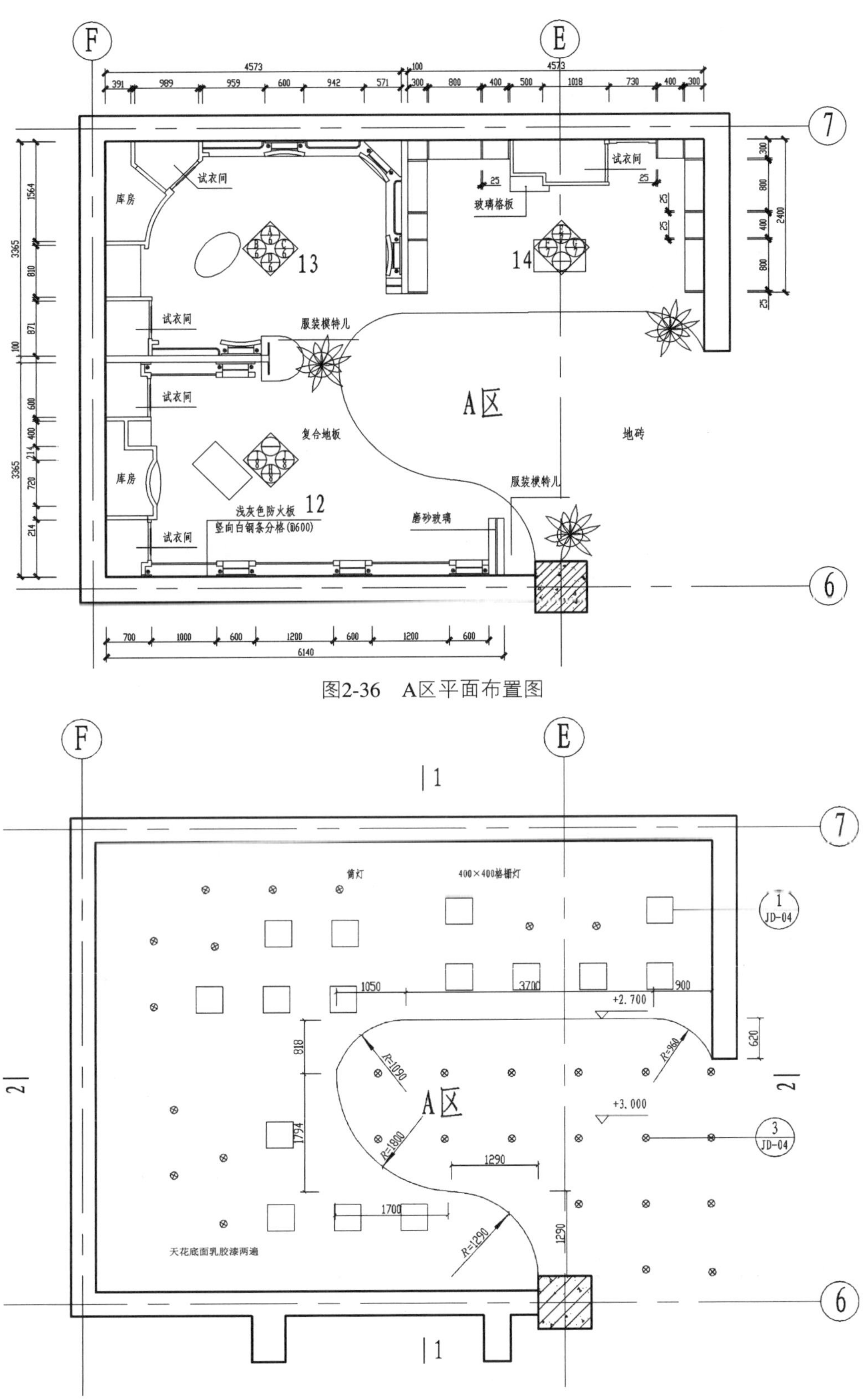

图2-36　A区平面布置图

图2-37　A区顶棚平面图

玻璃格板
品牌名或店标
（经营者自定）
φ19 白钢管
玻璃格板
内衬日光灯管
试衣间门
（外镶镜面）
8mm 白钢条
射灯
品牌名或店标
（经营者自定）
玻璃格板
试衣镜
12 号档口立面图
19 白钢管
浅灰色防火板
（麻面）
白色防火板
射灯
白钢管端部
法兰连接
品牌名或店标
（经营者自定）
试衣间
13 号档口立面图

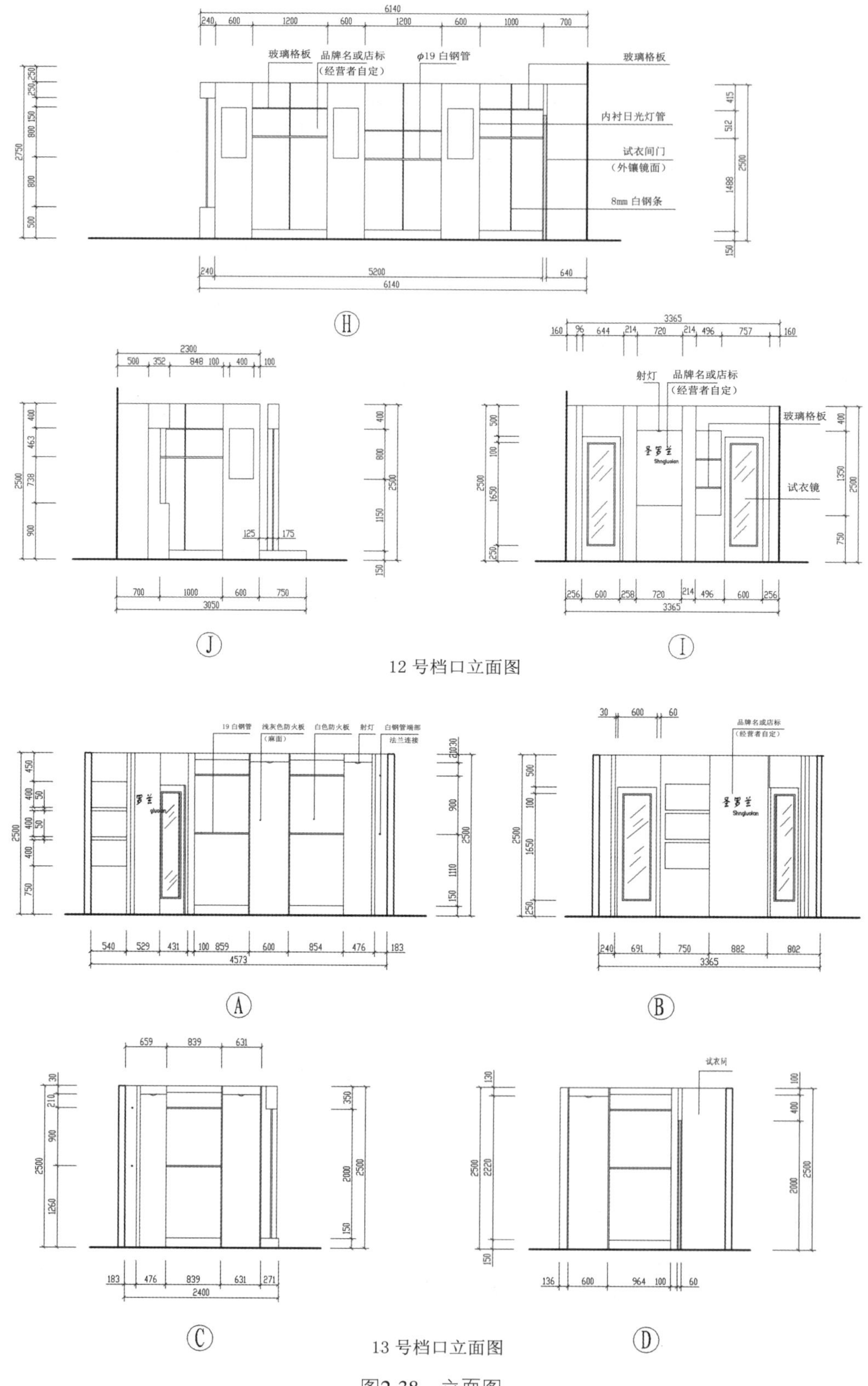

图2-38　立面图

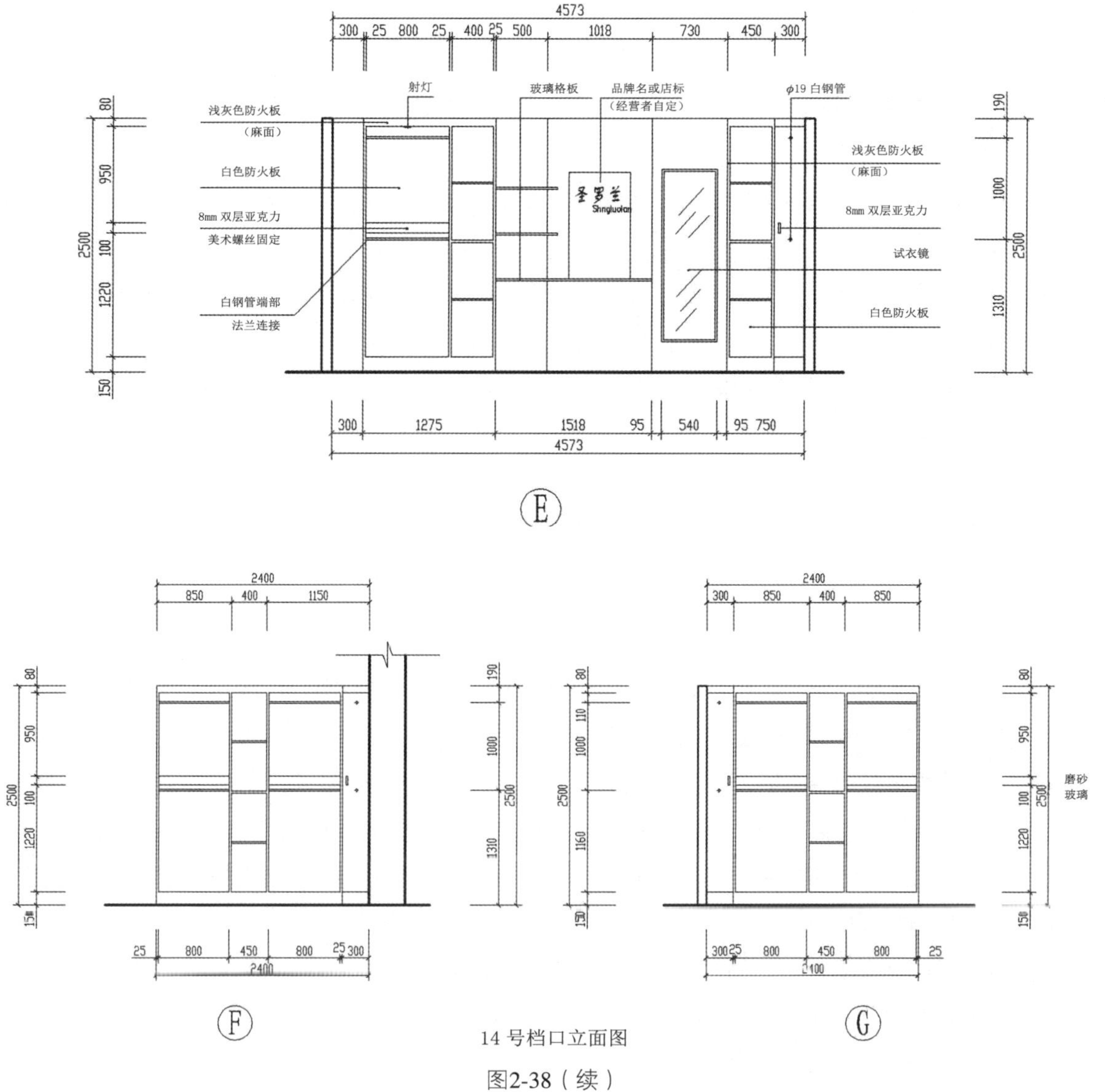

14 号档口立面图

图2-38（续）

2.5　拓展训练：商业建筑空间室内装饰设计

1. 参观商业建筑空间室内装饰设计

（1）实战目的

通过现场参观学习，认识商业类建筑的主要空间组成，熟悉其营业厅、陈列展示区等重点空间的室内装饰设计，掌握商业类建筑空间的一般室内装饰设计方法。

（2）参观地点

学校所在地市区内的大、中型商场，购物中心，专卖店等。

（3）参观内容

1）营业厅。营业厅是商业空间里的主要部分、重点部分，不同经营方式会影响到营业厅的空间布局。营业厅应体现良好的展示性、便捷的交通联系、良好的照明和完善的服务等特点。

2）购物中心。购物中心或步行街是综合性较强的商业空间，集购物、休闲和娱乐等为一体，功能更为完善。

3）专卖店。专卖店往往具有较明显的特色，其设计也与销售的商品有很大关系，并体现出较强文化内涵。

参观的重点是营业性空间的空间组织与界面处理、柜台布置、动线组织与视觉引导处理、照明设计等。

（4）实战要求

对本次参观的商业空间室内装饰设计的认识与理解，写出不少于2000字的参观报告。

2. 金店室内装饰设计

（1）实战目的

通过本课题初步了解商业建筑室内设计原理、公共空间设计的特点，加深对设计规范的认识，增强设计技巧和表达能力，进而使学生理解、掌握商业建筑室内装饰设计。

（2）实战要求

1）金店位于城市商业建筑内，共两层，每层建筑面积约600m^2，一层为卖场，二层为投资场所，层高4500mm，梁高800mm，柱800mm×800mm；平面图如图2-39所示。要求对建筑进行室内装饰设计。

2）满足功能要求，合理分割空间。一层为珠宝、玉器、金银等物品的卖场，二层设产品展示、VIP服务区、办公室、储藏室等空间。

3）交通线路组织清晰流畅。

4）用色、用料、用光合理巧妙，既能满足公共空间设计的要求，又能体现小店的品位，还要考虑到用最经济的成本创造最好的效果。

5）店面整体设计符合自身的定位、特征。

6）外立面、橱窗设计新颖大方，既能吸引行人的注意力，又能为城市增添亮点。

7）室内设计别具匠心，能引起人们的购买欲。

（3）实战成果

A3文本，图面整洁规范，构图饱满，符合国家制图规范。

1）设计说明：100字左右。

2）平面布置图：比例为1 ∶ 50。

3）地面铺装图：比例为1 ∶ 50。

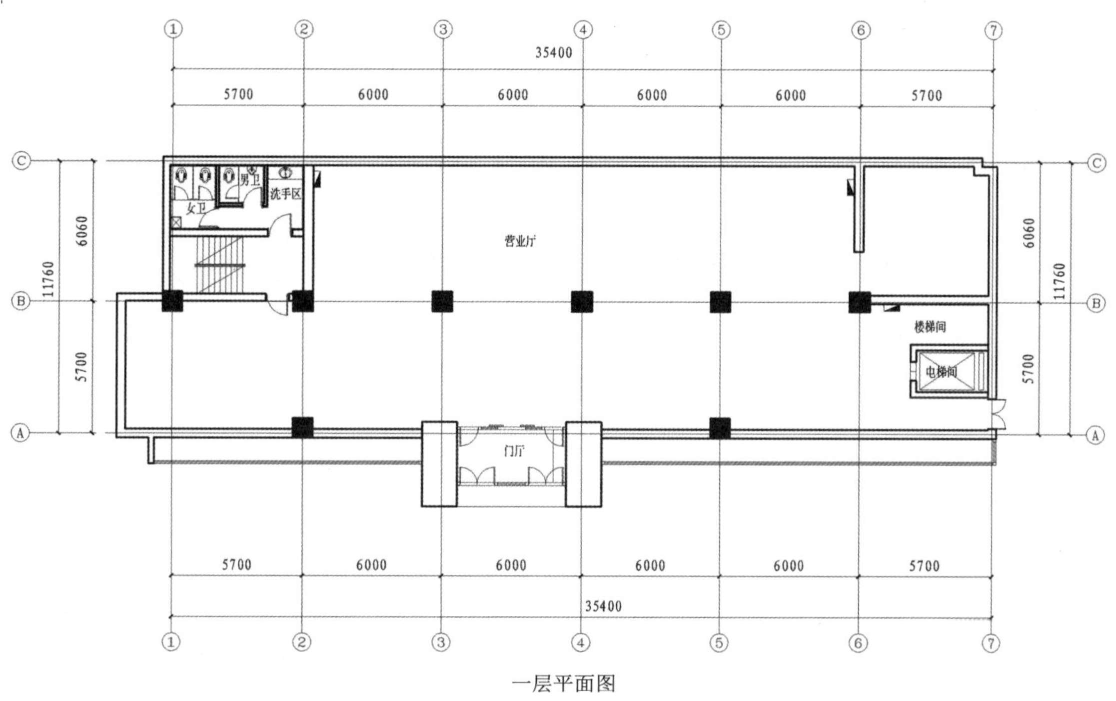

一层平面图

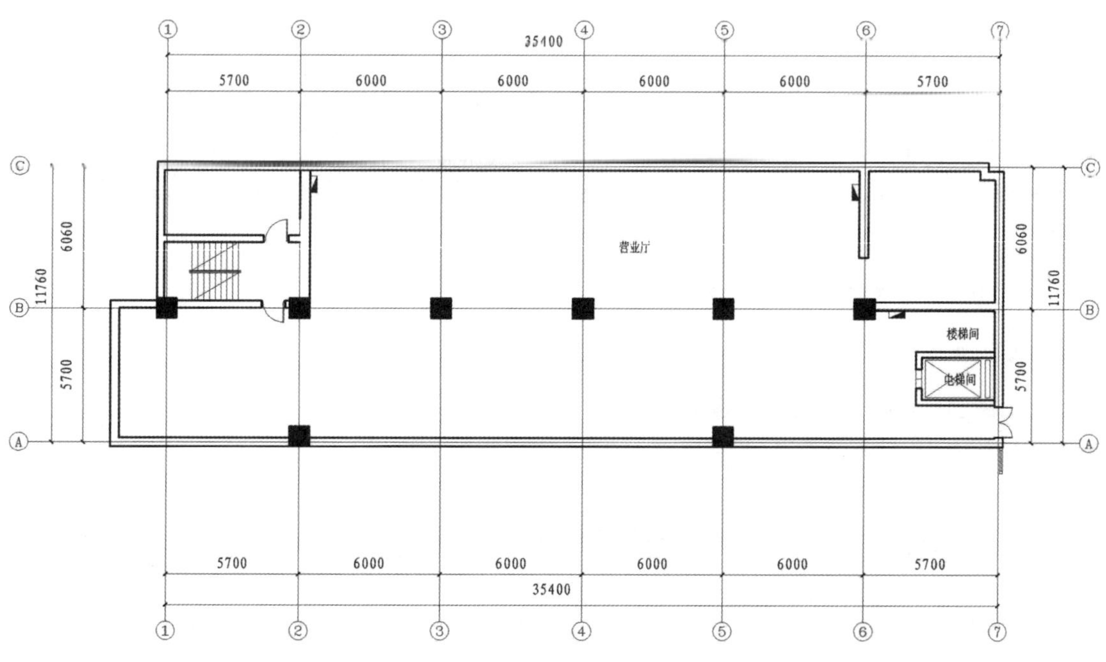

二层平面图

图2-39 平面图

4）顶棚平面图：比例为 1 ∶ 50。

5）立面图（4 个）：比例为 1 ∶ 50。

6）外立面图：比例为 1 ∶ 50。

7）效果图（2 幅）：外立面、内部空间手绘彩色效果图，能表达设计意图和意境，画面完整，表现手法不限。

2.6 项目提交与展示：学生作品成果要求

项目提交与展示是学生攻克难关完成项目设定的实战任务，进行成果的提交与展示的阶段。

1. 项目提交

（1）成果形式

一本设计图册，包括封面、扉页、目录、设计说明和设计方案图。

（2）成果格式

1）封面设计要素。封面设计要素包括项目名称、学生姓名、专业、班级、指导教师、完成日期等内容，并进行封面设计。

2）封面规格。一般采用 A3 图纸，装订线在左侧。

3）扉页。包括设计理念、创新点、亮点、内容提要。可采用硫酸纸、白色绘图纸或彩色卡纸。

4）目录。采用二级或三级目录形式，层次分明、图名正确、页码指示正确。

5）设计说明。包括工程概况、设计依据、设计要求及图纸上未尽事宜。

6）方案设计图。图纸的核心内容，要严格按照国家制图规范绘制，可以加色彩和排版信息，徒手绘制。

7）封底。封底设计要与封面图案、色彩相协调，且纸质相同。

2. 项目展示

项目展示包括 PPT 演示、图册展示及问答等内容。要求学生用演讲的方式运用最佳的语言表达能力，展示设计理念与方案亮点。

2.7 项目评价：考核标准

1）采用学生自评、小组互评、汇报及答辩、教师（专、兼）评价的方式对学生提交项目进行考核。

2）以过程性考核和终结性考核相结合。

3）考核标准。

考核点	评分点	分值	自评分值	小组评分	教师评分
前期（10分）	调研报告	5			
	图纸按时提交，内容完整	5			
构思创意（5分）	构思巧妙，有创意	5			
功能布局合理（30分）	功能分区合理	5			
	主次入口位置合理	5			
	收银台位置合理	5			
	空间组织合理	5			
	库房辅助用房设计合理	5			
	试衣间位置合理，布置恰当	5			
流线组织顺畅（10分）	交通组织顺畅，不阻塞、不对冲、不阻滞	5			
	主次入口位置合理	5			
顶棚（10分）	灯具布置合理，图例符号齐全	5			
	标高齐全，尺寸齐全，材料做法齐全	5			
地面（5分）	地板规格尺寸齐全	5			
立面（10分）	样式美观，符合形式美的基本规律，尺寸齐全，做法标注齐全	10			
效果图（10分）	透视角度合理，图面表达完整、层次丰富	10			
制图美观规范（10分）	制图美观	5			
	规范	5			
合计		100			

2.8　工作页：商业建筑装饰设计

姓名：　　　　　　学号：　　　　　　班级：　　　　　　日期：

任务	2.1 项目引入：概述 2.2 项目解析：商业建筑装饰设计要点 2.3 项目实战 1：专卖店任务设计过程与设计要点分析 2.4 项目实战 2：营业厅任务设计过程与设计要点分析 2.5 拓展训练：商业建筑空间室内装饰设计 2.6 项目提交与展示：学生作品成果要求 2.7 项目评价：考核标准 2.8 工作页：商业建筑装饰设计		
项目 2	商业建筑装饰设计	课程名称	建筑装饰设计
任务概述：			
通过讲授、PPT 案例教学、现场参观等形式，了解商业建筑的分类和空间布局特点，掌握商业建筑装饰设计的构成要素及其设计要点；能够完成商业建筑的装饰设计，并绘制方案图、效果图。			
工作任务流程图：			
布置设计任务书，提出教学要求—采用讲授、PPT 案例教学等形式进行理论指导—通过收集资料（规范、标准、图集等）、实地参观考察或现场勘察等形式分组进行学习和资料分析—完成设计任务—设计成果展示与评价。			
1. 资讯（明确任务、资料准备）			
（1）商业建筑的分类和空间布局类型有哪些，各自具有什么特点？ （2）商业建筑装饰设计包括哪些设计要素，分别需注意哪些设计要点？ （3）营业厅如何考虑动线组织和视觉引导？			
2. 决策（分析并确定工作方案）			
（1）分析如何掌握商业建筑装饰设计的基本原理和设计方法，项目设计需要获得哪些信息和资料，初步确定设计任务的完成过程和完成程度； （2）小组讨论并完善工作任务方案。			
3. 计划（制订计划）			
（1）通过理论学习和参观考察掌握商业建筑装饰设计的基本原理和发展方向； （2）通过项目分析、市场调研、资料查阅等形式掌握商业建筑装饰设计的规范、标准、技术要求等； （3）通过初步设计阶段的训练掌握正确的设计思维方法和设计要素的协调配合的方法。			
4. 实施（实施工作方案）			
（1）资料分析报告（包括：项目特点和要求、市场调研资料、学习笔记、相关规范和标准、同类空间的设计情况等）； （2）初步设计； （3）研讨并填写工作页。			
5. 检查			
（1）以小组为单位进行设计资料的分析整理，小组成员补充优化； （2）学生自己独立检查或小组之间相互交叉检查； （3）设计成果的展示与评价，检查是否达到预期设计目标。			

续表

6. 评估
（1）填写学生自评和小组互评考核评价表； （2）同老师一起评价认识过程； （3）与老师进行深层次的交流； （4）评估整个工作过程和设计成果（相关设计图纸和设计答辩），是否有需要改进的方法。
指导老师评语：
任务完成人签字： 日期：
指导老师签字： 日期：

餐饮建筑装饰设计

教学目标

教学PPT

设计案例——时代酒吧

知识目标

学会餐饮建筑室内空间功能分析，知道餐饮空间装饰设计要点。

技能目标

能够对餐饮建筑室内空间功能进行分析；能够对各类型餐饮空间（中餐厅、西餐厅、包厢、宴会厅、咖啡厅、酒吧等）进行装饰设计。

素养目标

1. 引导学生了解中国的餐饮文化，鼓励传统文化自信和文化自觉性；

2. 客观认识世界各国的餐饮文化，打造自己当地的餐饮文化品牌；

3. 培养大国工匠和鲁班工匠精神，做新时代中国特色社会主义事业的接班人。

3.1 项目引入：概述

通过本项目的学习，学生从理论学习的角度，对餐饮文化有一个基本的认识。通过教师对餐饮文化的分析，学生了解和掌握餐厅空间的基本要求和基本理论，避免学习的盲目性。

提出餐厅设计的基本要求和评判标准，引导学生建立餐厅设计的基本理论知识，在形象化的教学中让学生提高学习的热情，喜欢这门学科，从而产生主动地去寻求获取知识的强烈欲望，有的放矢地去学习餐厅设计相关知识。

了解餐饮建筑项目的整体情况。

3.1.1 餐饮文化与建筑装饰

餐饮文化与建筑装饰（微课）

我国有着悠久的餐饮文化历史，经历了多种烹饪器具餐饮时期，形成了独具东方特色的华夏餐饮文化。在地方风味中，有粤菜、川菜、鲁菜、淮扬菜、闽菜、京菜等多种餐饮文化，不同的餐饮文化的地域建筑装饰的设计风格也有所区别。

3.1.2 餐饮空间的分类与特征

餐饮空间的分类与特征（一）（微课）

餐饮空间的分类与特征（二）（微课）

1. 餐饮空间的分类

（1）根据餐饮空间的经营内容分类

餐饮空间所涉及的经营内容十分广泛，其经营内容也各不相同。我国目前众多种类的经营内容中，可以将餐饮空间归纳出以下几种类型。

1）中式餐厅。中式餐厅内部环境通常以中国传统风格设计为主，使中国的餐饮文化从品味到环境都具有浓厚的传统风味。

2）西式餐厅。西式餐厅的经营方式以套餐和自助餐为主要方式。西餐文化以其幽静和宁静的用餐环境，精美、华丽的餐具，柔和的灯光为人们所喜爱。

3）宴会厅。宴会厅是饭店举办大中型活动的空间场所，用以举办各种大中型宴会，如结婚喜宴、生日庆宴、鸡尾酒会等。常分宾主、执礼仪、重布置、造气氛，一切有序进行。装饰空间宜宽敞大气，隆重庄严，对称规则。

4）快餐厅。快餐厅这一简约的供餐方式，符合现代人快节奏高效率的生活方式。其显著特点就体现在“快”上，设计手段以粗线条、大框架、明快色彩、简洁色块装饰为最佳，以取得美观与实用双重效果。

5）酒吧。许多顾客是为了追求自由放松的消费方式，选择出入酒吧，给忙碌的生活节奏画上精彩的休止符。酒吧室内色彩浓郁深沉，灯光设计偏于幽暗，突出餐桌照明，营造一种朦胧含蓄的氛围。借助某种主题的设计把感性上升到完美的精神境界，从而更加突出其空间环境带给人的精神享受。

6）咖啡馆。咖啡馆是以喝咖啡为主，可进行简单的餐饮，是人们休闲、放松、交往、会友的场所。它讲求轻松的氛围、洁净的环境，适合于少数人会友、晤谈等。餐桌和餐椅多为两人至四人的小圆桌。服务台一般放在接近入口的明显之处。

7）茶馆。茶馆是中国传统文化中的一个特色，不仅是一种休闲场所，也是人与人沟通的桥梁，其布置应典雅、清新、富有韵味，具有古典传统审美情趣。

（2）根据餐饮空间规模大小分类

空间的规模大小影响着室内设计的具体手法和处理方式。

1）小型。一般指 $100m^2$ 以内的餐饮空间，这类空间功能比较简单，主要着重于室内气氛的营造。

2）中型。指 $100 \sim 500m^2$ 的餐饮空间，这类空间功能比较复杂，除了加强环境气氛的营造之外，还要进行功能分区、流线组织以及一定程度的围合处理。

3）大型。指 $500m^2$ 以上的餐饮空间，这类空间功能复杂，应特别注重功能分区和流线组织。由于经营管理的需要，大型空间室内一般还需设可灵活分隔的隔扇、屏风、折叠门等，以提高其使用率。

2. 餐饮空间的特征

1）餐饮空间是就餐活动的场所。是人们进餐、社会交往、畅叙友情、怀旧晤谈、享受美食的空间场所。

2）餐饮空间是公共交往的空间场所。诸如咖啡厅，具有相对的私密性，注重个体人的尺度设计。

3）餐饮空间的特征与进餐家具的构成紧密相关。诸如车厢座、包间 10 人大圆桌、咖啡馆小圆桌等。

4）餐饮空间的区域划分的相对性。常利用一些隔断进行二次分隔，以此划分就餐单元。

3.2 项目解析：餐饮建筑装饰设计要点

餐饮建筑室内空间功能分析（动画）

3.2.1 餐饮建筑室内空间功能分析

如图 3-1 所示，餐饮建筑一般分为厨房区和就餐区，厨房区由专业公司设计制作，就餐区由餐厅、门厅、休息区、雅座、包间、洗手间、备餐间等组成，要求功能分区合理。

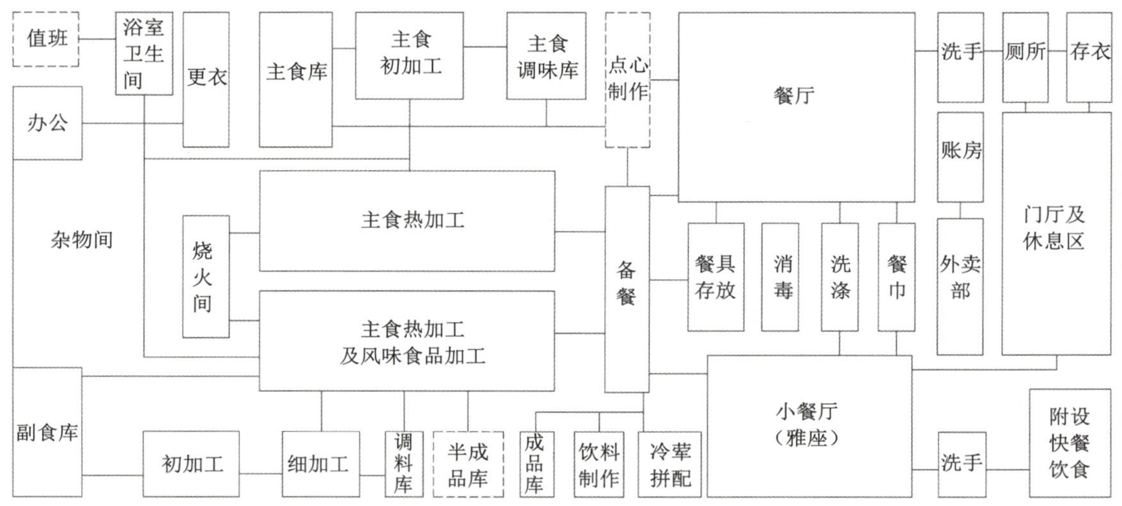

图3-1　餐饮建筑室内空间功能分析

餐厅流线（动画）

3.2.2 餐厅流线

餐厅的流线主要是客人流线、服务流线两种，如图 3-2 所示。

餐厅流线设计要解决的主要问题为：如何避免客人流线与服务流线重合或交叉，不要造成服务员在服务过程中与客人在同一个通道里行进或碰撞。尽量合理地规划，将客人流线与服务流线的重合或交叉降低到最小程度。餐厅规划中控制流线的关键之一是餐座布局的设计，通过餐座之间的通道引导宾客的行进路线和决定服务流线的路径。

控制流线的另一个关键是餐厅厅堂门和厨房门位置的设定，不同的位置决定客人流线和服务流线的相互影响关系。餐厅的宾客入口与厨房的出入口应保持一定的间隔距离，最好是分设在餐厅的两端，这样在设计流线中就能比较容易地避免客人流线与服务流线的重合。

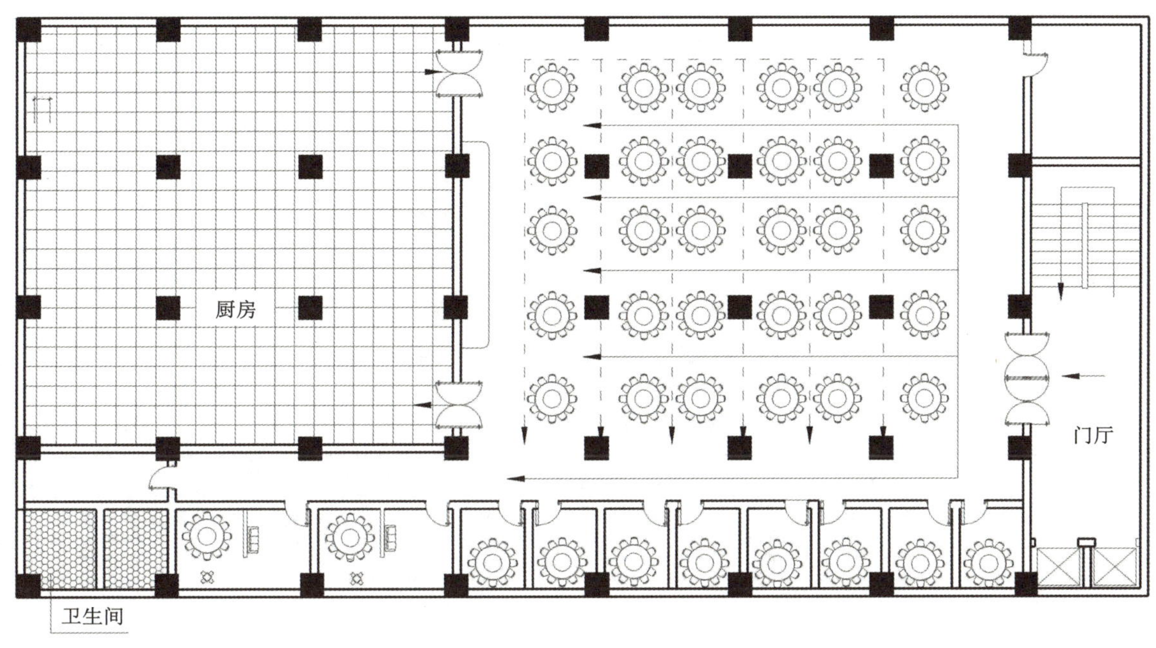

图3-2　餐厅流线

3.2.3　餐饮空间装饰设计解析

餐饮空间装饰设计解析（一）（微课）

餐饮空间装饰设计解析（二）（微课）

餐厅空间尺寸如下。

（1）餐厅的竖向空间尺寸与平面尺寸

小餐厅室内空间的净高不应低于2.60m，设空调的餐厅室内空间不应低于2.40m；大餐厅室内空间的净高不应低于3.00m；异型顶棚的餐厅室内空间的净高一般不应低于2.4m。宴会厅室内空间的净高比一般的餐厅要高，大宴会厅室内空间的净高在5m以上。

餐厅占用建筑面积依据同时容纳就餐最多人数和每个餐座占用面积的乘积进行计算。

（2）餐座形式和餐桌布局的尺寸要求

1）餐座面积。餐厅的面积一般以1.85m^2/座计算。餐座椅是就餐客人餐饮时使用的基本设施，其尺寸规格必须符合人体行、坐的行为要求。设计餐座形式之前应了解人体的行、坐的空间范围，才能确定餐座椅的规格（图3-3）。

餐座面积指标是指一个就餐者占用的餐桌椅面积和活动空间面积之和。餐座面积是餐厅规划中基本计量标准，单位为m^2。

2）餐座形式及尺寸要求。餐座形式是影响就餐区域规划的重要因素，常见的餐座形式有方桌组合、圆桌组合、长桌组合、车厢座组合和柜台形式，见表3-1和图3-4。

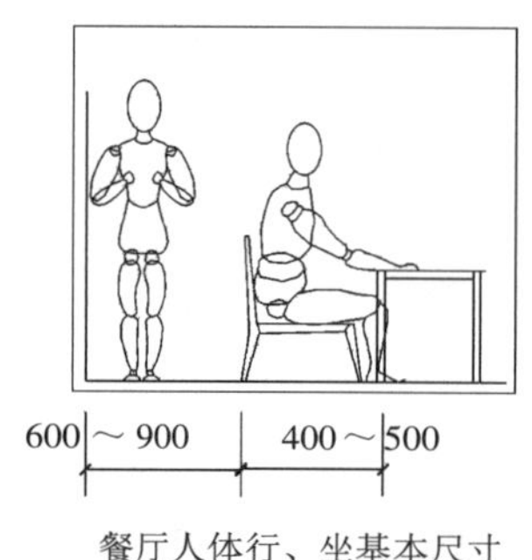

餐厅人体行、坐基本尺寸

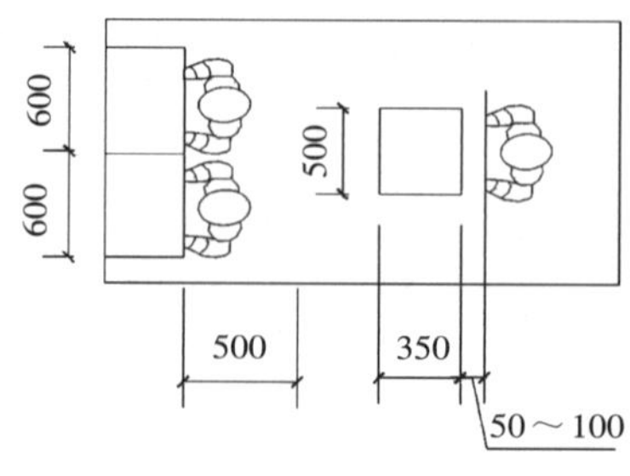

餐厅人体坐势占用空间尺寸

图3-3　餐座人体行、坐空间尺寸（单位：mm）

表 3-1　常用餐桌尺寸　（单位：mm）

尺寸	*a*	*b*	*c*	*d*	*e*
进餐	850 ～ 1000	800 ～ 850	650	≥ 1300	1400 ～ 1500
小吃	750 ～ 800	700	600	1000 ～ 1200	—

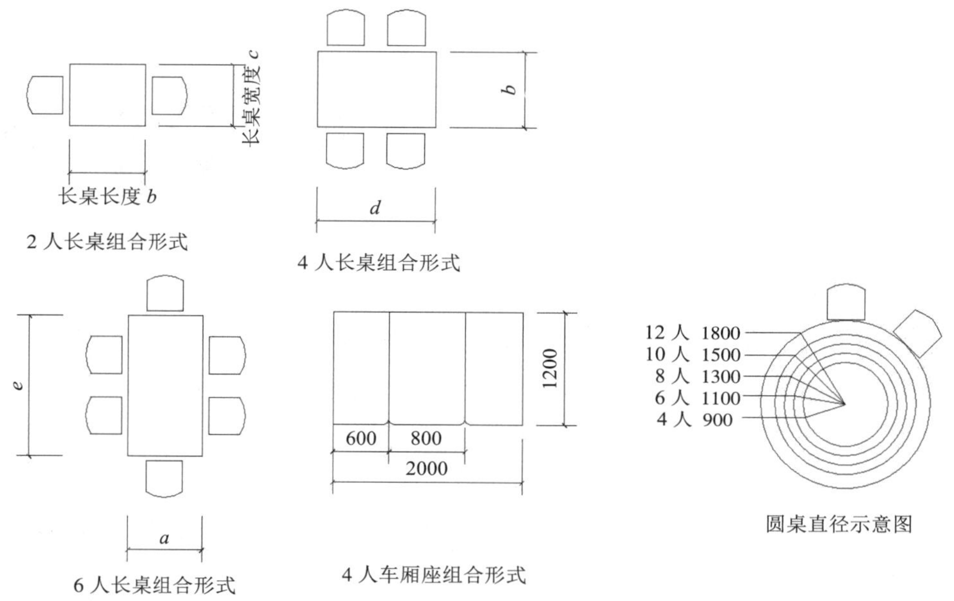

图3-4　餐桌尺寸示意图

方桌组合构成。方桌组合多见于快餐厅、西餐厅、饮料厅等。

圆桌组合构成。大堂吧、咖啡厅、酒吧等常用 2 ～ 4 人小圆桌，中餐厅常用 8 ～ 10 人大圆桌，甚至更大的圆桌。

长桌组合构成一般有 2 人、4 人、6 人、8 人等形式。需要时可拼接更长或摆成特定的形状，多见于中、西餐厅。

车厢座式组合构成又称火车座式，它用隔断将每个组合分隔，因空间分隔明确，具有一定的私密性和安逸感。规划时还可根据餐厅的平面形状，变化车厢座的形式，灵活地进行设计和布局。

柜台式餐座多见于酒吧和快餐厅，如图 3-5 所示。

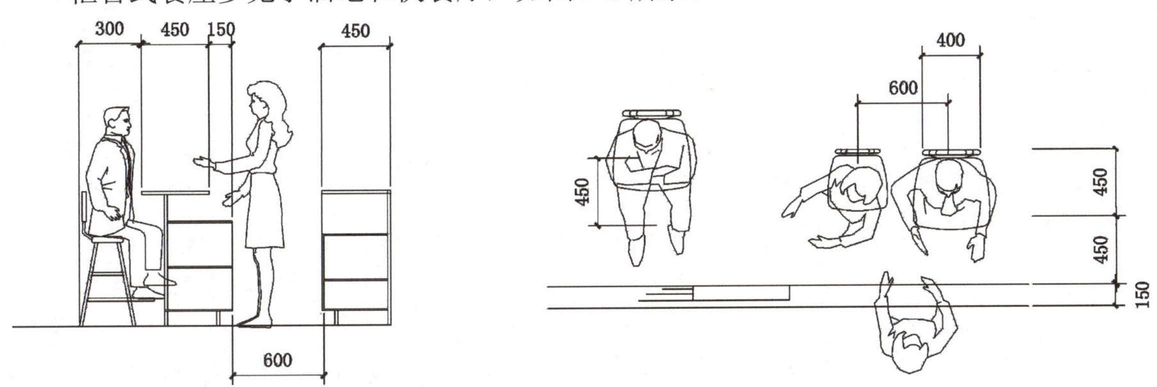

图3-5 柜台式餐座空间尺寸（单位：mm）

3）餐桌布局的尺寸要求。餐桌的布局影响着餐厅的有效利用面积以及服务的便利。一个餐厅的餐桌布局一般由几种不同的布局形式搭配使用。图 3-6 是几种餐座布局所需的最小尺寸，其中方桌有正向布置、斜向布置两种布置方式。斜向布置多采用 40°～ 45° 方式。

专营餐饮店装饰设计要点（微课）

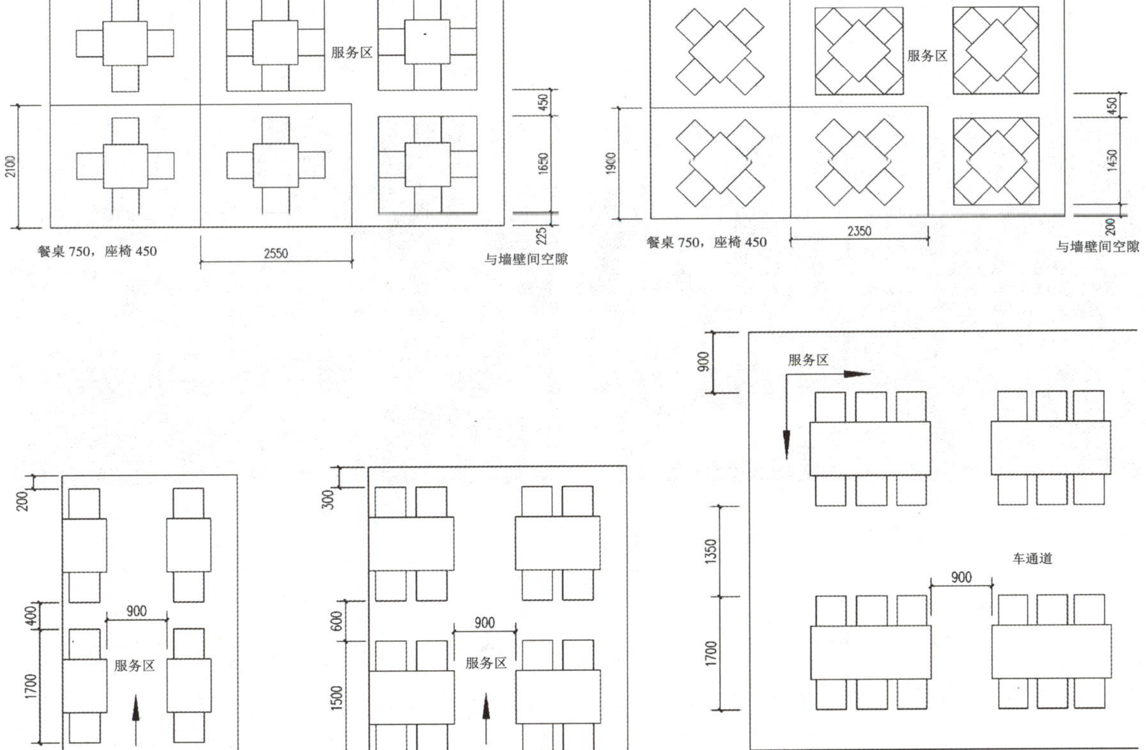

图3-6 餐桌布局形式及空间尺寸（单位：mm）

3.2.4 专营餐饮店装饰设计要点

中餐厅的装饰设计要点（微课）

1. 中餐厅

（1）中餐厅的空间规划

中餐厅是酒店内的主要餐饮场所，其设计风格与品质直接反映了该酒店的档次。通常中餐厅空间体量较大，就餐人数较多，但就餐要求有较大的私密性和独立性。因此，在进行设计时，空间的整体尺度应更接近小尺度人群或个体人的尺度要求。为了对应这种尺度特征，中餐厅内常作局部的二次分隔，通过使用地面的局部升高或顶棚的局部降低等手法划分出一个主要的就餐区域和若干个次要的就餐区域。每个就餐区域内再划分出若干就餐单元，保证就餐环境具有不同程度的私密性，各就餐区域的就餐单元可以是单桌也可以是多桌，单元之间可作固定或灵活隔断，如图3-7～图3-9所示。

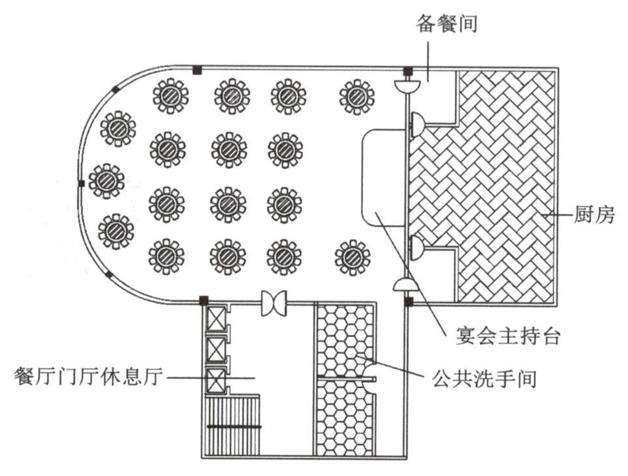

图3-7 中餐厅的空间规划（一）

图3-8 中餐厅的空间规划（二）

图3-9 中餐厅的空间规划（三）

（2）中餐厅的氛围营造

1）界面处理。在充分考虑地域特点、地方特色、民俗风格和食品特色的基础上，祥和喜庆的氛围是中餐厅追求的基调。墙面设计是中餐厅设计的关键，墙面材料常以天然材质为主，色调宜偏暖。在实际案例中，常用石材、青瓦、琉璃瓦和以天然木材造型的隔窗、炕罩、花格、山门、漏窗、斗拱、藻井等中国传统建筑和装饰造型的基本形式。雕梁画栋、神龛壁雕、楹联字画、烛笼花灯则是传统的装饰做法。尽可能选择一面作为视觉中心并在设计时重点处理，并以此作为室内家具布置的依据。地面材料在色彩上可结合不同就餐区域的特点而变化，整体上应偏暗，以获得稳重感，并使面积较大的主要就餐区域在地面的材料和色彩上保持一致。

图3-10 中式餐厅界面处理（一）

如图 3-10 ～图 3-14 为山西太原全晋会馆，在晋文化主题下形成十二道景观，“一柱擎天，六合同春，九龙溯源，十灯迎宾，砥柱春秋，醋酒风情，面道天下，荞麦食艺，永乐朝圣、晋门双壁，金屋玉颜，六合九曲”。关河星辰依稀在，亭台楼阁诉乡情。全晋会馆的建筑装饰样式反应出山西山关河池的自然，楼阁院园的经典，相将魁妃的人文，福禄寿星的民俗，盐茶票义的商道。大红灯笼下的精美砖雕艺术，“福禄寿喜财和”福柱支撑的豪华院堂，让人在历史与现实的时空里穿梭；面食绝艺，民乐民歌，给人丰富的艺术体验，面塑面人、布艺刺绣，砖雕年画，泥塑皮影使人陶醉于浓郁的民间工艺品之中。

图3-11 中式餐厅界面处理（二）

图3-12 中式餐厅界面处理（三）

图3-13 中式餐厅界面处理（四）

图3-14 中式餐厅陈设

2）中餐厅的包厢设计。维持一定程度的私密性是包厢的主要要求，因此，包厢内的就餐人数必须严格控制，一般以单桌为主，个别包厢还可以双桌或三桌，也可以在较大的包厢内通过灵活隔断的布置实现单桌或到多桌的转换。同时，在包厢内所提供的服务规格和环境档次要高于大餐厅的就餐单元，因此包厢设计应在整体规格上高于大餐厅。

如图 3-15 所示，10 人圆桌、南官帽椅摆放其中，其上红纱鼓形灯映照呼应，起到很好的照明和装饰作用。墙界面上传统服饰悬挂展示，两边是中式格栅隔断，空间似隔非隔，围合通透。传统工艺品、家具陈设有序。

如图 3-16 所示，14 人大圆桌、四出头官帽椅是包间中的主要家具，圆桌与上方圆形筒灯上下呼应，青砖墙上矩阵排列的照片让人回想起那远逝的岁月。深色地面、暖色墙面色彩统一协调，白色座椅与整体环境对比强烈，富于变化。方形镜框方阵排列与圆桌、圆筒形灯形成对比协调有序。

图3-15　包厢设计（一）

图3-16　包厢设计（二）

如图 3-17 所示，包厢全景，整个包厢有序划分使用区域，就餐区和会晤座谈区功能分区合理，各置一侧，空间联系紧密。就餐区圆桌座椅摆放在中间，会谈区沙发茶几沿边放置。圆桌、南官帽椅、方形茶几、直线条沙发、座椅刚柔并济，直曲相映；书法字画、博古架、瓷瓶、陶罐、宫灯追古溯源，彩映古今。

图3-17　包厢设计（三）

包厢的形式有两种，一种是布置在大餐厅的周边，呈独立或半敞开形式，其装修的风格应与大餐厅有一定的连续性，因此，常以传统的中国风格表示。

另一种形式是独立于大餐厅，此时包厢在空间上与大餐厅没有直接联系，就餐环境相对独立，其功能和风格可以有各种变化。在一些高档次的包厢中，可设计成套间形式，将就餐、坐谈、卡拉OK等功能在空间上分离。

图3-18 中餐包间就餐区与会晤区

如图3-18所示，在座谈会晤区小景中，方形茶几、直线条座椅线条硬朗，与旁边葫芦形落地灯直曲对比，黑白分明。桌上瓶罐与博古架上艺术品陈设其间，表现出传统中式风格空间的布局与格调。

2. 西式餐厅

西餐厅的装饰设计要点（微课）

（1）风格与特征

西式餐厅泛指以品尝国外（主要是欧洲和北美）的饮食，体会异国餐饮情调为目的的餐厅。欧美的餐饮方式强调就餐时的私密性，一般团体就餐的习惯很少。因此，就餐单元常以2～6人为主，餐桌为矩形，进餐时桌面餐具比中餐少，但常以美丽的鲜花和精致的烛具对台面进行点缀。餐厅在欧美不但是餐饮的场所，更是社交的空间。因此，淡雅的色彩、柔和的光线、洁白的桌布、华贵的线脚、精致的餐具加上安宁的氛围、高雅的举止等共同构成了西式餐厅的特色（图3-19～图3-21）。

图3-19 西式餐厅（一）

（2）平面布局与空间特色

西式餐厅的平面布局常采用较为规整的方式。酒吧柜台、三脚钢琴、冷餐台是构成西式餐厅的重要因素。

酒吧柜台是西餐厅必备的设施，是西方人生活方式的体现。

一台造型优美的三脚钢琴在西餐厅中是构图中心及空间中的焦点，通常结合地面升高的空间处理方式，不仅可以丰富空间效果，而且优雅的琴声能给人以美的享受。

图3-20　西式餐厅（二）

图3-21　西式餐厅（三）

冷餐台是西式餐厅中需要着重考虑的因素，原则上设于较为居中的地方，便于餐厅各个部分的顾客取食方便。当然也有靠服务人员送餐不设冷餐台的西式餐厅。

注意创造私密性。西式餐厅设计特别强调就餐单元的私密性，这一点在平面布局时应得到充分地体现。创造私密性的方法一般有以下几种。

利用沙发座的靠背形成比较明显的就餐单元。这种U形布置的沙发座，常与靠背座椅相结合，是西式餐厅特有的座位布置方式之一（图3-22）。

利用刻花玻璃和绿化槽形成隔断。这种方式所围合的私密性程度要视玻璃的磨砂程度和高度来决定。一般这种玻璃都不是很高，距地面为1200～1500mm。

抬高地面和降低顶棚。这种方式创造的私密程度较弱，但可以比较容易感受到所限定的区域范围。

利用光线的明暗程度来创造就餐环境的私密性。有时为了营造某种特殊的氛围，餐桌上点缀的烛光可以创造出强烈的向心感，从而产生私密性（图3-23）。

图3-22　西式餐厅创造私密性的方法

图3-23　西式餐厅烛光

（3）风格造型与装饰细部

1）风格造型。西式餐厅的风格造型来源于欧式古典建筑。设计中可以将所有的欧式古典建筑的风格造型以及装饰细部进行筛选，选出有用的部分直接应用于餐厅的装饰设计；也可以将欧式古典建筑的元素和构成进行简化和提炼，应用于餐厅的装饰。

2）装饰细部。西式餐厅在设计中经常使用以下装饰细部。

线脚　欧式线脚在餐厅设计中经常使用，主要用于顶棚与墙面的转角（阴角线）、墙面与地面的转角（踢脚线），以及顶棚、墙面、柱、柜等的装饰线。装饰线的大小应根据空间的大小、高低来确定。一般来说空间越高大，相应的装饰线脚也较大，如图 3-24 和图 3-25 所示。

图3-24　线脚（一）

图3-25　线脚（二）

柱式　古希腊有三种柱式，即多立克、爱奥尼、科林斯。古罗马有五种柱式，在前述三种基础上增加了塔司干和混合柱式。

拱券　拱券是古罗马时期的“特产”。在西式餐厅中，拱券经常用于墙面、门洞、窗洞以及柱内的连接。大型的拱券常于上部中央加“锁石”，而一些较小的拱券和简化的做法则没有。拱券包括尖券、半圆券和平拱券。拱券除了应用于以上部位，还可应用于顶棚，结合反射光槽形成受光拱形顶棚，如图 3-26 所示。

图3-26　拱券式西式餐厅

以上三种是西式餐厅中运用最广的基本装饰细部，在此基础上，还可以进行组合变形等。除此之外，还有山花柱、断山花柱、麻花柱等。

（4）家具的形式与风格

西式餐厅的家具除酒吧柜台之外，主要是餐桌椅。每桌为 2 人、4 人、6 人或 8 人的方形或矩形台面（一般不用圆形）。由于餐桌经常被白色或粉色桌布覆盖，因此一般不对餐桌的形式与风格作太多的要求，只要满足使用即可。就餐椅以及沙发就成了面广量大的主要视觉要素。餐椅的靠背和座垫常采用与沙发相同的面料，如皮革、纺织品等。无论餐厅装修的繁简程度如何，西式餐厅的餐椅造型都可以比较简洁，只要具有欧式风味即可，很少采用大面积的装饰复杂的法式座椅。这种复杂的古典家具同中式餐厅一样经常在一些豪华的雅间中使用。

（5）装饰品与装饰图案

西式餐厅离不开西方艺术品和装饰图案的点缀与美化。不同空间大小的西式餐厅对这些艺术品与图案的要求也是不一样的。用于西式餐厅的装饰品与装饰图案可以分为以下几类。

1）西方绘画。包括油画与水彩画等。油画厚重浓烈，具有交响乐般的表现力；而水彩画则轻松、明快，犹如一支浪漫的小夜曲，如图 3-27 所示。

图3-27　西式餐厅陈设油画

2）工艺品。工艺品包括瓷器、银器、家具、灯具以及众多的纯装饰品。西式餐厅的室内设计常常将这些工艺品融入到整个餐厅的装饰以及各种用品当中，如银质烛台和餐具、瓷质装饰挂盘和餐具等，而装饰浓烈的家具既可作为雅间使用，也可在一些区域作为陈列展示之用，充分发挥其装饰功能，如图 3-28 所示。

图3-28　西式餐厅餐具

3）雕塑。根据雕塑的造型风格可以分为古典雕塑与现代雕塑，如图 3-29 所示。

4）生活用具。常用生活用具包括水车、飞标、啤酒桶、舵与绳索等。这些生活用具都反映了西方人的生活与文化，如图 3-30 所示。

5）装饰图案。采用植物图案和动物图案。

图3-29 西式餐厅雕塑

3. 饮料厅

确定功能分区与空间组织（咖啡馆）（动画）

酒吧的装饰设计要点（微课）

饮料厅与正餐厅最大的不同是其主要产品为酒水饮料，食品、小吃为辅助性消费。饮料厅的服务方式一般为柜台式服务和坐等式服务两种。酒吧和咖啡厅里的柜台称为吧台，吧台规划设计是饮料厅设计的重要内容。

（1）吧台规划设计

吧台通常由前吧台、后吧台、中心吧台构成。前吧台包括宾客消费吧台和宾客吧椅，中心吧台为操作台，后吧台为酒品展示柜。吧台是宾客关注的焦点，要有引人注目的特色。

吧台设计还必须满足实际功能的需求，在有限的区域内便于服务和操作，如图 3-31 所示。

图3-30 西式餐厅生活用具

图3-31 酒吧、咖啡厅吧台

吧台应该至少可以衔接酒吧内两个分开的营业区域。吧台的小备餐间一般靠近储存室和地下室（有利于各种管线的铺设、方便物品的及时补给和空间的有效利用）。柜台应该靠里侧设置，与人员多的地方和流动通道保持一定距离，但要引人注目。

1）吧台的备餐区要求。酒吧的备餐区包括两个柜台，柜台间的通道用来传菜，其宽度通常为 840 ～ 900mm，对于比较繁忙的或规模较大的酒吧，宽度则为 900 ～ 990mm。

2）食品服务要求。提供小吃的酒吧，吧台要分隔出 3 ～ 5m 长一部分，并配有小型烹饪设备和放置加工好食品的陈列架，以及消毒的洗碗设备。有独立的厨房或放置其他厨房加工好后再送来酒吧的食品存放处。

3）前吧台的尺寸要求。前吧台高度一般为 900 ～ 1080mm，服务人员的操作台面高度一般低于服务台面 150mm。提供饮品柜台台面的宽度至少为 450mm，柜台总宽度一般为 600 ～ 700mm（视酒水提供的种类和豪华程度不同，一般而言越豪华的酒吧的吧台越宽）。柜台内部食品烹饪设备所需空间宽度至少为 600mm，若为环形柜台，其存放设备的空间和服务人员的走动空间至少为 900mm。柜台长度与设备的摆放和设计，与服务速度以及酒吧座位和结构特征有关，一般根据接待宾客数量确定，沿吧台长方向每 600mm 长度设置一个吧凳。柜台台面伸出供宾客双膝活动的空间最少为 230mm，一般设计为 240mm。吧凳高度一般为 750mm。有的吧台还设有宾客搁脚的栏杆，栏杆高度为 200 ～ 250mm，搁脚栏杆直径一般为 38 ～ 50mm，或将脚蹬处设计成为台阶，以地毯或者大理石等材料覆盖，如图 3-32 所示。

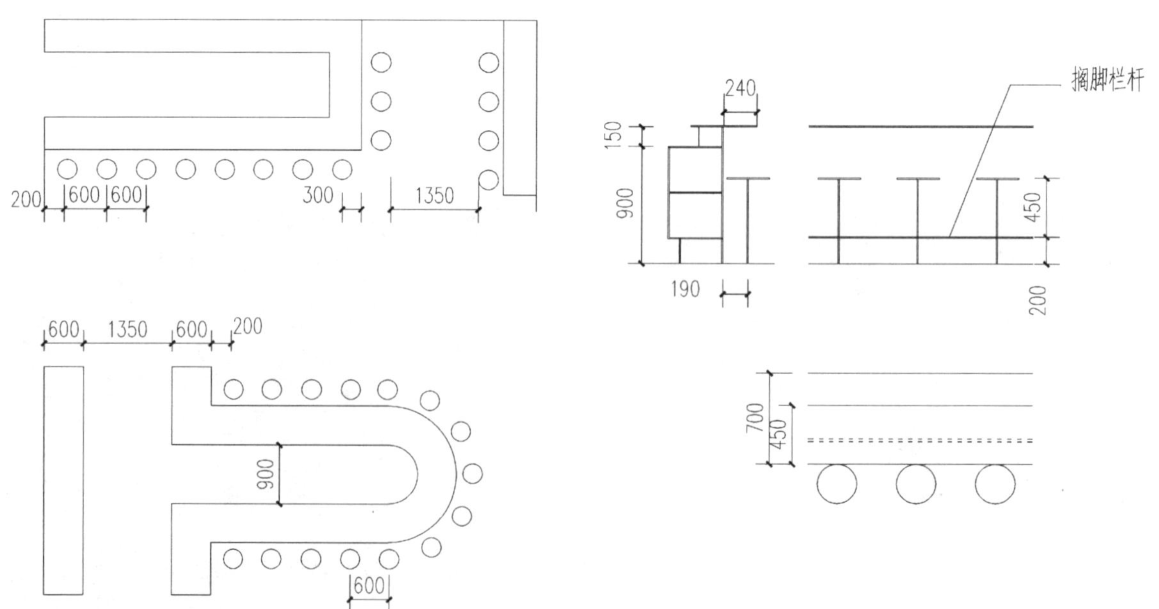

图3-32　吧台尺寸要求（单位：mm）

4）中心吧台功能区域。中心吧台为调酒师操作的工作台，中心吧台的设计要考虑调酒的操作程序，以调酒师操作中不过多移动为基础，按照操作程序设置中心吧台内的每个设施。中心吧台基本分为操作服务区、洗涤区和储藏区三大部分。操作服务区内有收银机、苏打水喷枪、微波炉、常用酒栏、冰块储存箱、干净杯具台和悬挂杯架等设备器具。洗涤区内有洗涤杯具台、洗涤盆、沥水盆等器具。储藏区内有冰箱、制冰机、储藏柜、酒品陈列架以及工作台下面的储藏柜等设备。中心吧台里各个区域的设施设备相对集中，操作服务区与洗涤区相邻，如图 3-33 所示。

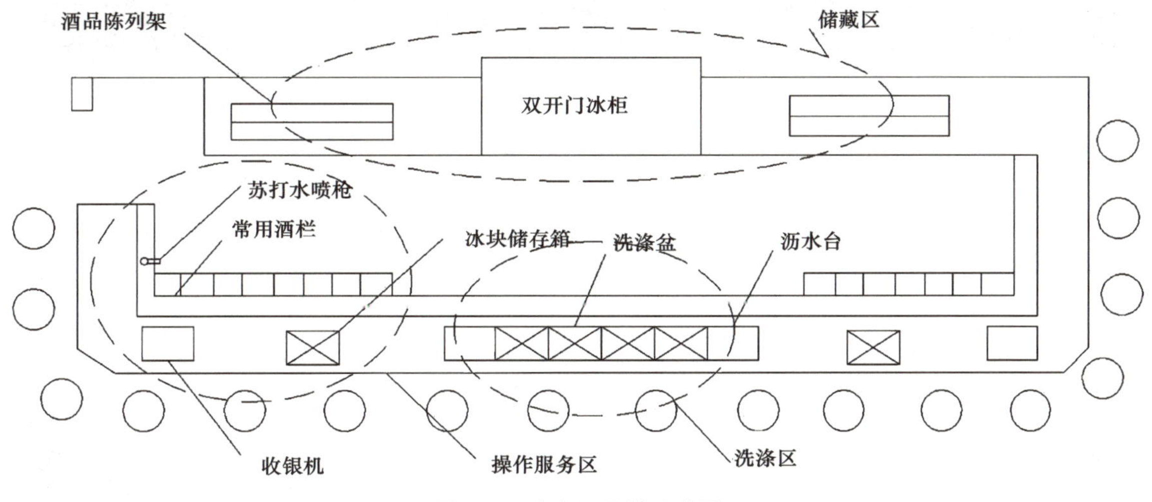

图3-33 中心吧区域示意图

5）吧台设施构造及装饰。吧台及其周围表面采用耐湿、耐冲击还要耐硬物刮划的材料制作。工作区制作材质以塑料和不锈钢为主。吧台样式根据酒吧的主题进行设计，保持个性化特色。

6）设计时要考虑热冷水供给管道的附属设备，以及全封闭的排水管道和方便的能源供给。

（2）饮料厅的布局设计

饮料厅的布局设计如图 3-34 ～图 3-36 所示，酒吧与咖啡厅风格比较见表 3-2。

图3-34 饮料厅（一）

图3-35　饮料厅（二）

图3-36　饮料厅（三）

表 3-2　酒吧与咖啡厅风格比较

分项	酒吧	咖啡厅
气氛	有强烈的个性，强调文化主题的针对性，注重内部效果的冲击	装饰高雅，充满绅士风度，注重外界环境的烘托
装饰	装饰个性化较强，灯光、色彩略显隐晦、含蓄。可设小舞台、舞池，供小乐队演奏或演唱，宾客自娱自乐，或设飞镖、桌球、沙狐球等娱乐项目，供宾客在饮酒中尽情享受	色彩明快、轻松，更注重客人间的交谈，有的咖啡厅为增添环境气氛，设演奏区，定时演奏钢琴、小提琴和乐器重奏等古典曲目

4. 自助餐厅

自助餐厅的装饰设计要点（微课）

自助餐厅是一种顾客根据自己的意愿自主取食的供餐方式，以适应性广、制作简便、取食方便、形式自由、挑选性强为主要设计特点，其就餐形式应与食品特点搭配协调。自助餐消费群体较为广泛，其菜品品种高，种类齐全、营养均衡、色泽诱人、造型美观，多为大众消费者易接受的菜品品种，大型自助餐菜品品种甚至多达上百种。自助餐适宜家庭、朋友等聚餐，就餐氛围轻松、随意，但与宴会就餐形式相比，缺乏正式性。如具有特定的消费群体，应按照其生活习惯及口味偏好进行设计。自助餐厅采用开敞式厨房，近距离服务的模式，可大大减少服务人员的数量，从而降低餐厅的用人成本。近年来，不少火锅、烧烤、比萨饼、海鲜等也采取了自助的形式。

图 3-37 所示为亚洲熟食自助餐厅平面布局。自助餐厅应着重注意平面布局对使用功能的合理性，自助餐厅通过采用开放式的空间格局，应根据具体需要在其中进行适当的分区与分隔，食品陈列区域应按照类别设置在餐厅中心部位或一侧，以方便每个区域的顾客都能快速地拿取食物以及服务员及时增加菜品，并在取餐台前方留有足够的取餐空间以方便顾客取餐。取餐台通常为自由流动型，流线设计需要考虑周密，通道宽敞清晰，避免顾客往返流线的交叉与干扰。

5. 宴会厅

饭店宴会厅的装修设计（微课）

宴会厅通常设置在高档酒店内，一般作为大中型餐饮及礼仪的场所，可

图3-37 亚洲熟食自助餐厅平面布局

供中餐宴会、西餐宴会、鸡尾酒会、冷餐会等使用，因其可满足顾客的多样化需求，在近几年得到了迅速的发展及应用。宴会厅通常面积较大、容纳人数较多，因用餐目的、人数及标准不同，宴会厅的环境布置、服务程序都应根据具体情况而定，其设计效果应着力渲染气氛，注重灯光及音响效果。其与一般餐厅不同，形式上注重宾主、执礼仪、重布置、造气氛。因此，室内空间常做成对称规则的格局，有利于布置和装饰陈设，以塑造庄严隆重的气氛。宴会厅还应该考虑宴会前陆续来客聚集、交往、休息和逗留的活动空间（图3-38）。

图3-38 宴会厅

宴会厅的平面布局主要受到营业性质、使用面积、餐室内容等的影响，并要考虑日后的发展（可进行布局调整及扩充）。

宴会厅一般由大厅、门厅、衣帽间、

贵宾室、音响控制室、家具储藏室、厨房等构成。宴会厅常设的区域如下。

（1）门厅、衣帽间

门厅、衣帽间出入口应设两个以上，常设置双开门，并与酒店内部的主要通道相连。在考虑到宴会厅举行活动时，非住店宾客多、客流集中，为了避免与宾馆宾客的活动相冲突，宴会厅最好设单独对外（饭店外人员）的出入口，该出入口与饭店住宿客人的出入口分离。宾客的出入口不宜靠近舞台，宜设在大厅的侧边或后面，这样不至于因宾客的出入影响舞台（主席台）的活动。区域设置上，宴会厅应考虑在宴会前的来客交往、休息和逗留所需要的活动及休息空间，故常设门厅与衣帽间。门厅是客人进入大厅的过渡区域，它是宴会厅与饭店其他区域的人流、噪声的缓冲地带；同时，为参加活动的客人提供活动中间休息时交流、休息的场所，其面积一般为宴会厅的1/6 ～ 1/3，或者按每人 0.3 ～ $0.5m^2$ 计算。宴会厅的衣帽间按每人 $0.04m^2$ 规划。宴会厅旁还需设置存放有关设施设备及家具的房间。宴会厅如条件允许可设置接待厅、前厅等过渡空间，以利于顾客的集散，出入口门的净宽不小于 1.4m，并向疏散方向开启，且常根据消防规范设置多道疏散门。出入口不设门槛，可设置踏步，严禁使用推拉门、卷帘门、转门和折叠门。

（2）营业区

营业区多设在主入口的内侧或中心位置，往往由收银台、售货台、通信台等组成。

（3）大众进餐区

大众进餐区多设在宴会厅中间的大面积区域，是宴会厅的主体，由大型的餐桌和配套座椅构成。

（4）礼仪区

礼仪区多设在迎门的墙面区或大厅无窗的主墙面区，是宴会厅主要的观赏方向，一般设置小型舞台，活动应靠近贵宾休息室，并处于整个大厅的视觉中心的明显位置。礼仪区应设置主背景，以满足礼仪、会议等的要求，但舞台不能干扰客人流线和服务流线。活动舞台可以采用升降、收缩或组合等形式。升降形式影响到建筑垂直空间的处理，所以较少采用；收缩形式需占用一定的平面空间；而组合形式比较灵活，可根据需要适时拼装，并可根据需要组合不同形状的舞台和设置在不同位置。舞台配置灯光、音响、影视设备等装置，同时应注重舞台两侧、顶面和背景墙的艺术造型。另外，小型舞台区域应设置面光源并加强光源以突出视觉效果，周围墙面可再设置一些装饰性壁灯烘托环境气氛。礼仪台的区域应设置重点照明设备以增强该区域的视觉效果，强调其视觉中心的地位。舞台需考虑设置灯光音像控制室，音像控制室、辅助和设备用房主要保证会议、展出、宴会、教学的声像设备的需要。音像设备调试员应能在音像控制室内观察到宴会厅中的活动情况，以保证宴会厅内使用中的声像效果的良好状态。

（5）贵宾室

宴会厅应设贵宾室，贵宾室里配置高级家具并设置专用卫生间，以满足贵宾客人使用。贵宾室紧邻大厅主席台的位置，有专门通往主席台的大厅的通道。

宴会厅的顾客活动路线应避免交叉，由于宴会厅的面积一般较大，一个服务口通常难以满足使用要求，因此在宴会厅的一侧常设服务廊，服务廊可开设两个或两个以上的服务口，同时宴会厅与厨房要有独立的交通空间，备餐间出入口可采用错位或转折处理以避免顾客看到内部，并注意避免厨房噪声的干扰和油烟的窜入。宴会厅周边应设置一定面积的储存空间，储存转换不同功能时多余的家具和用品。图3-39为宴会厅平面图。

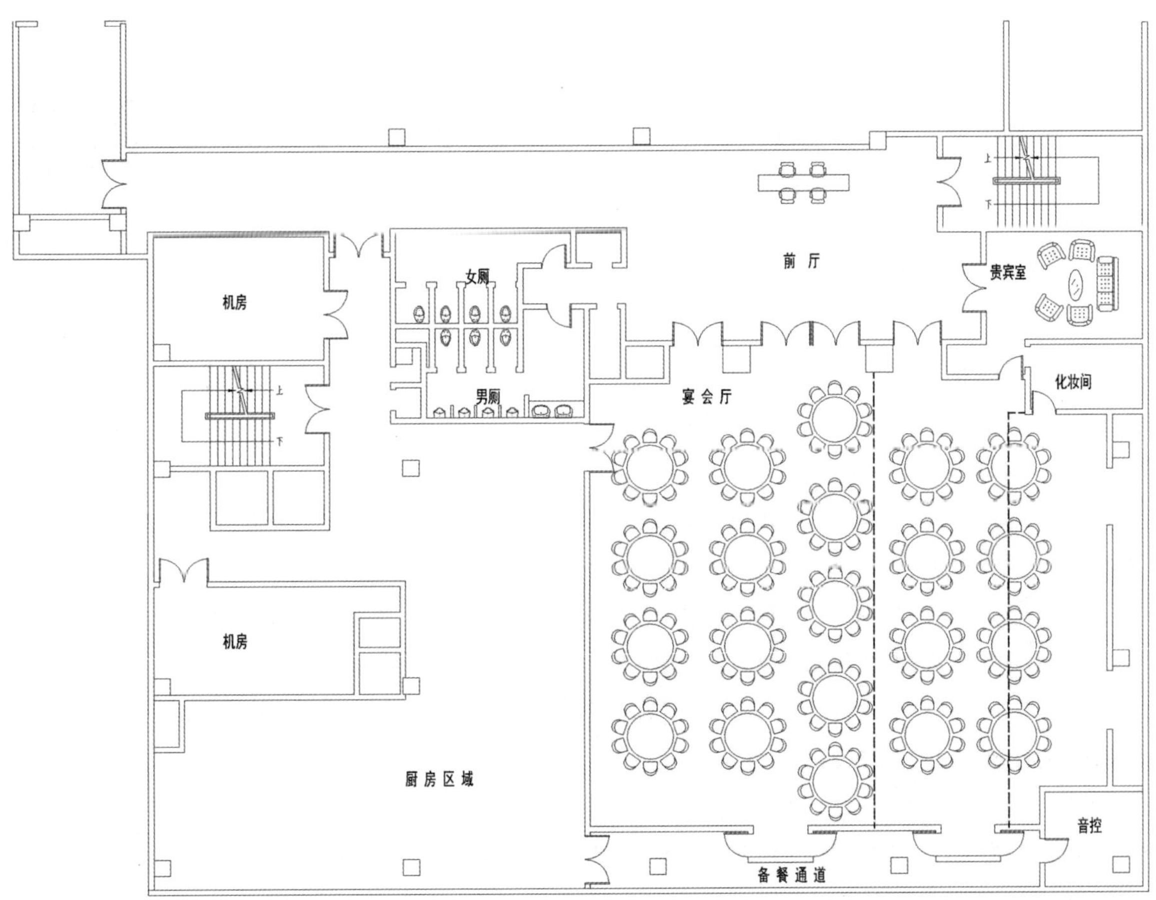

图3-39　宴会厅平面图

宴会厅大多为大型可变化空间，所以通常采用二方或四方联续的照明方式。宴会厅的光源由主体大型吸顶灯或吊灯组成，同时搭配角灯、射灯和壁灯，以强调空间的立体化层次，烘托环境气氛。宴会厅中的灯具风格要与整体装饰风格相协调，并应尽可能选用显色性好的白炽灯，照度约为750lx，为适应使用需求可安装调光器。顶棚设计可根据宴会厅的档次做不同的处理。一般宴会厅的顶棚不做太大变化，常结合顶棚的照明方式做设计。如考虑做悬置吊灯，顶棚需做藻井处理，以丰富顶棚的层次变化；如考虑采用吸顶灯方式采光，顶棚应处理的较为平整，并考虑通过几种材料的组合及以接缝处的线脚变化来丰富顶棚的形式。室内采光主要依赖环境照明，以满足大空间、人流量大的活动要求，在室内有足够的照明后，应利用光环境的变化来丰富室内的气氛和意境。一般来说，顶棚的采光风格和造型变化应具有大尺度的效果，强调大的体形转换和变化，灯具以选择整体感强，能显示高贵华丽的风格为宜。同时，应结合空间的转折变化，配置灯槽、二次反射光和漫射光等。

宴会厅在色彩设计上应表达热烈、庄重的气氛，多选用红色、黄色、橙色等暖色系，给人明亮、畅快、大气的感觉。

6. 主题餐厅

主题餐厅的装饰设计要点（微课）

主题餐厅空间是将某种主题概念或某种要素与饮食服务结合起来，使主题成为顾客最容易识别的房间特征，让就餐过程成为一种全新就餐体验的空间形式。

在对主题餐厅进行主题策划，要注意主题突出、创意广泛。

主题餐厅主题来源广泛，例如，可以选择民族文化为主题，以形态元素进行表现。

主题餐厅构思衍变是指空间形象的概念构思与创意的过程，与之前提到的平面功能布局分析过程相辅相成。主题的构思与创意是由多个空间的功能要求和主题理念决定的，需要设计师具备专业的理论知识和全方位的设计策划理念。项目着手设计时，需要将设计理念与经营策划交织一起思考，为所设计项目带来更多的经济效益和社会价值。

餐饮空间的主题概念的确立好比写文章的中心思想，需要调研，考虑分析、思索、验证才能动笔，整体创作的过程是建立在理性与感性交融的基础上，只有这样才能将设计理念真正地转化为设计现实。在创意构思的环节中，设计理念的转化量是一个从虚拟形象向物化实体转化的过程。

主题概念确立后将这一个抽象过程用图像思维的方式记录下来，图像思维通常采用徒手草图的方式，用草图图示图像思维，记录的过程或许还会有新的灵感产生。

初步主题概念完成后，再结合设计的特殊要求、特定环境、设计原理等将方案加以完善，通过草图将空间、功能、流线、造型、体量、立面等协调与完善，并进行反复的推敲与验证，生成符合要求的平面布置图，为下一步从平面向立体空间转化的设计过程做好准备。完整的主题餐厅方案应包括设计定位、设计衍变分析、功能分析、流线分析、施工图、效果图、材料与陈设分析等内容。图 3-40 为以烟雨江南为主题的餐厅示例。

图3-40　主题餐厅——烟雨江南

主题餐厅空间的设计表达有以下几种方式。

1）利用空间的结构要素表现主题（图 3-41）。在室内空间设计中，空间的分隔与重组是设计的重点，当空间结构设计与主题设计相契合时，会形成强烈的视觉冲击力。空间结构除了要满足功能划分的使用要求外，还可以利用不同的空间形式、尺度、比例形成不同的空间感受。

图3-41　利用空间的结构要素表现主题

2）利用情景的形态元素表现主题（图 3-42）。人们对室内环境氛围的感知，往往是通过特定的符号信息来传递的，室内空间中形态元素虽小，但它却构成了整个主题的风格特征。在设计过程中，通过具有概括性、象征性及典型性的形态符号对人的心理进行环境暗示，有目的地选择最能传达语义的形态符号，经提炼、抽象、重构后赋予到新形式、新材料上，以一种崭新的形态呈现在人们眼前，表达出主题的设计内涵，给人以丰富的联想空间，让人印象深刻。

3）利用色彩与灯光环境表现主题（图 3-43）。光与色密不可分，色彩的主题性营造关键在于通过色彩来把握人的心理。通过色彩鲜明而直观的特点，引起人的联想与回忆，从而达到唤起人们情感的目的。光更是空间主题营造的重要元素，利用光的色彩、造型、层次形成不同的光影效果，创造出丰富的环境气氛。

图3-42　利用情景的形态元素表现主题

图3-43　利用色彩与灯光环境表现主题

4）利用材料质感表现主题（图 3-44）。材料是主题设计的重要物质载体，是餐饮环境空间设计的重要表达形式。质感与肌理是材料表面结构组织给人的视觉感受，设计者应充分利用天然材料的自然美感与人造材料的优良属性，将不同质感与肌理材料所固有的视觉表情表达出来。

5）利用陈设品表现主题（图 3-45）。餐饮空间的氛围营造与品质表现往往需要通过陈设品作为媒介表达出来。陈设品对空间的感染力较强，它在潜移默化中传达着空间主题的文化与精髓所在。餐饮空间中陈设品的选择与布置对空间的风格和质量起着决定性作用，为主题的表达注入了更多的艺术气息和文化内涵。

图3-44　利用材料质感表现主题

图3-45　利用陈设品表现主题

3.3　项目实战：火锅店设计过程与设计要点分析

3.3.1　工程概况

×× 火锅店位于 ×× 步行街六层、七层中段，分上下两层，六层设明档厨房、收银及就餐区，七层设就餐区及餐厅包间，效果见图 3-46 ～图 3-50。

图3-46　火锅店门面图

图3-47　火锅店立面图

图3-48　六层角度图

图3-49　七层角度图（一）

图3-50　七层角度图（二）

3.3.2　确定火锅店的功能分区与空间组织

整个空间围绕着江南街景的气氛来进行设计，空间中融入了江南地域特点来体现空间的主题。六层中间过道将空间一分为二，一侧为明档厨房加工区，另一侧为散座就餐区，散座区中间为一过道，4 人就餐座与车厢座分设两侧，靠墙卡座一侧稳定私密，4 人座区通过隔断与中间公共走道很好地分隔，同样具有私密性（图 3-51）。中部公共走道尽端拾级而上至七层，七层就餐区为两间包间和岛式就餐区域。环岛一圈为过道，岛式中央为六组车厢座就餐区，私密性良好，两个 10 人座包厢大小适宜，空间感良好（图 3-52）。

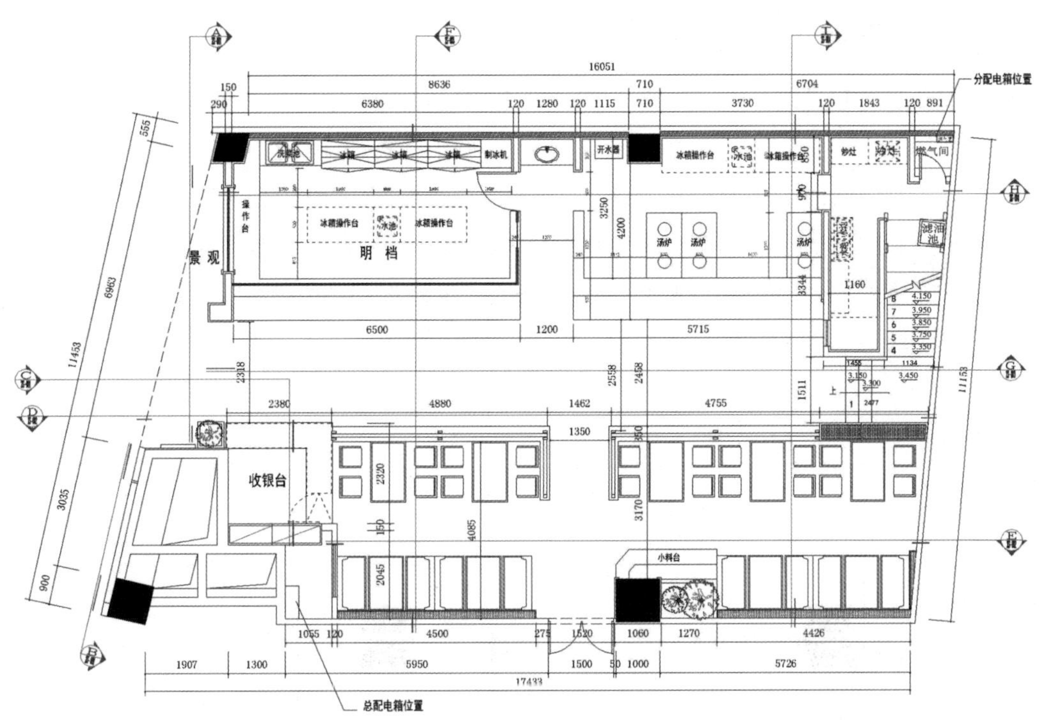

图3-51 六层平面图

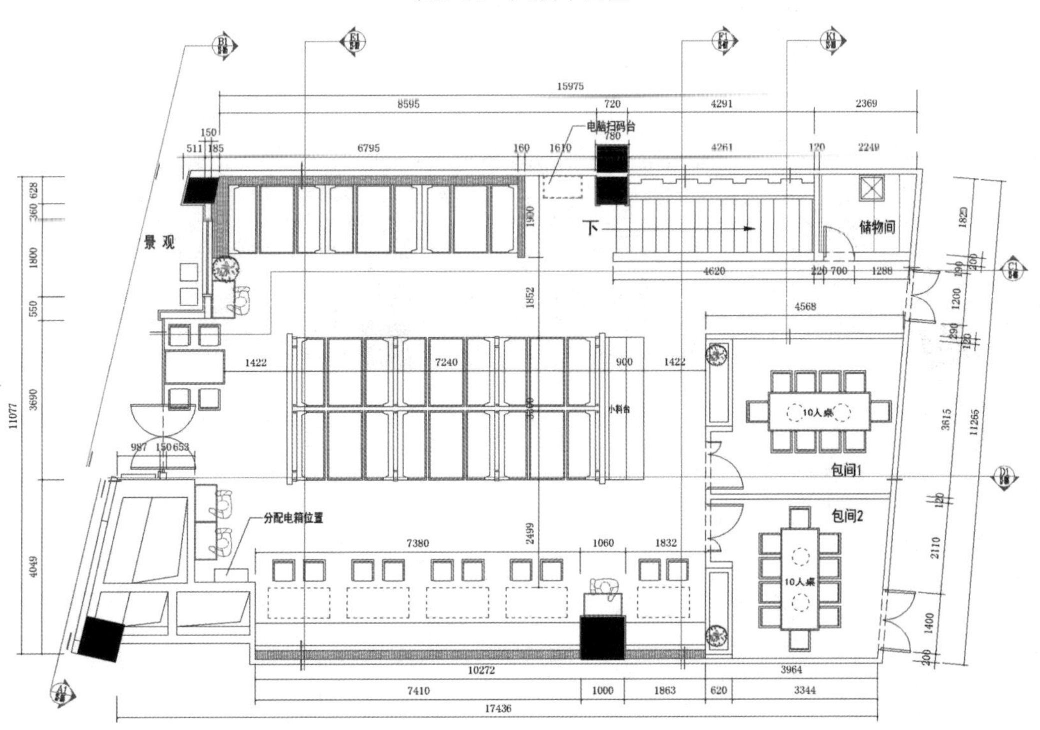

图3-52 七层平面图

3.3.3 装饰风格的定位与界面设计

屋顶面以山的形态来体现自然之美，六层的散座及七层部分卡座隔断以精简版的白色马头墙体现江南特有的建筑特点，地面采用仿青石瓷砖，墙面的留白部分巧妙地加入老街景照片使得整个空间的街景氛围更加浓郁，暖白色灯光在天然的木纹理的衬托下使空间更加温馨，空间中点缀的绿色植物显得尤为自然，使得用餐者在自然温馨的环境下享受着美食带来的诱惑。图 3-53 和图 3-54 分别为六层顶棚平面设计图和地面设计图。

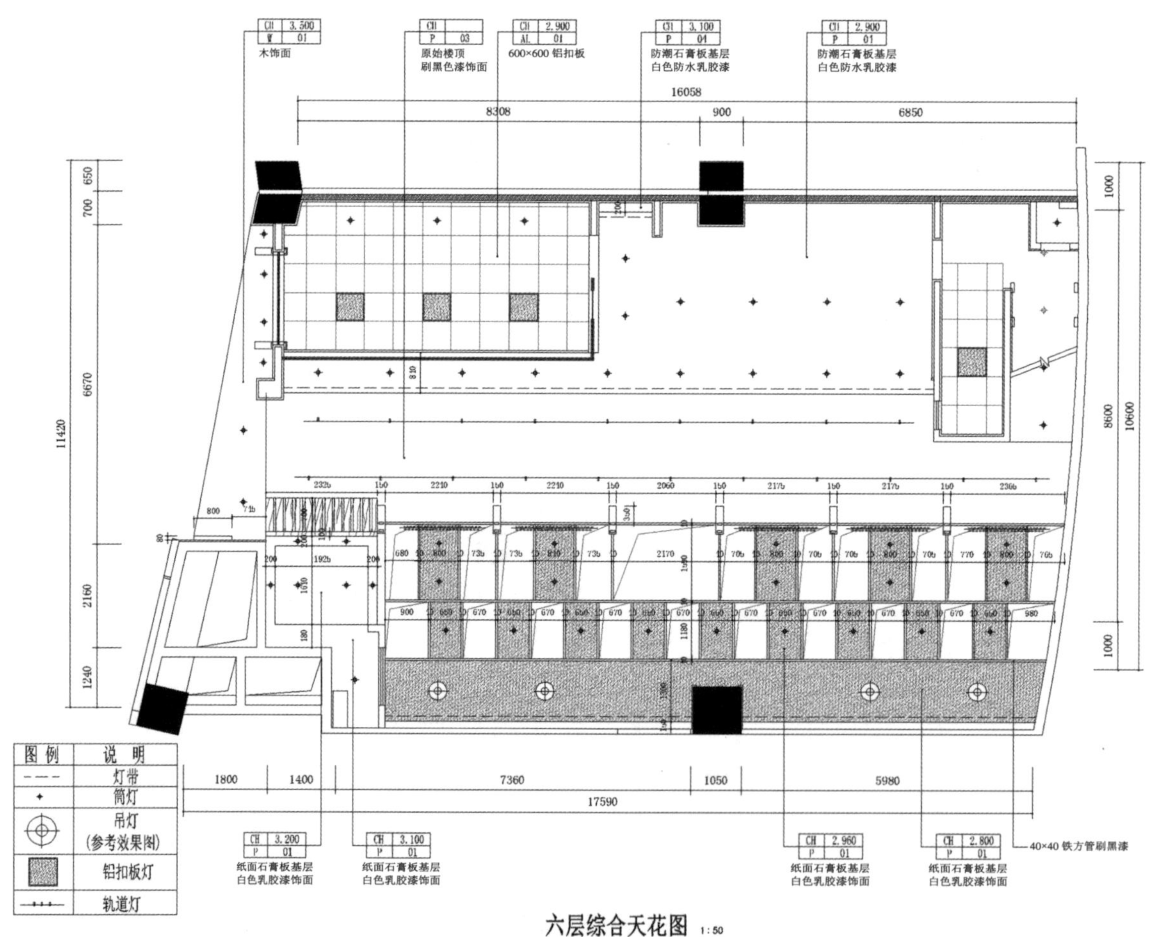

图3-53 六层顶棚平面设计图

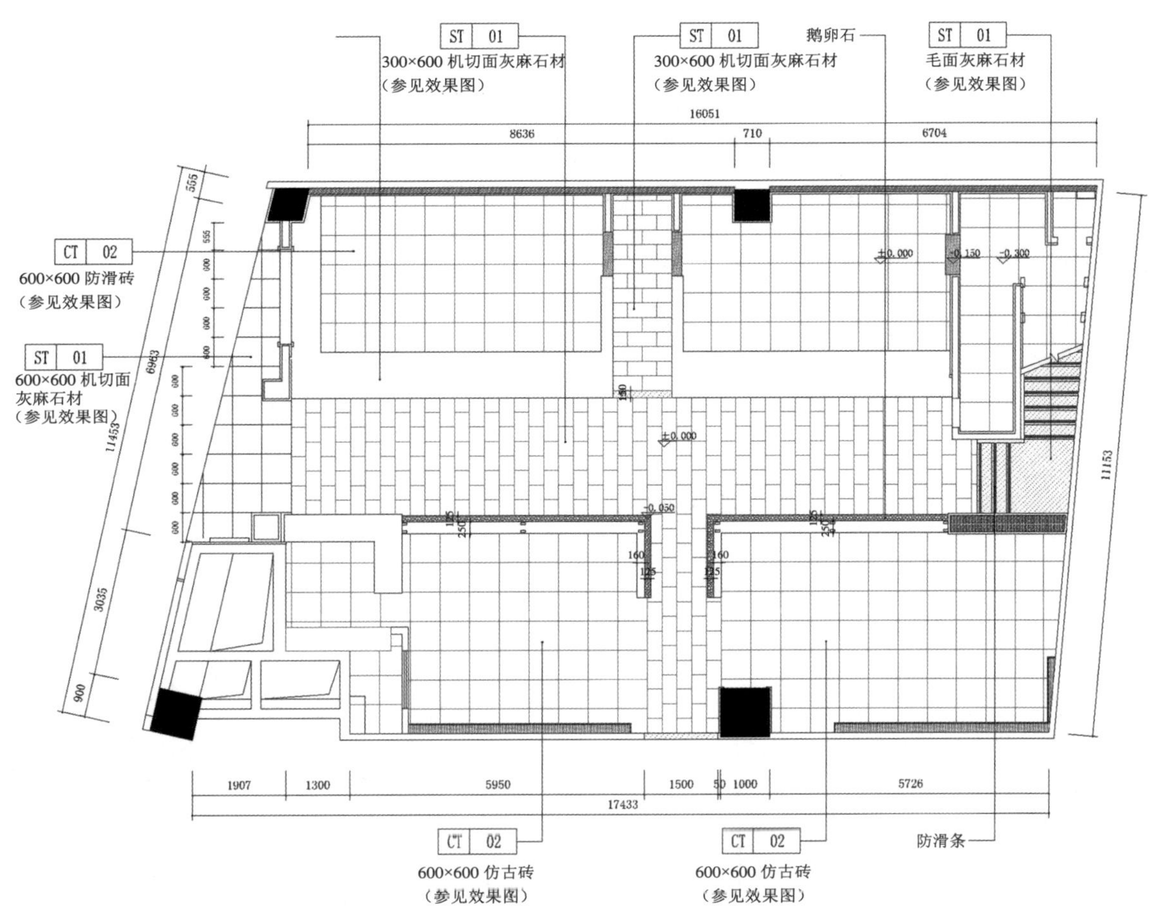

图3-54　六层地面设计图

六楼入口门面正对六层就餐区中过道，视线通透，店内情形一览无余；入口一侧形象设计为店招和潮汕建筑马头墙及封火山墙，另一侧为古典装饰的拴马桩和大玻璃橱窗，现代风格透出古典韵味。图 3-55 为六层入口立面图。

软隔断竹帘很好地分隔过道与就餐区，空间隔而不断，围而不堵，传统空间分隔处理手法运用的恰到好处。传统老街照片装饰画等间距挂于墙前，赋予餐厅以浓郁的地方特色和文脉内涵。图 3-56 ～图 3-58 分别为六层其他立面图。

酒柜的柜格阵排列，理性之中透出感性的浪漫。图 3-59 为酒柜设计立面图。

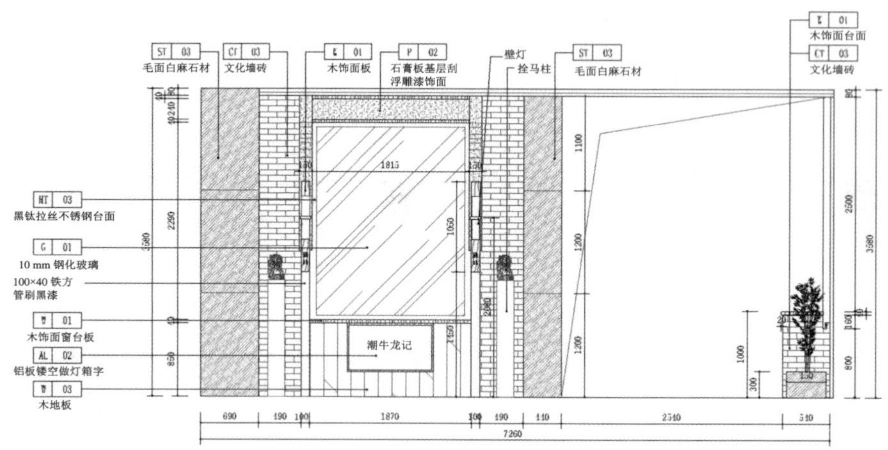

六层入口立面图 1:30

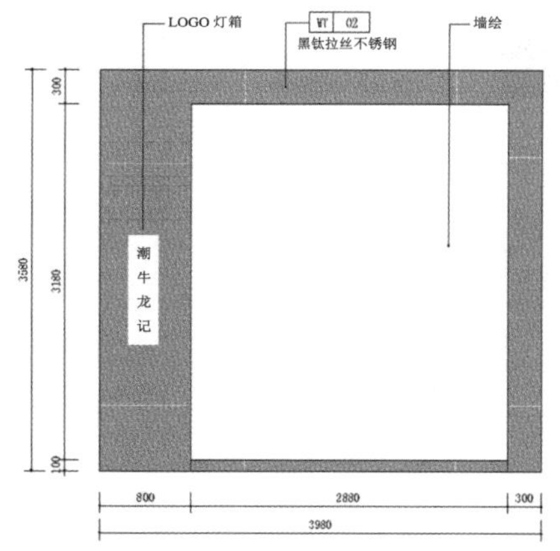

六层入口立面图 1:40

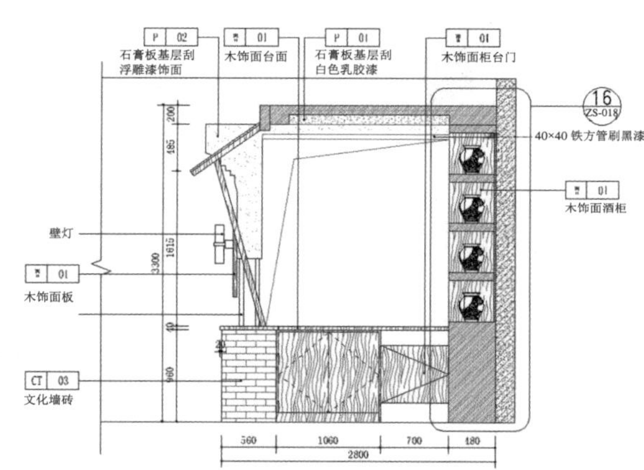

六层收银台立面图 1:40

图3-55 六层入口立面图（A立面）

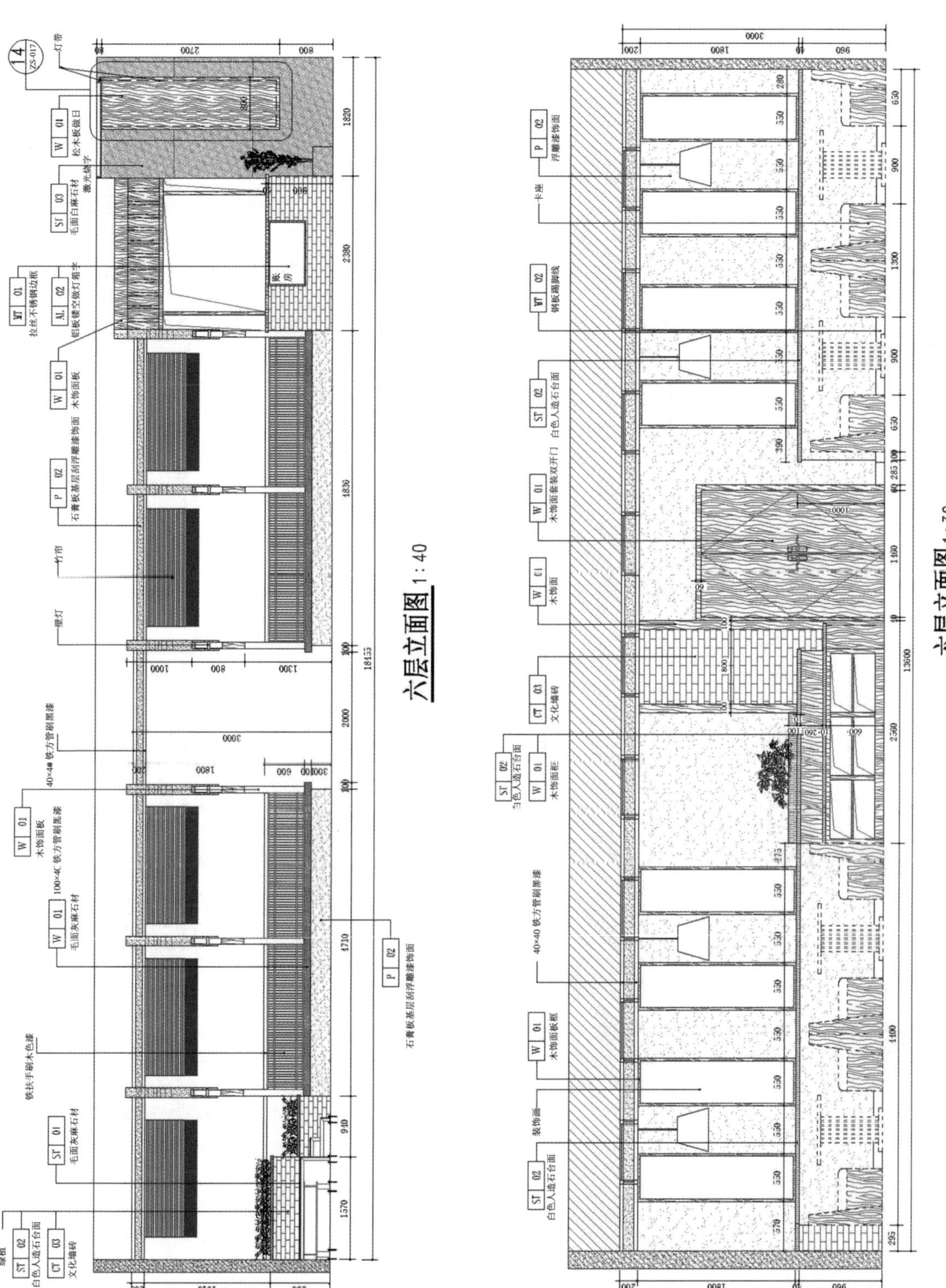

图3-56　六层D立面图

W 01
衣栅格窗
P 02
石膏板基层刮浮雕漆饰面
P 02
石膏板基层刮浮雕漆饰面
P 02
浮雕漆饰面
ST 03
毛面白麻石材
100×40 铁方管刷黑漆
灯带
G 01
10mm 钢化玻璃
W 03
黑钛拉丝不锈钢台面
CT 04
300×600 墙砖
六层立面图 1:40
灯带
ST 04
灰麻石材
W 03
木地板
MT 03
黑钛拉丝不锈钢台面
HT 01
拉丝不锈钢边框
G 01
10mm 钢化玻璃
W 01
木饰面柜台门
P 01
石膏板基层刮浮雕漆饰面
灯带
ST 04
灰麻石材
P 03
黑色浮胶漆
P 02
浮胶漆饰面
W 01
木条
ST 01
毛面血麻石材
肉铺
蔬菜
汤水
主食
六层立面图 1:40

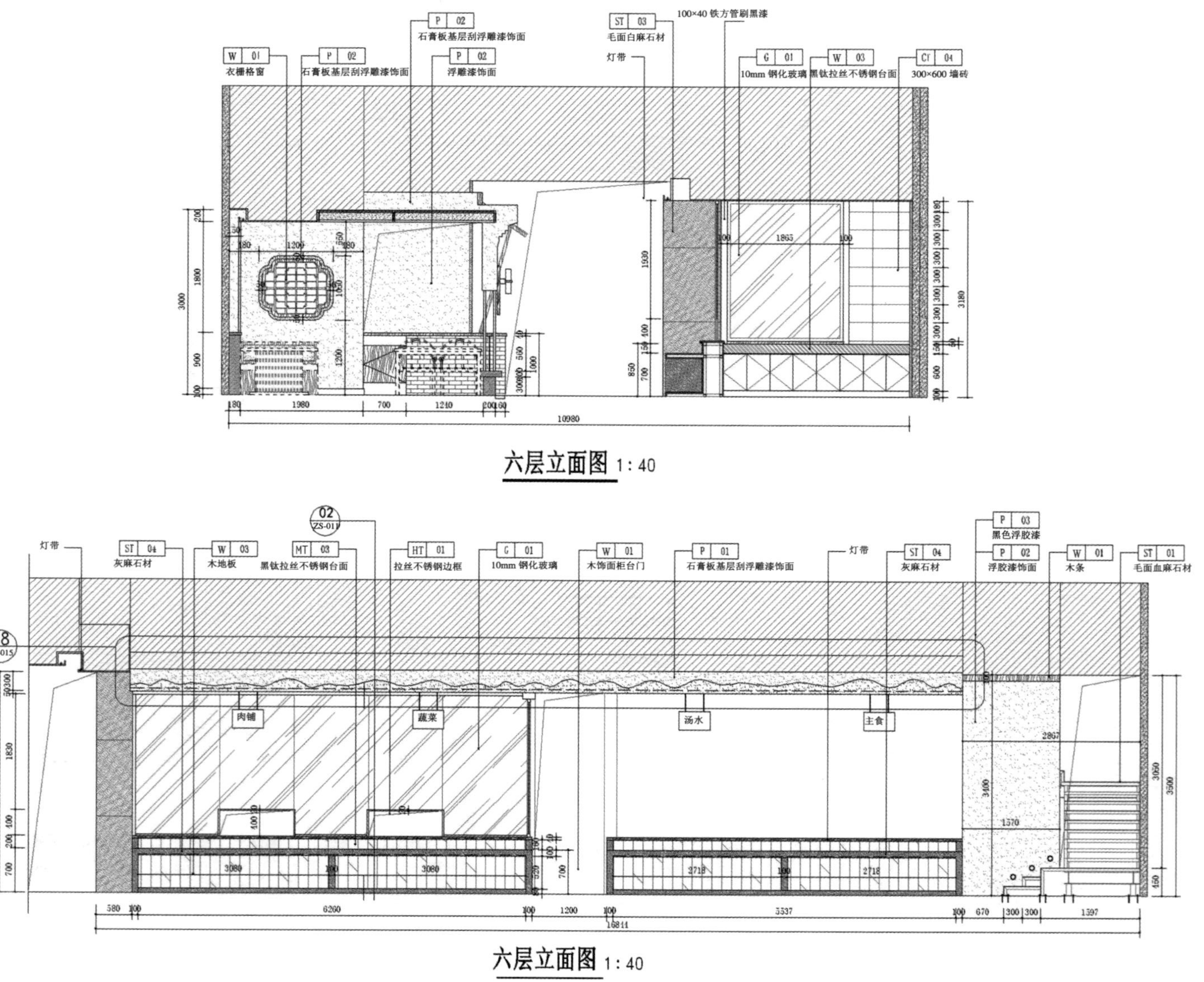

图3-57 六层F立面图

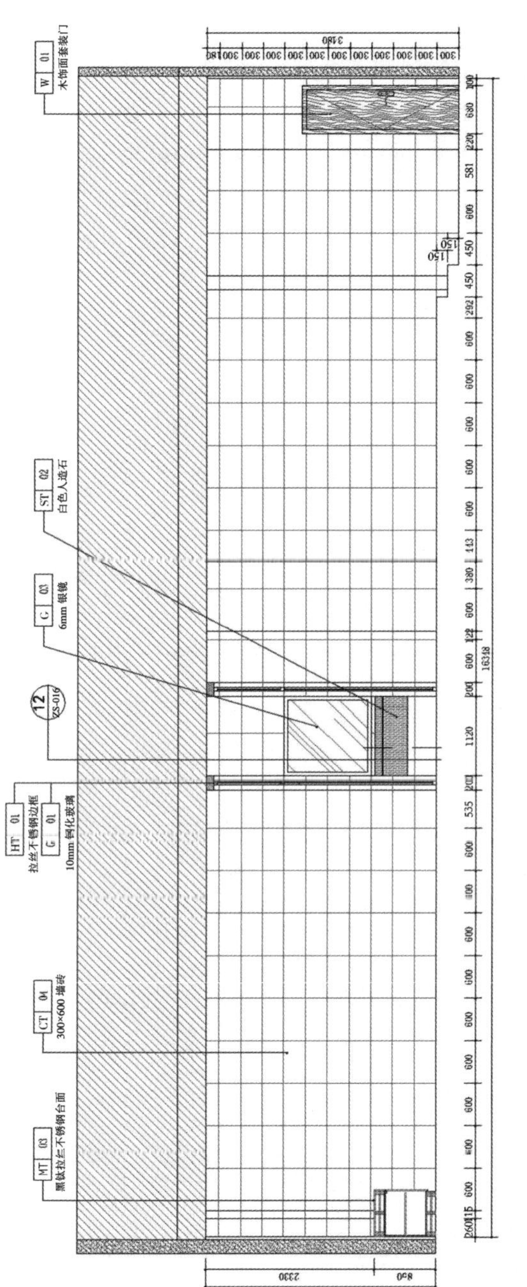

六层立面图 1:40

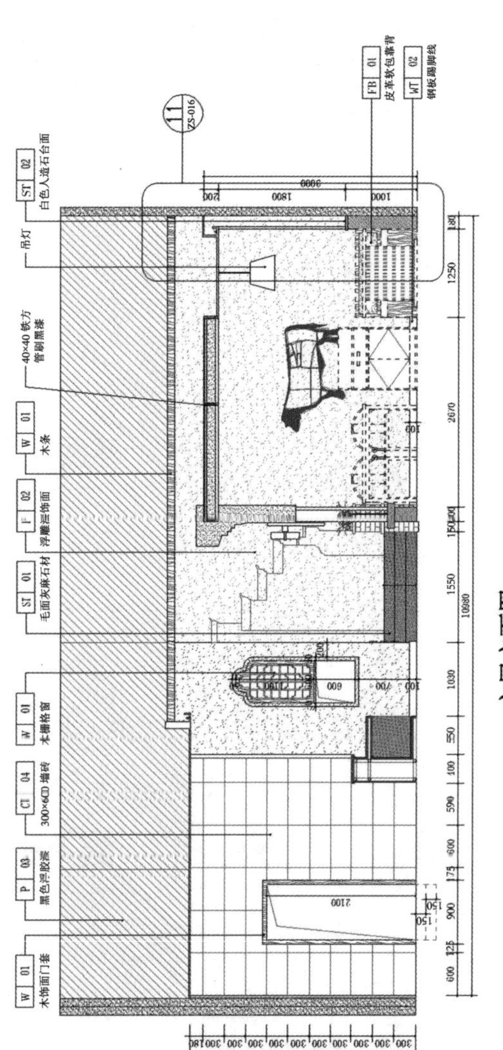

六层立面图 1:40

图3-58　六层A立面图

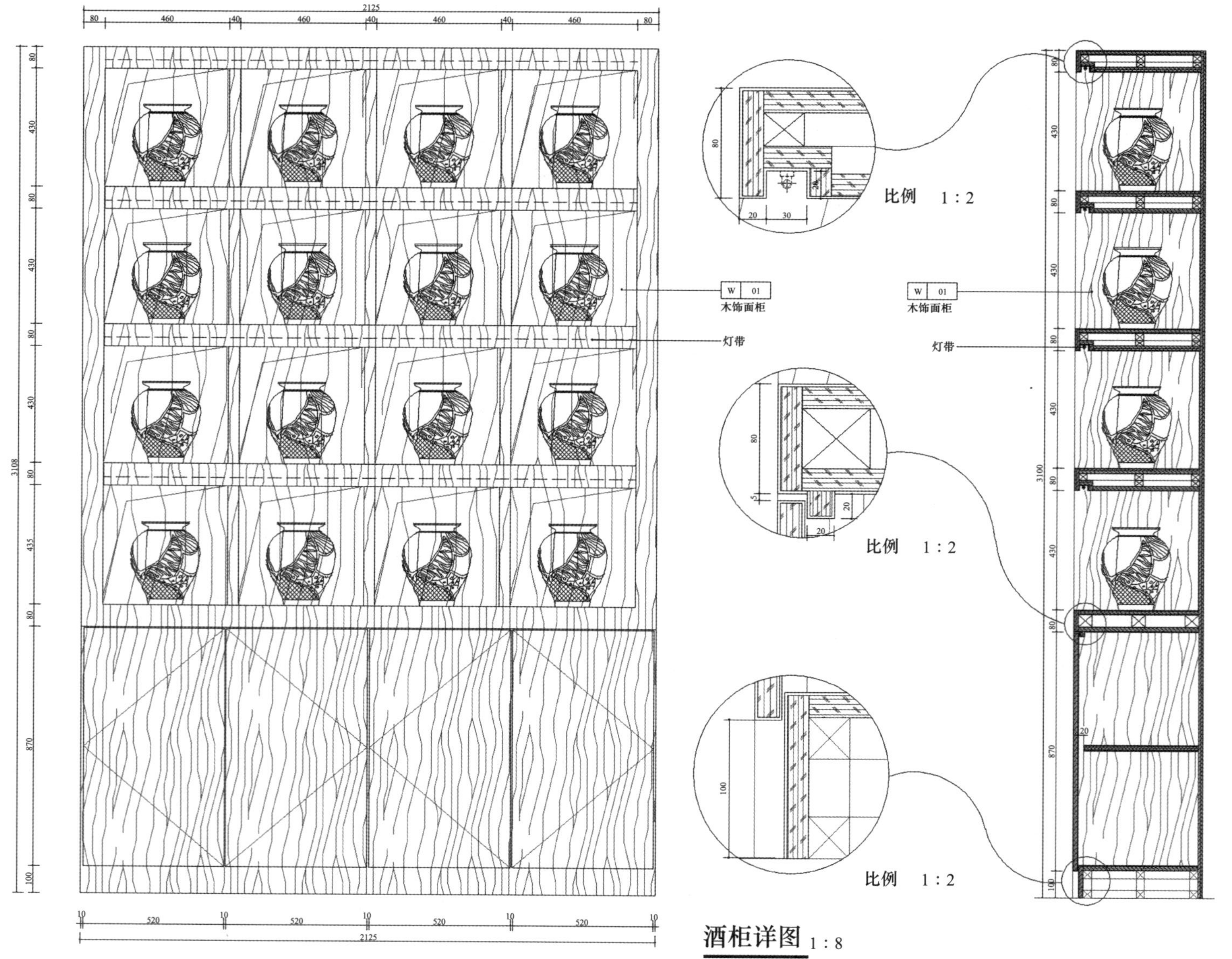

图3-59 酒柜设计详图

3.4　拓展训练：餐饮建筑空间室内装饰设计

1. 实战目的

初步了解餐饮建筑室内设计原理、公共空间设计的特点，加深对设计规范的认识，增强设计技巧和表达能力，进而使学生理解、掌握餐饮建筑空间的室内装饰设计。

2. 实战要求

1）要求完成餐厅的装饰风格与定位。

2）要求完成餐厅的功能分区布局。

3）要求完成餐厅的家具布置。

4）要求完成餐厅的各种流线组织。

3. 实战成果

A3 文本，图面整洁规范，构图饱满，符合国家制图规范。

1）设计说明：100 字左右。

2）平面布置图：比例为 1 ∶ 50。

3）地面铺装图：比例为 1 ∶ 50。

4）顶棚平面图：比例为 1 ∶ 50。

5）立面图（4 个）：比例为 1 ∶ 50。

6）效果图（2 幅）：2 个主要空间的手绘彩色效果图，能表达设计意图和意境，画面完整，表现手法不限。

3.5　项目提交与展示：学生作品成果要求

项目提交与展示是学生攻克难关完成项目设定的实战任务，进行成果的提交与展示阶段。

1. 项目提交

（1）成果形式

完整方案图装订成册，包括封面、扉页、目录、设计说明和设计方案图。

（2）成果格式

1）封面设计要素。封面设计要素包括项目名称、学生姓名、学号、班级、指导教师、完成日期等内容，并进行封面装帧设计。封面规格一般采用 A3 或 A2 图纸，装订线在左侧。

2）目录。采用二级或三级目录形式，层次分明、图名正确、页码指示正确。

3）设计说明。包括工程概况、设计依据、技术要求及图纸上未尽事宜。

4）构思立意。包括设计理念、创新点、亮点、内容提要。可采用硫酸纸、白色绘图纸或彩色卡纸。

5）方案设计图。图纸的核心内容，要严格按照国家制图规范绘制，可以加色彩和排版信息，徒手绘制。其中包括：

平面布置图 设计餐厅房间布局，布置主次房间；家具布置，设计餐桌、餐椅、隔断；功能流线，安排客人流线、服务流线；空间组织，设计开敞空间、封闭空间等。

顶棚布置图 依据空间功能装饰要求设计吊顶标高、尺寸、灯具、图例符号、材料做法等。

地面拼花图 根据房间功能设计地板规格、拼花示意、标高等。

立面 从风格与流派切入，依据平面设计立面装饰样式、材料做法、尺寸等。

效果图 计算机 3D 渲染或手绘马克笔彩渲均可。

6）封底。封底设计要与封面图案、色彩相协调，且纸质相同。可书写后记或感言。

2. 项目展示

项目展示包括 PPT 多媒体演示、图册精装或简装展示及教师问答互动等内容。要求学生用演讲的方式展示最佳的语言表达能力，展示设计理念与方案亮点。

3.6 项目评价：考核标准

考核点	评分点	分值	自评分值	小组评分	教师评分
前期（10 分）	调研报告	5			
	图纸按时提交，内容完整	5			
构思创意（5 分）	构思巧妙，有创意	5			
功能布局合理（30 分）	总服务台与休息区位置合理，面积适当	5			
	明档区位置合理，面积适当	5			
	散座区布置合理	5			
	厨房辅助用房设计合理	5			
	办公室位置合理，布置恰当	5			
	卫生间位置合理	5			
流线组织顺畅（10 分）	交通组织顺畅，不阻塞、不对冲、不阻滞	5			
	服务流线与客人流线不交叉	5			

续表

考核点	评分点	分值	自评分值	小组评分	教师评分
顶棚（10分）	灯具布置合理，图例符号齐全	5分			
	标高齐全，尺寸齐全，材料做法齐全	5分			
地面（5分）	地板规格尺寸齐全	5分			
立面（10分）	样式美观，符合形式美的基本规律，尺寸齐全，做法标注齐全	10分			
效果图（10分）	透视角度合理，图面表达完整、层次丰富	10分			
制图美观规范（10分）	制图美观	5分			
	规范	5分			
合计		100分			

3.7　工作页：餐饮建筑装饰设计

姓名：　　　　　　　学号：　　　　　　　班级：　　　　　　　日期：

任务	3.1 项目引入：概述 3.2 项目解析：餐饮建筑装饰设计要点 3.3 项目实战：火锅店设计过程与设计要点分析 3.4 拓展训练：餐饮建筑空间室内装饰设计 3.5 项目提交与展示：学生作品成果要求 3.6 项目评价：考核标准 3.7 工作页：餐饮建筑装饰设计		
项目3	餐饮建筑装饰设计	课题名称	建筑装饰设计
任务描述：			
通过实例参观、录像、PPT原理讲授、分析范图等形式，了解餐饮空间的经营内容与分类、餐饮空间的特征、餐饮空间的功能分析、流线组织、餐饮空间尺寸与家具形式尺寸，掌握各类型餐饮空间的设计要点。			
工作任务流程图：			
布置设计任务书，提出教学要求—采用讲授、PPT案例教学等形式进行理论指导—通过收集资料（规范、标准、图集等）、实地参观考察或现场勘察等形式分组进行学习和资料分析—完成设计任务—设计成果展示与评价。			
1. 资讯（明确任务、资料准备）			
（1）餐饮空间的基本分类有哪些？ （2）餐饮空间的特性是什么？ （3）画出餐饮空间的功能分析图。 （4）餐饮空间的流线如何组织？ （5）餐饮空间的家具形式与尺度是什么？			

续表

2. 决策（分析并确定设计方案）
（1）分析采用什么样的方式方法了解餐饮空间装饰的特点等，通过怎样的途径学会任务知识点，初步确定工作任务方案； （2）小组讨论并完善工作任务方案。
3. 计划（制订计划）
制订实施工作任务的计划书，小组成员分工合理。 需要通过参观调研、范图分析、图文资料收集等形式完成本次任务。 （1）通过查找图文资料和参观学习明确中餐厅的空间规划； （2）通过范图分析、收集图像认知中式餐厅的氛围营造； （3）通过研讨懂得中餐厅的界面处理； （4）通过参观学习，体会中餐厅包厢设计特点。
4. 实施（实施工作方案）
（1）资料分析报告（包括项目特点和要求、市场调研资料、学习笔记、相关规范和标准、同类空间的设计情况等）； （2）初步设计； （3）研讨并填写工作页。
5. 检查
（1）以小组为单位进行讲解演示，小组成员补充优化； （2）学生自己独立检查或小组之间相互交叉检查； （3）检查学习目标是否达到，任务是否完成。
6. 评估
（1）填写学生自评和小组互评考核评价表； （2）同老师一起评价认识过程； （3）与老师进行深层次的交流； （4）评估整个工作过程，是否有需要改进的方法 。
指导老师评语：
任务完成人签字： 日期：
指导老师签字： 日期：

项目4 办公建筑装饰设计

教学目标

教学PPT

知识目标

1. 掌握办公建筑的分类和空间布局类型；

2. 掌握办公空间装饰设计要点，包括：功能分区、空间组织、界面处理、光环境与色彩环境设计、家具与陈设等；

3. 掌握主要功能空间设计要点，包括：门厅、洽谈室、办公室、会议室等。

技能目标

能够正确分析并合理组织办公空间的功能布局；在办公空间装饰设计中灵活运用各设计要素，独立完成一般办公空间的装饰设计，并绘制方案图、效果图。

素养目标

1. 引导学生立足时代、深入生活，关注办公空间的人性化设计，以创造美好生活空间为目标，培养学生秉持以人为本的设计理念，树立绿色环保与可持续发展意识；

2. 鼓励学生将场所精神塑造与传统文化相结合，彰显企业的品牌内涵和价值取向，使办公空间成为展示文化自信的重要窗口，进而提升学生的文化传播、价值传承的责任意识；

3. 强调精准制图的重要性，培养学生精益求精的工匠精神，以及精细、耐心、严谨、敬业的职业素养。

办公空间设计方案

设计案例——办公空间（一）

设计案例——办公空间（二）

4.1 项目引入：概述

了解办公空间分类布局（微课）

办公建筑分类以及设计流程（微课）

4.1.1 了解办公建筑项目的整体情况

1. 办公建筑的分类

办公建筑是供机关、团体和企事业单位办理行政事务和从事各类业务活动的场所。

办公建筑根据使用性质可以分为以下几种。

（1）行政办公建筑

各级机关、事业单位、工矿企业使用的办公空间。其装饰风格多体现严肃、稳重、大方的形象。

（2）专业办公建筑

各专业单位使用的办公空间，如设计部门、科研机构、贸易公司、信托投资机构等。其装饰风格根据不同功能性质而体现自身特有的形象。

（3）商业办公建筑

商务办公的专用场所，装饰风格常带有行业窗口的性质，体现企业形象。

（4）综合办公建筑

以办公空间为主，兼有公寓、商场、金融、餐饮娱乐设施等空间场所。

2. 办公建筑的空间布局类型

从办公体系和管理功能要求出发，结合办公建筑结构布置所提供的条件，办公建筑的空间布局类型可分为以下几种。

（1）单间式办公空间

建筑装饰设计单间式办公空间是以部门或工作性质为单位来划分空间的布局形式，各个空间独立且相对封闭。其优点是各空间相互干扰少，有较高的保密性。缺点是空间不够开敞，受面积限制，办公设施配置较简单。行政机构的办公空间多为单间式，如图 4-1 所示。

（a）普通工作间

（b）高管工作间

图4-1　单间式办公空间

（2）单元型办公空间

单元型办公空间是指在办公建筑中，除晒图、文印、资料展示等服务用房为公用外，其他空间具有相对独立的办公功能的空间布局形式。通常办公空间内部被分隔为接待会客、办公等部分。根据功能需要和建筑设施的可能性，还可设置会议、盥洗、厕所等用房。这种空间常是企业、单位出租办公用房的首选。

（3）开敞式办公空间

在开敞式办公空间的布局中，除设置少量高管人员的单间办公室外，将大部分部门和办公人员安排在开敞的大空间内，工作台之间通过矮隔板分隔。这种空间的布局优点是空间组合开放、灵活，办公人员的联系较密切，且设施、设备的利用效率较高，因缩小了公共交通面积和结构面积，从而提高了主要功能面积的使用率；缺点是部门之间和办公人员之间干扰较大，私密性差。开敞式办公空间适用于私密性要求不高且联系密切的工作，如图 4-2 所示。

图4-2　时尚现代的大空间办公场所

（4）公寓型办公空间

公寓型办公空间的主要特点是用于办公的同时，具有类似住宅就寝、用餐、盥洗等的使用功能，其室内空间除划分为接待会客室、办公室（有时也有会议室）、浴厕外，还配有卧室、厨房、盥洗室等居住必要的使用空间，如图 4-3 所示。公寓型办公空间给需要为办公人员提供居住功能的单位或企业带来了方便。

（5）景观型办公空间

景观型办公空间是顺应时代发展要求，在办公功能逐渐摆脱纯事务性操作的情况下，创造的较为宽松的、能更好地发挥办公人员的主动性的办公空间布局形式。其空间特点表现为：其一，人性化，即空间布局开敞、灵活，空间分隔常采用绿色植物、橱柜、低矮隔断等，家具与设施的布置形式自由；其二，生态环保，即空间设计注重人与自然的完美结合，利用绿色植物并结合园林设计手法组织与美化空间，空间布局争取自然采光，利用太阳能、自然光与植物改善空间环境质量，如图 4-4 所示。

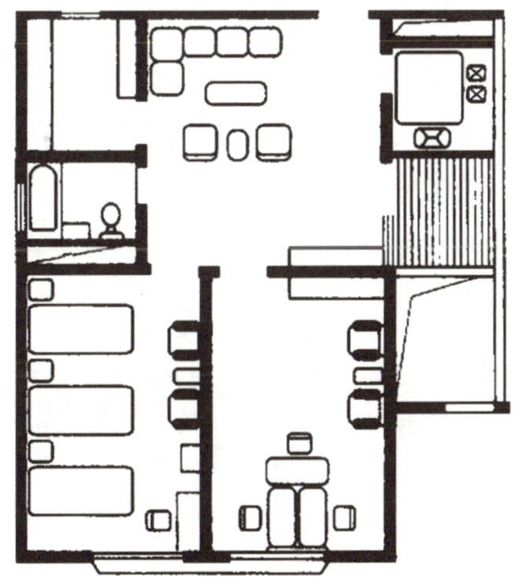

图4-3　公寓型办公空间平面图

图4-4　富有生机的办公环境

4.1.2 确定设计任务

办公建筑的装饰设计（微课）

1. 设计要求

办公建筑装饰设计一般应满足以下基本要求。

（1）功能要求

设计应根据企业实际需要和行业特点，从工作流程和使用方便的角度出发而进行功能布局和流线组织，并重视人的行为需要，综合考虑空间环境质量、工作性质、建筑结构条件等因素，营造一个具有较高实用性和舒适性的工作环境。

（2）风格要求

风格设计既要有细节上的变化和个性表现，又应从整体上体现出企业的物质文化和精神文化，以此对置身其中的工作人员产生积极、和谐的影响。

（3）空间设计的尺度要求

办公空间尺度可以分为两种类型：一种是形体尺度，即室内空间各要素之间的比例尺寸关系；另一种是人体尺度，即人体尺寸与空间的比例关系。设计时，每个空间的尺度应根据办公性质、建设规模和相应标准来合理确定，既要满足使用功能要求，还要符合人们的生理与心理需要。办公空间的量度一般应注意以下几点。

1）办公室净高根据使用性质和面积大小决定，一般净高不低于2.6m，设空调时可不低于2.4m，智能型办公室室内净高分甲、乙、丙三级，分别不应低于2.7m、2.6m、2.5m。

2）办公空间内每个功能空间的大小和工作位置的数量，根据办公楼的标准、办公人员的工作面积和工作性质而定。办公室的人员常用的面积定额为3.5 ～ 6.5m²，会议室的人员面积定额为0.8 ～ 1.8m²。

3）办公空间的平面布置应考虑家具、设备的尺寸，以及办公人员使用家具、设备时必要的活动空间尺度，如图4-5和图4-6所示。还要根据功能需要，考虑工作单元的排列组合方式，使工作单元之间既要联系方便，又要尽可能避免过多的穿插，以减少干扰，如图4-7和图4-8所示。

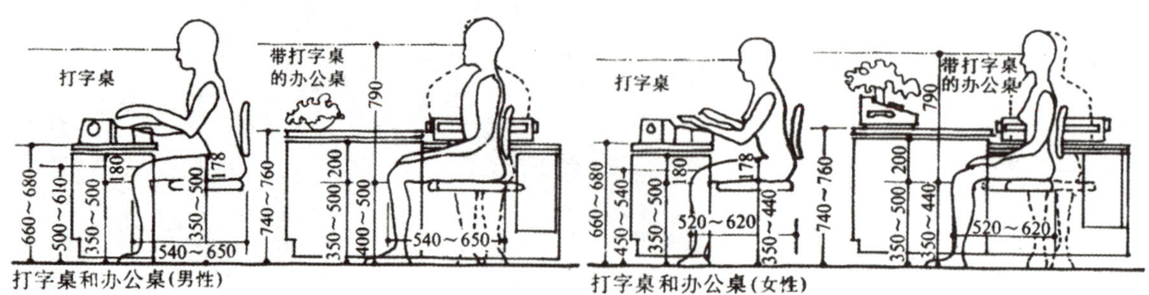

图4-5 常见办公家具尺寸（单位：mm）

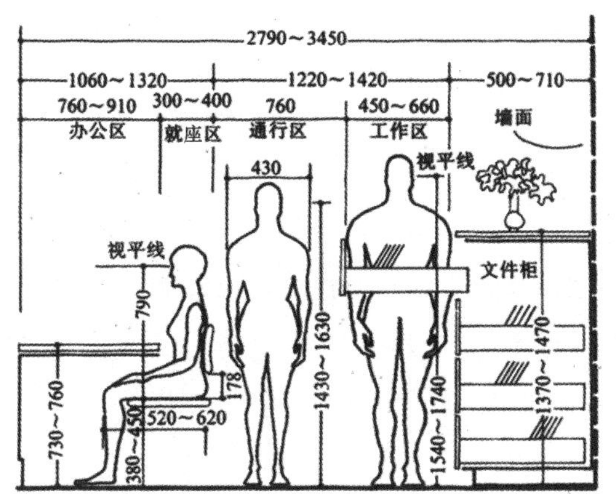

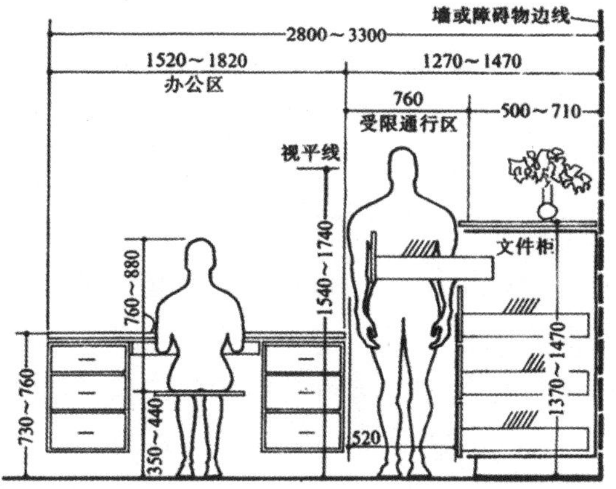

图4-6　办公家具的使用与人员活动空间尺度（单位：mm）

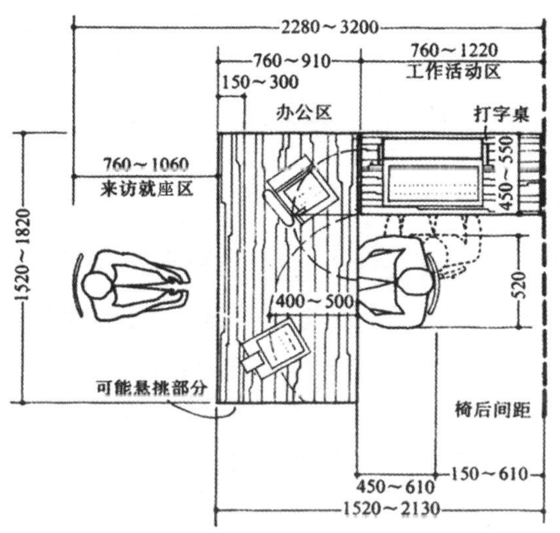

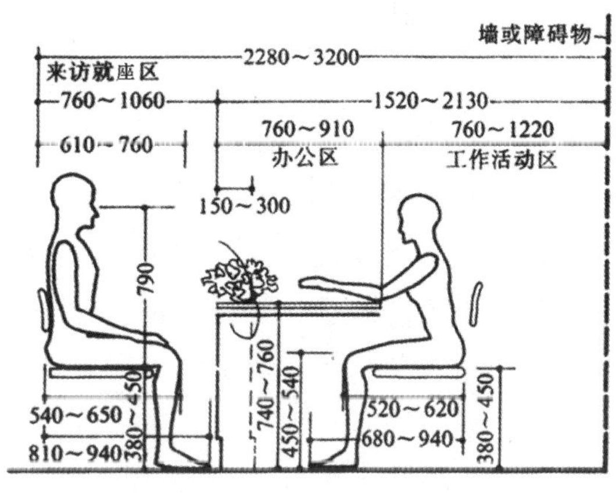

图4-7　基本工作单元布置（单位：mm）

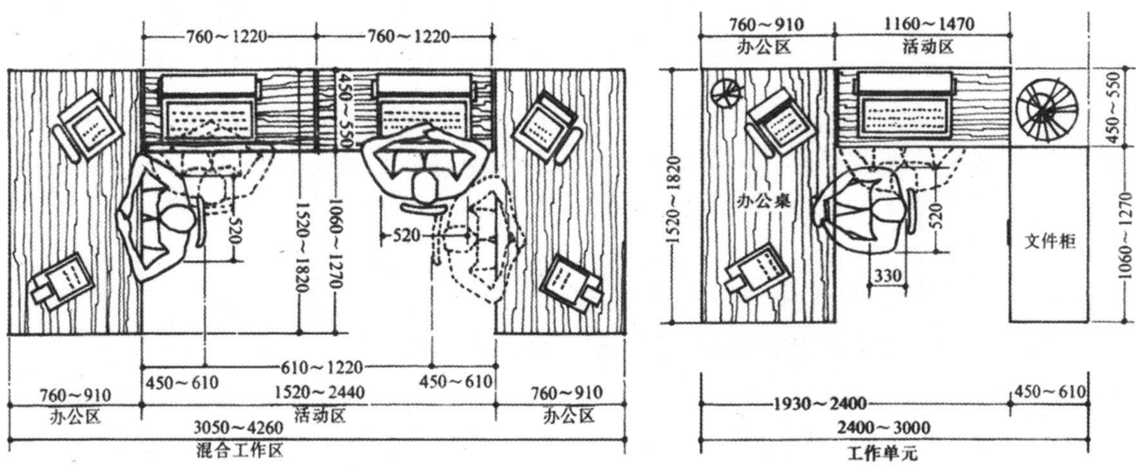

图4-8　U形工作单元布置（单位：mm）

（4）技术安全要求

设计要注意防火、防盗与其他安全因素。安全出口和消防通道的设置要符合国家防火规范的规定；装修用材、电器布线要按消防标准施工；防盗设施应采用电子防盗技术等措施；建筑设备与建筑结构的结合也应考虑安全性。

（5）信息技术装备的要求

光纤电缆、互联网、计算机等先进信息技术及设备的应用使办公建筑具有了许多的崭新功能，如建筑设备的自动化管理、信息的网络传送、办公自动化等。高性能的信息技术装备逐步成为办公空间的标准配置，是办公建筑装饰设计必须考虑的因素。

（6）生态环保要求

现代办公建筑装饰设计倡导生态环保理念，力求人与自然能完美结合。具体设计时应注意两点：一是营造绿色生态环境；二是减少空间的能源消耗和环境污染。

2. 阶段安排

办公建筑装饰设计是一个理性的思考与有序的工作过程，从设计流程的角度出发，方案设计应该完成以下任务。

（1）设计资料分析

1）项目分析。在设计之前进行项目分析，首先要明确委托方对企业形象、办公方式、空间使用、装饰标准、预期效果等方面的意向，其次要了解企业的组织架构、工作流程、业务特点、设备细节以及空间使用者的年龄结构和文化层次等内容。这是设计方案是否合理和有针对性的关键。

2）调研资料分析。分类整理设计准备阶段收集的各类信息和资料，总结并量化数据。具体任务包括：

① 分析设计现场的实地勘测数据和原建筑图纸，掌握基础性设计依据，包括建筑空间的结构体系、空间尺度、采光照明、设备管线位置以及周边环境状况等客观条件。

② 调研装饰材料和家具设备市场，掌握新材料、新工艺，筛选出设计可用的材料和家具范围。

③ 研究同类办公空间设计的案例以便展开设计思路和把握流行趋势。

④ 分析相关设计资料、规范和法律法规，研究设计的可行性。

（2）设计定位

通过设计资料分析，明确办公建筑装饰设计的任务和要求，如空间性质、功能、风格、经济、技术等。从立意构思着手，找到设计的切入点，进行设计创作。

（3）功能空间分析

进行功能空间分析，研究空间利用的合理性和有效性，研究建筑与环境之间的关系，对空间布局做出规划，勾勒出设计的初步轮廓。

根据功能性质，办公建筑空间一般分为以下几部分。

1）工作空间。工作空间是办公建筑装饰设计的核心。工作空间的类型较多，按工作性质分为：普通职员工作室、高管办公室、财务室、制图室等；按面积大小分为：小型、中型和大型三种，小型工作空间的面积为 4 ～ 15m^2，适应于专业管理型的办公方式，中型工作空间的面积为 40 ～ 150m^2，适应于组团型的办公方式，大型工作空间适应于多个组团共同作业的办公方式；按空间划分的私密程度分为：独立式办公室和开放式办公室。

2）公共空间。公共空间是提供人际交往或内部人员聚会、展示等的办公空间，如会客室、接待区、各类会议室、展示厅、阅览室、演讲厅或多功能厅等。

3）服务空间。为办公空间提供档案资料以及信息的收集、编制、交流、贮存等用房，如资料室、档案室、文印室、电脑机房等。

4）附属空间。为办公人员提供生活及环境设施服务的场所，如收发室、卫生间、开水间、电话及交换机房、变配电间、空调机房、锅炉房以及员工餐厅等。

如图 4-9 所示为某办公空间中各不同功能用房在平面布局中的配置。

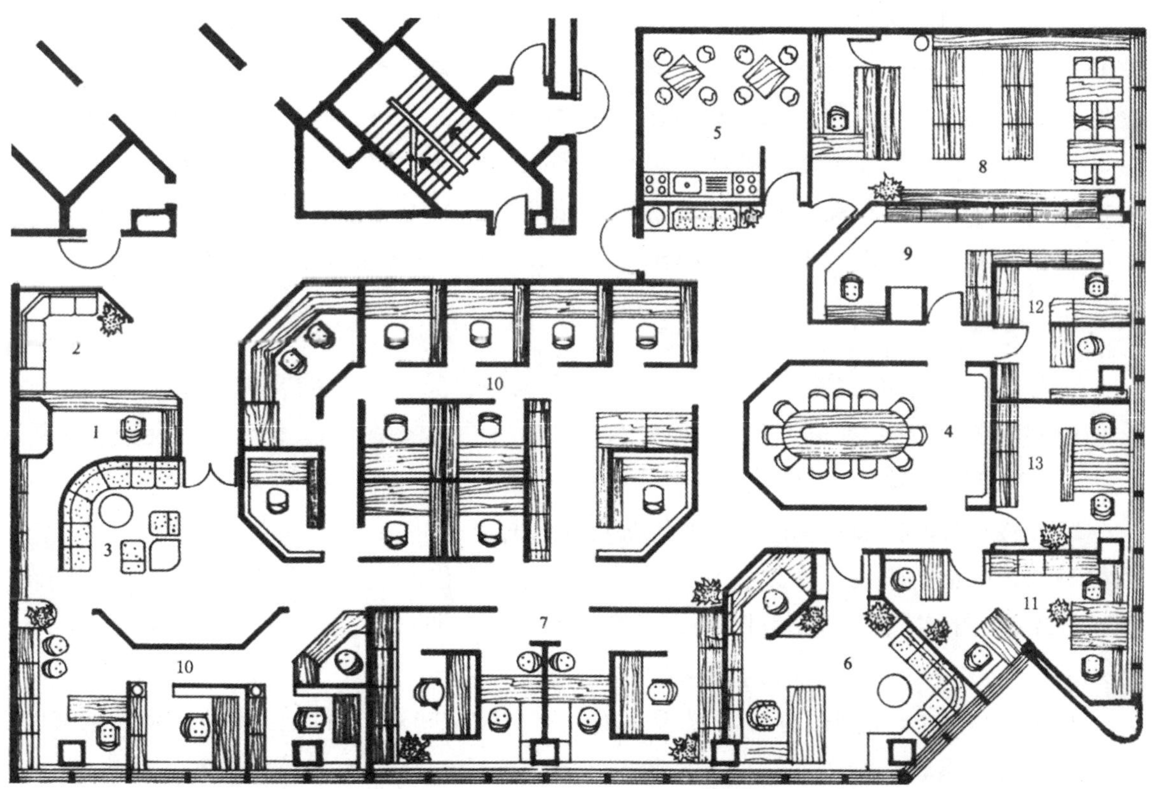

1—接待处；2—等候处；3—会客室；4—会议室；5—咖啡室；6—主管办公室；7—副主管办公室；8—图书资料室；9—档案室；10—工作室；11—财务室；12—文印室；13—电器技术管理。

图4-9 某办公空间平面功能布局

（4）设计理念表达

方案设计最终需要通过设计图纸将设计理念形象地表达出来，设计图一般包括：平面图、立面图、顶棚图、效果图、材料样板图和简要的设计说明。对方案设计图的要求是能正确的传递设计概念，科学地再现空间的真实尺度与比例、材料与构成、设计与做法。

4.2 项目解析：办公建筑装饰设计要点

办公空间功能分区（动画）

办公空间的功能分区与空间组织（微课）

4.2.1 办公空间装饰设计要点

1. 功能分区

办公空间的功能分区讲究合理有序、错落有致、功能清楚、互不干扰。设计要从工作流程和使用方便的角度出发，根据人均使用面积、总面积和人员总数，决定和划分普通员工、各级管理人员和各公用空间使用面积和布局位置。一般综合型办公空间的平面布局顺序是：门厅—接洽—办公—交流与审阅—业务领导—部门领导—董事会。常见的空间布局是：门厅区域设置对外联系功能，包括接待处、收发、会客室或会客区；办公空间中央区域为业务处理区，根据工作的流程决定布局形式，一般多采用便于控制和监督的直线式条块组合；管理人员根据工作需要应有独立的办公室，位置与业务处理区接近，高管办公室附近考虑设计秘书的位置;此外，一些辅助功能空间，如餐饮、卫生区等，根据噪声、卫生等要求需要布置在恰当隐蔽处，如图 4-10 所示。合理的功能布局和工作顺序有利于工作，但布置形式并不是绝对的，设计时应灵活把握。

2. 空间组织

在对办公空间进行空间组织设计时，应根据办公特点、功能要求和人的心理需求，合理地利用空间条件，在创造便捷、高效的办公运行系统的基础上，完善和美化空间环境，增强空间的艺术感染力。

1）办公空间造型的塑造应突破传统观念，打破室内外及层次上的界限，着眼于空间的延伸、穿插、交错、变换、复合、模糊等造型变化。现代办公空间设计已呈现出由简单向复杂、由静态向动态、由封闭向开敞、由理性向感性转换的态势，如图 4-11 和图 4-12 所示。

2）处理好办公空间的分隔与联系。第一，当对空间进行分隔处理时，对于私密性、抗干扰能力要求较高的工作空间，如管理人员办公室、财务室等，可以利用承重墙、轻体隔墙等限定高度的实体界面来进行绝对分隔，如图 4-13 所示；第二，对于办公人员较多、业务联系较紧密、私密性要求不太高、空间布局有灵活性要求的工作空间，如业务办公室，则可以利用各种隔断、结构构件、色彩、材质、水平面高差、家具陈设等来对空间进行弹性分隔，如图 4-14 所示。第三，当强调多个空间的联系关系时，可采用三种处理方法：其一，通过家具或隔断将大办公空间划分成若干有序排列的小组团，使空间产生视觉上的连续性，如图 4-15（a）所示；其二，在两个相互联系的空间之间设置一个公共空间地带，如在两个办公区域之间设公共服务区；其三，通过相邻空间之间的界面处理，如高差、材质的变化，将多个空间进行组合，如图 4-15（b）所示。

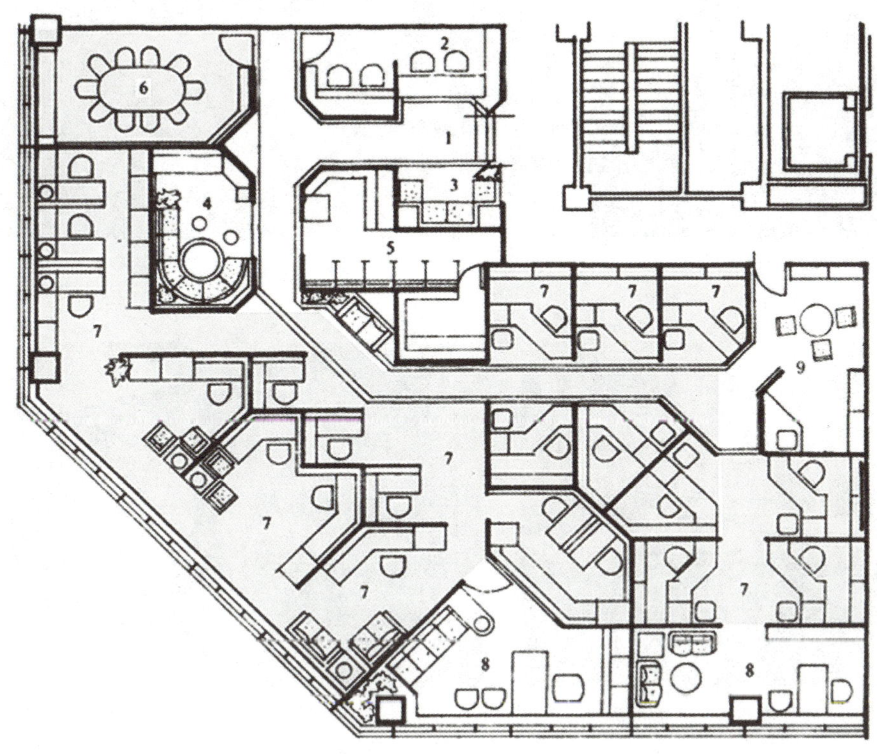

门厅区域：1—入口；2—接待处；3—待侯区；4—会客室；5—收发室；工作区域：6—会议室；7—职员办公区、管理区域：8—主管办公室、辅助功能区域；9—餐茶室。

图4-10　办公建筑常见功能分区

图4-11　封闭的、静态的办公空间

图4-12　开敞的、动态的办公空间

图4-13 绝对分隔的办公空间

图4-14 弹性分隔的办公空间

（a）通过家具划分使办公组团相联系

（b）通过界面设计使办公组团相联系

图4-15 办公空间的空间联系处理

3. 界面处理

办公室的界面处理（微课）

办公空间室内各界面的设计应起到烘托室内环境氛围，提高空间环境质量的作用。

（1）地面

办公空间的地面设计应考虑几点：首先，地面选材应考虑空间功能需要，如工作空间为避免行走噪声宜采用塑胶地毡、木地板、地毯等弹性材料，公共交通空间则要注意装饰效果和人流量等问题，宜采用色彩绚丽的石材；其次，工作空间地面的管线铺设要符合使用功能要求，同时不影响室内层高；再次，地面铺贴造型应尽量简洁大方，以不影响工作注意力为宜，如图 4-16 所示。

（a）地毯地面

（b）木地板地面

图4-16　办公空间的地面设计

（2）墙面

办公空间的墙面是烘托室内环境氛围的重要界面，在材料的配置、色彩和质感搭配上，应以满足功能需要为宗旨，风格上要体现出企业文化形象，营造简洁、大气、宁静的工作环境，如图 4-17 所示。此外，办公空间的隔断或隔墙设计，还要考虑室内自然光照的需要，特别是对大进深办公空间。通常是将内隔墙做成带窗隔墙或大面积玻璃墙，并根据私密性需要，安装不同透明度的玻璃或者设置可开合的帘幕装饰物，以达到对内部空间的自然光和视线的灵活控制，如图 4-18 所示。

图4-17　简洁大气的侧界面设计

图4-18　考虑自然采光的侧界面设计

（3）顶面

办公空间的顶面设计需注意：①风格造型应考虑单元空间的重要性和功能要求，并与总体装饰风格呼应，如图 4-19 所示；②在满足专业工种和设备安装要求的基础上，应尽量使各种设施的布局排列整齐；③顶棚的高度应协调好空调、照明等关系；④吊顶材料应采用便于拆装和施工的装饰材料，如矿棉板、穿孔铝合金板等；⑤顶棚应根据办公空间的降噪要求设置全面或局部的吸声材料，满足室内声学环境的需要。

（a）普通平整顶棚

（b）艺术造型顶棚

图4-19　不同风格的顶界面设计

4. 色彩环境设计

作为工作场所，办公空间的总体色彩环境应明快、稳重、平和，使人保持愉悦、专注的工作情绪。色系搭配应综合考虑功能、空间、材料、美观等因素，并与企业特征和企业文化相吻合。色彩关系的处理应遵循“大调和、小对比”原则，即在大色块之间强调协调，大、小色块之间形成对比。

在办公建筑装饰设计中流行的配色有：①以优雅的中性色作基调，再点缀以鲜艳的饰物或植物。这种配色丰富而不艳丽，较适合食品和化妆品企业。②以黑白灰为基调，一两种鲜艳色彩作点缀。这种配色协调、醒目，鲜艳的色彩多是企业形象的代表色，具有一定象征意义。③以自然材料的本色为基调，再根据深浅配以合适的人工色。一般，人工色与自然色宜形成对比关系，可起到点睛作用。此外，有些配色设计，大胆采用大量的刺激性对比色彩或大面积的跨越界面的图案式色彩制造先声夺人的环境气氛，一般只用于特殊行业的办公空间，如娱乐、广告、网络公司等，办公空间的色彩环境设计案例如图 4-20 所示。

5. 光环境设计

办公空间的光环境质量对于工作的效率、工作者的身心舒适感以及建筑节能都具有重要意义，其设计目的是通过自然光与人工光的合理布控来满足不同工作区域的照度要求，营造美观、舒适的视觉环境。办公空间光环境设计应当满足以下几点要求。

办公空间的艺术效果设计（微课）

（a）平和统一的色彩环境

（b）强化醒目的色彩环境

（c）淡雅稳重的色彩环境

（d）跳跃刺激的色彩环境

图4-20 办公空间的色彩环境设计案例

（1）引进自然光

办公室的工作通常是在白天进行的。从工作需要、节约能源、工作人员的舒适感以及对回归自然的心理需求出发，办公空间照明应该最大限度地利用自然光。但是，由于自然光照效果会受到天气变化、日光强弱、建筑条件（朝向、采光形式和面积）的影响，装饰设计还应该将自然光与人工照明相结合，并利用帘幕、隔断等手段来调控自然光的投射面积、角度和强度等，使室内空间保持舒适和稳定的视觉环境，如图 4-21 所示。

图4-21 现代办公空间的光环境

（2）适宜的照度

办公空间是视觉作业的场所，适宜的照度水平有助于减轻工作人员的视觉疲劳，提高工作效率，因此，其光环境设计应根据不同功能场所，提供足够的照度（表 4-1）。有时对于一些营业性的办公空间，如银行、邮局、售票处等，还应在允许范围内适当提高照度并注意均匀度，使室内开敞明亮，提升企业形象。

表 4-1　办公空间照明的推荐照度

办公空间		平均照度 /lx
办公室	普通办公室	300 ～ 500
	高档办公室	500 ～ 750
	营业厅（高照明要求的办公区）	750 ～ 1500
会议室		300 ～ 500
绘图室、设计室		750 ～ 1000
资料陈列室、文印室		300 ～ 500
接待室、前台		300 ～ 500
走道、楼梯间、电梯间		100 ～ 200

（3）合理的照明方式

图4-22　办公室综合照明设计

现代办公空间的人工照明普遍采用综合照明方式，即以整体照明为基础，同时针对不同工作区域的照度和美观要求加以重点照明或装饰照明，如图 4-22 所示。具体设计中，整体照明应确保办公区域拥有最基本、均匀的照度，通常选用天顶灯具照明提供足够光线，如嵌入式下射灯或荧光灯。重点照明应对特定区域和对象进行重点投光，以满足相应的标准需求或起到强化作用，如利用台灯增强工作面的照度，利用投光灯对陈列品照明。此外重点照明还应避免工作区与周围环境产生强烈的亮度对比，避免产生眩光。装饰照明一般不求华丽和夸张，以免分散工作人员的注意力，以能烘托办公环境气氛、突出企业形象为宜。装饰照明通常用于交通空间和高管办公室，通过光源的色泽、灯具造型与空间形体有机结合，可采用彩灯、霓虹灯、光导灯、发光壁面等。

（4）避免眩光

办公空间的眩光包括直接眩光和反射眩光两种。直接眩光一般可通过控制光源高度、背景亮度和灯具位置来加以限制。反射眩光可以通过调整视觉方向、采用低反光的工作面材料和控制灯具亮度来限制。

办公家具的陈设（微课）

6. 家具配置

（1）办公家具配置的要求

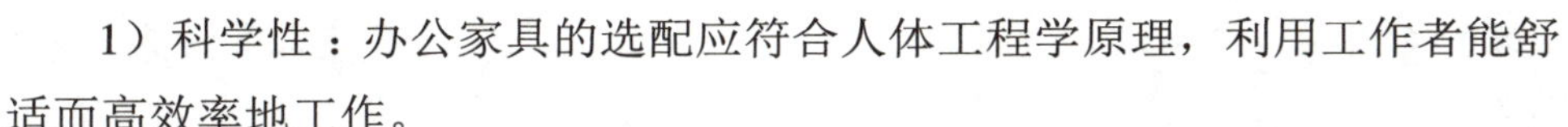

1）科学性：办公家具的选配应符合人体工程学原理，利用工作者能舒适而高效率地工作。

2）艺术性：对于不同类型的办公环境，办公家具的选配应注重造型上的个性表现。

3）技术性：办公家具应与办公设备相匹配，因而要求自动化和智能化。

4）建筑性：家具配置要注重与室内空间的协调性与系统性，起到空间组织的作用，构成室内空间中的“建筑”。

5）灵活性：办公家具可以灵活组合以适应各种工作需要，为办公空间注入灵性和人性。

（2）常见的现代办公家具

1）办公桌椅。办公桌用于办公及其物品存放，在功能上应适应高效率工作状态。办公桌的桌面大小可视办公需要而定，高度以不易产生疲劳和轻松容纳下肢活动为宜，还要考虑办公自动化设施的存放和安装。为了适应办公要求，办公桌也可设计成能调整高度、长度、桌面斜度的。

办公座椅应保证使用者具有正确姿势和舒适度，椅背的高低、倾斜度最好可以调节以适应不同人的需要。座椅造型以简洁为主，饰面材料以不宜污染、易清洗为宜。

2）文件柜。文件柜用于储藏办公文件及有关物品，按其形式分为移动型的柜子、固定式的壁柜和沿轨道移动的档案柜。文件柜的尺寸和规模以模数尺寸、使用功能以及摆放位置为依据，按需要进行组合。

3）隔断。隔断是分隔办公空间的构件。隔断高度的控制决定了空间划分的程度，常见有以下三种类型。

封闭式隔断　此种隔断可代替墙壁将办公区分隔成若干相对独立的区域。隔断的形式较自由，在构造上采用可拆卸的活动间隔墙系列，如轻钢龙骨石膏板隔断墙、木框或金属框玻璃隔断等，如图4-23所示。

图4-23　封闭式隔断

开放式隔断　此种隔断常与办公桌组合在一起，用于开放式办公空间的工作单元组合。隔断组织灵活，可根据需要进行位置调整。隔断的高度和距使用者的距离应适当，以在心理上不产生压迫感为宜，既能保持与周围的信息交流，又能保证个人办公的私密。此外，隔断还可以兼有文件收纳和设备陈列的功能，如图4-24所示。

百叶式隔断 此种隔断根据使用要求及便于组合，其宽度以900mm为宜，高度以1200mm、1500mm为宜，这样组成隔断可显示出条理性和节奏感，如图4-25所示。

图4-24 开放式隔断

图4-25 百叶式隔断

7. 陈设配置

办公陈设品的选配应以突出企业文化和精神面貌为目的，并与办公空间的整体风格相协调。公共办公环境选配的陈设品常是传达企业精神的媒介，如文字条幅、企业形象标志、书籍等。高级管理人员办公区域选配的陈设品除突出企业形象外，还可以根据使用者的喜好配置。门厅也是陈设品的主要配置区域，大多办公场所会选择一些有特殊寓意的大型的工艺品，有的还将陈设品与绿化景观相结合，既美化了环境，又能体现文化意义。

8. 绿化配置

为办公空间适当配置绿化，有利于柔化室内环境，调整工作情绪，从而提高工作效率。选配绿色植物应注意几点：首先，要根据植物条件选配，确保植物的生长条件，考虑室内光线、温度、湿度等因素。其次，要根据办公空间条件和空间大小来决定配置的品种及数量。再次，将植物的装饰作用与空间的摆放位置相联系，如在空间中心部位摆放植物可起到凝聚视线的作用；在空间角隅配置植物，可令其焕发生机，如图4-26所示。

4.2.2 主要功能空间设计要点

主要功能空间设计要点（微课）

1. 门厅设计

门厅是办公空间的门户，展现企业形象的场所，一般具有接待、服务、展示等功能，同时也是办公空间的交通枢纽。门厅的空间设计要求功能分区明确，流线简洁明了且避免交叉，空间组织应注意内外空间的延伸与过渡，加强动态导向。地面选材以防滑、耐磨、易清洁的材料较理想，如天然石材、陶瓷地砖等；墙壁选材以

图4-26 办公空间的绿化配置

简洁大方而有文化感的材料为宜，如石材、金属板、木材等。门厅要有良好的采光和合理的照度，考虑到进出门厅时眼睛的适应状态，室内外亮度反差不应太大。门厅的风格定位要突出企业的个性特征，如图 4-27 所示。

接待空间是门厅中最基本的功能空间，多由设计精致的接待台、美观时尚的沙发、简约大气并有企业标志的背景墙三个部分组成，为人们提供咨询、等候的服务。装饰设计要求风格时尚现代、色彩明快、光线充足，并尽可能运用企业的标志、标准色、标准字来展现企业文化，如图 4-28 所示。

图4-27 门厅装饰设计实例

图4-28 简洁明快的接待空间

2. 洽谈空间设计

洽谈空间可以是公共空间中的一小块开放区域，也可以是单独的洽谈室。它既要满足与访客短暂交谈的要求，也要为深入的业务洽谈提供安静舒适的场所。如果洽谈空间是围合的比较狭小的区域，那么围合墙体宜选择较通透的材料，或采用半开放的空间形式。一般洽谈空间的装修风格以温馨简洁为宜，宜选用冷暖色调相结合的照明方式，如图 4-29 所示。

3. 陈列展示空间设计

陈列展示空间是展示公司产品、宣传企业文化和业绩的对外空间。在办公空间中，可以单独设置陈列室，也可以与公共空间结合在一起。如在走廊、门厅放置展示柜、展示架，使之成为空间装饰的视觉焦点，如图 4-30 所示。陈列展示空间的灯光设计比较复杂，既要考虑整体空间的功能照明，还要考虑每个展品的重点照明。

图4-29　开放式的洽谈空间

图4-30　各种荣誉奖杯装点的展示墙

办公室空间设计（微课）

4. 办公室设计

办公室是办公空间的工作区域，设计的重点在于处理不同功能需求的工作区域，以满足不同部门、各级管理者或特殊部门的特定需求。根据空间划分机密程度，办公室可分为开放式和独立式两种。

（1）开放式办公室

开放式办公室是指可以容纳多个部门或较多员工在一起共同工作的、内部视线通畅且四周开敞的办公区。设计此种办公室首先要解决功能分区问题，通常的方法是按照部门和工作职能划分出若干组团，每个组团内再按工作流程安排工作位置及办公设备。

此种办公室的空间设计要求组团分区明确，有一定独立性，各工作位置之间、组团之间既要联系方便，又要尽可能减少干扰，如图 4-31 所示。界面设计要求：造型以简洁明快为主，避免繁复装饰分散工作注意力；选材上以耐磨、易清洁、不易产生噪声的材料为佳；充分考虑声、光、热、通风等因素，合理配置顶棚内的各项设施、设备。采光设计要求照度足够且均匀，照明方式可以采用空间整体照明和工作台重点照明相结合，用于整体照明的灯具应造型简单，可以选用发光面积大、亮度低的双向蝙蝠翼式配光灯具，如图 4-32 所示。

图4-31　开放式办公室的功能分区

图4-32　开放式办公室的照明设计

（2）独立式办公室

独立式办公室是指按照部门或人数设置的封闭办公区域或独立房间。按功能分，独立式办公室一般分为普通办公室、高管人员办公室及特殊部门办公室（如财务室、档案室等）；按人数可分为单人办公室和多人办公室。

普通办公室通常是供同一部门内的多名员工共同使用的办公房间。室内布局采用开放式，普通员工的工作区域集中布置，部门负责人工作区可独立布置并享有较大面积以便工作管理，如图 4-33 所示。普通办公室界面的选材应注意降噪和清洁问题，一般顶棚多选矿棉板或纸面石膏板，地面多为复合木地板、橡胶地板、石材等。灯具常采用格栅灯、吸顶灯或聚光效果较好的工业吊灯，照明应注意保证空间的均匀照度。

高级管理人员办公室一般有大、中、小型之分，功能区域一般由会客区和办公区两部分组成，大型办公室往往还设有套间用作小型会议室或私人休息室，有时还配有秘书间。高级管理人员办公室具有重要的办公地位，因此，其装饰设计应比其他办公室华丽、高档，风格特点既要符合使用者的爱好与品位，还应反映出企业的文化特征。室内界面选材：地面一般采用木地板、优质塑胶类地毡；墙面可以采用木护壁板、壁纸、皮革等，既美观又有较好的室内音响效果。室内光环境要求达到一定的艺术效果，并不要求整个空间有均匀的照度，整体照明适当布置在办公桌及其周围区域，其余区域则使用辅助照明，办公桌应有重点照明，且照度值达到 500lx 以上，此外，由于高级管理人员办公室往往有较大面积的开窗，白天靠窗的位置会出现逆光，因此要增加垂直照度，如图 4-34 所示。

图4-33　普通独立式办公室

图4-34　高级管理人员办公室

公司的财务办公室属于重点的安全保护区，设计时要考虑防盗，一般会因地制宜地选择布置在公司偏于一隅的角位，并应尽可能形成单向进出的布局。除此之外，机要办公室、重要档案库和贵重仪表间的大门都应采取安全措施，且室内宜设防盗报警装置。

会议室空间设计要点（微课）

5. 会议室

（1）平面布局类型

会议室的平面布局主要根据已有房间的大小、容纳人数和会议举行的方式等因素来确定，其平面布置形式可分为周边式、中心式和主席台式三种。

周边式布局的特点是沙发等家具沿周边布置，不设置会议桌，具有贵宾接待性质，适合气氛活泼、轻松的场所，如图4-35（a）所示。

中心式布局的特点是以会议桌为中心，会议桌的造型根据房间的形状而定，可设计成圆形、方形、椭圆形等多种形状，一般供20～40人使用，如图4-35（b）所示。

主席台式布局的会议室也称演讲报告厅，供一些大型会议使用，容纳人数一般在100人以上，内部设有规律的排椅或沙发软椅以及主席台，如果座椅是活动的，在不举行会议时可兼作宴会厅或娱乐活动使用。由于此种会议室面积较大，设计应注意室内的音响效果和视觉效果，如图4-35（c）所示。

（2）家具布置

会议室的家具布置应留出足够的活动空间和交通空间，且尺度满足公共建筑安全疏散规范。

（a）周边式布局

（b）中心式布局

（c）主席台式布局

图4-35 会议室布局

（3）界面选材

会议室地面需考虑降噪和清洁需要，可采用木地板、塑胶地毡等。墙面应考虑音质效果要求，宜选择有吸声效果的饰面材料，如实木吸声板、皮革或织物软包。顶面可选用矿棉石膏板或穿孔金属板（板上部可放置矿棉类吸声材料）作为吊顶用材。

（4）采光照明

会议室的照明应创造一种向心和集中的感觉，照明以照亮会议桌为主要目的。会议桌区域的照度要达到500lx，同时会议桌表面的光反射不能太高。需注意，不能将聚光照明灯具垂直装在与会人的头顶，以避免下射光直接照射引起的不适。此外，会议室的照明设计还应考虑各种演示设备的应用问题，如黑板的照明、播放投影和幻灯时的调光等。

4.3 项目实战：任务设计过程与设计要点分析

本节以某投资有限公司的办公空间装饰工程项目为案例（设计师：×××），对办公空间装饰设计的要领进行探索与学习。

4.3.1 工程概况

该办公空间位于某商业大厦的中间一层，建筑装修面积1200m^2，室内净高2.97m，框剪结构，建筑外墙为深蓝色钢架玻璃幕墙，室内毛墙毛地，水、电、暖、通风、消防等设施齐全，如图4-36所示。

委托方对办公空间的设计要求是，功能布局合理而有效，工作环境舒适而雅致，装饰风格要符合企业性质，并体现出活力、透明、开放的企业形象。

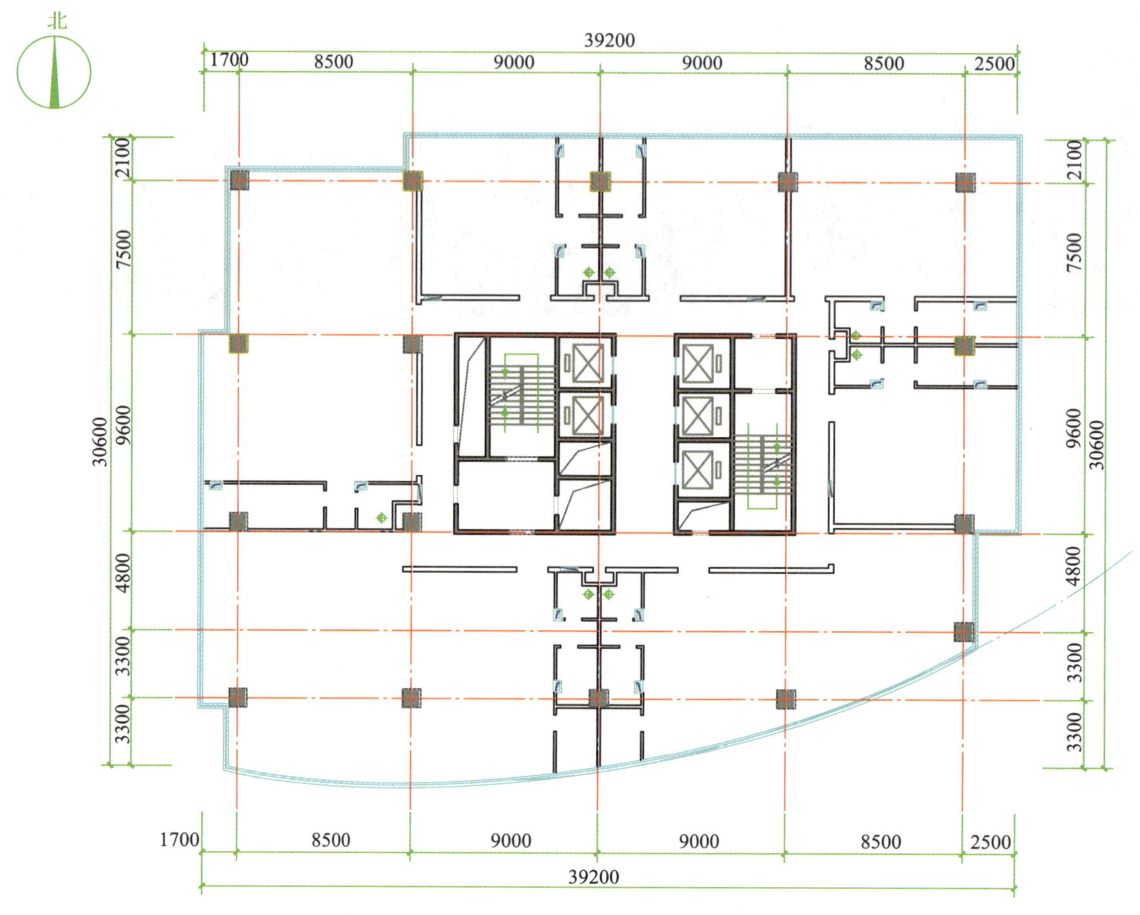

图4-36　办公空间原始结构图（单位：mm）

注：本层室内净高 2970mm，梁宽 600mm，梁高 450mm。

4.3.2　确定功能分区与空间组织

该办公空间设计以企业需要和工作流程为首要依据，将门厅接待、职能办公、行政管理、会议洽谈等功能规划布置于室内不同空间区域，并在综合分析空间形态、建筑结构、环境质量等因素的基础上，突破原室内格局，创造并利用类似“井”字形的交通动线，将各功能空间有序地组织起来。如此布局，不仅流线清晰，环境开敞明朗，而且有利于环保节能，如图 4-37 所示。

4.3.3　装饰风格定位与环境氛围营造

装饰风格定位与环境氛围营造（微课）

1. 装饰风格定位

为与现代风格的建筑环境和商业环境相融合，办公空间的装饰设计采用现代主义设计手法来阐释室内空间的功能，利用井然有序的空间格局、齐全的功能、典雅的设计元素，如家具、材料和灯光等，创造简约、大气、舒适的办公环境，如图 4-38 所示。

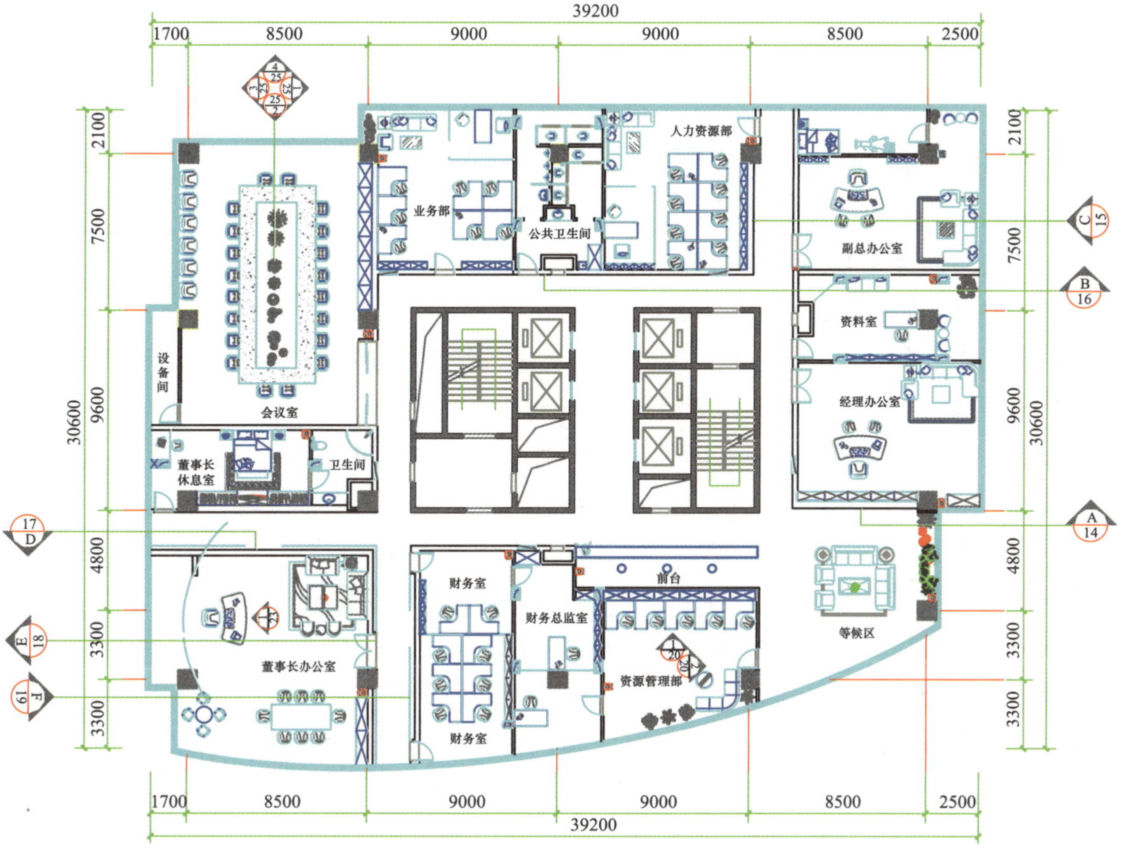

图4-37　办公空间平面布置图

（a）交通走道　　（b）接待等候区

图4-38　办公空间效果图

2. 环境氛围营造

界面设计　方案的界面造型突出简洁、大气的特点，材料选配注重质感、色彩的协调与变化。以交通空间为例，墙面选用光洁的金线棕大理石、高档的实木复合板、黑亮的镜面、银色的不锈钢边框进行艺术组合来丰富空间形象，地面铺贴拼花大理石与顶棚的软膜吊顶在造型和色彩上相呼应以加强空间整体感。此外，巧妙的“井”字形空间设计使交通空间通透明亮，两侧墙面设计成实体墙有利于造型变化的连续与统一，迎合装饰风格的需要，如图 4-39 ～图 4-41 所示。

色彩设计　为了营造宁静和舒适的办公环境气氛，环境的总体色调追求稳重、平和，整个空间以黑白灰色调为主，再配温暖的咖啡色。

采光设计　办公空间的采光形式包括自然采光与室内照明两种。自然采光设计通过合理规划空间使每个功能区域都可以直接获得节能、健康的自然光源。室内照明设计重点考虑功能需要，不追求过分装饰，如办公室选用嵌入式格栅灯、射灯做工作照明和整体照明，照度标准依照国家标准；交通空间以软膜灯带为主光源，色温选择参照日光（4500 ～ 5500K），以暗装射灯为辅助和修饰光源。

家具与陈设选配　家具选配注重与办公空间的协调性与系统性，其造型简洁而功能灵活。陈设设计重点体现企业文化，以字画、企业标志、企业宣传板等的展示为主，装饰重点是公共空间的陈列展示墙和高级管理人员办公室。

4.3.4　主要功能空间设计

1. 门厅设计

根据设计要求，门厅包括接待和等候两个功能。设计采用开敞式的空间分隔手法，利用顶棚的造型变化强调功能区域的限定效果。由于吊顶高度较低，为避免空间产生压抑感，接待区只在服务台上方做局部下沉式平顶造型，等候区则装饰水银镜面以扩大空间感。设计力求造型简洁，通过高档华丽的饰面材料和精致的做工彰显简约、大气的现代风格。门厅空间具有很好的采光条件和视野，配合人工照明，可获得通透明亮的环境，进而突出活力、开放的企业形象，如图 4-42 所示。

2. 普通办公室

以资源管理部办公室为例，设计注重空间的有效性和舒适性。内部空间划分为公共办公区（包括会客区）和主管办公区，采用轻钢龙骨纸面石膏板隔墙进行分割，公共办公区的工作位置呈一字形布置，避免穿插干扰。界面设计简洁、明快、实用，地面平铺强化复合木地板；墙面结合文件柜做整体设计，空余处铺贴浅色壁纸；顶棚吊顶与灯具布置相结合，选用轻钢龙骨纸面石膏板做层次造型，并用黑、白色涂料饰面强化装饰效果。为避免眩光，工作位置不临窗布置，人工照明选用双头筒灯，保证照度充足和均匀，如图 4-43 所示。

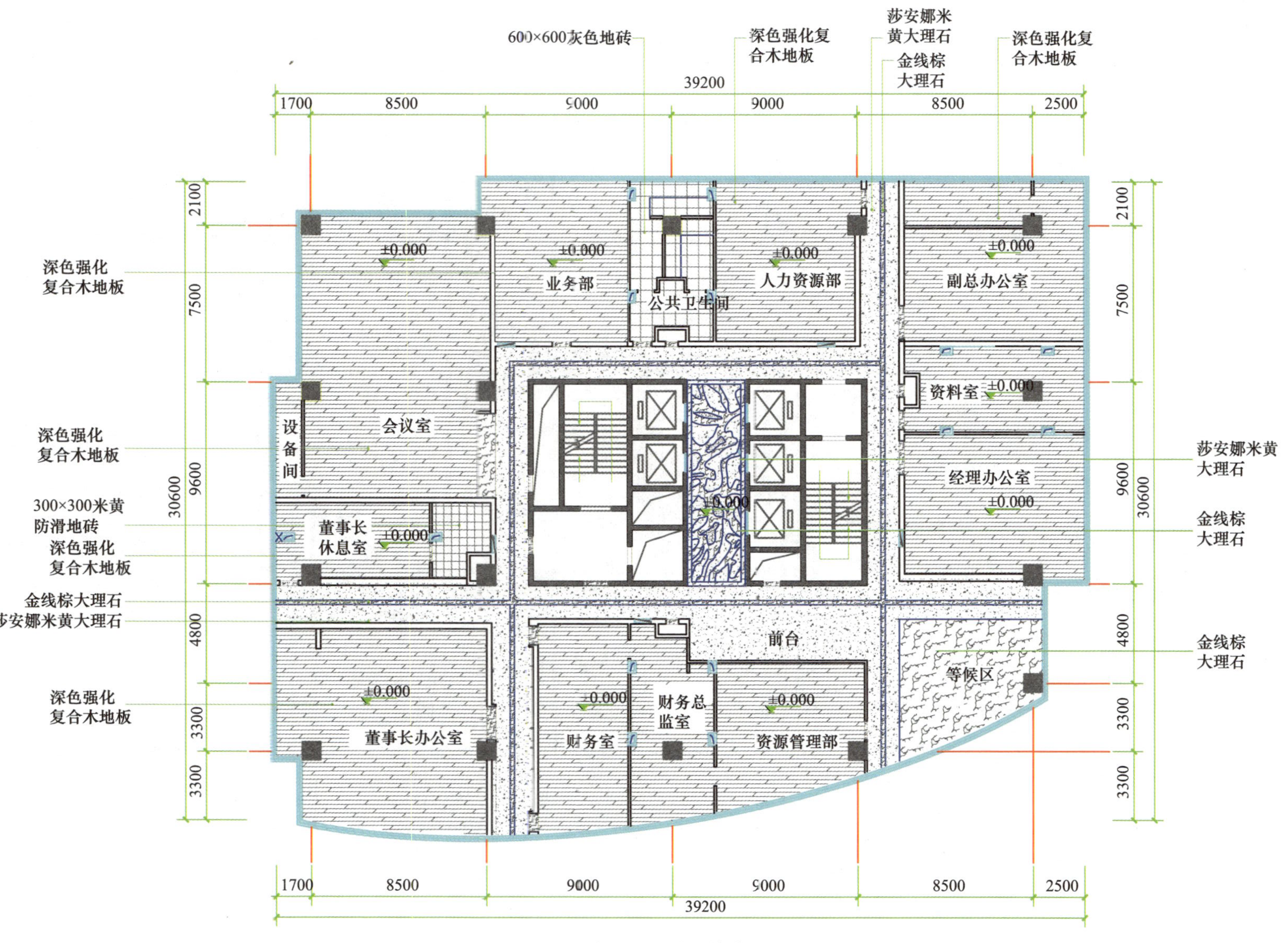

图4-39　办公空间地面铺装图

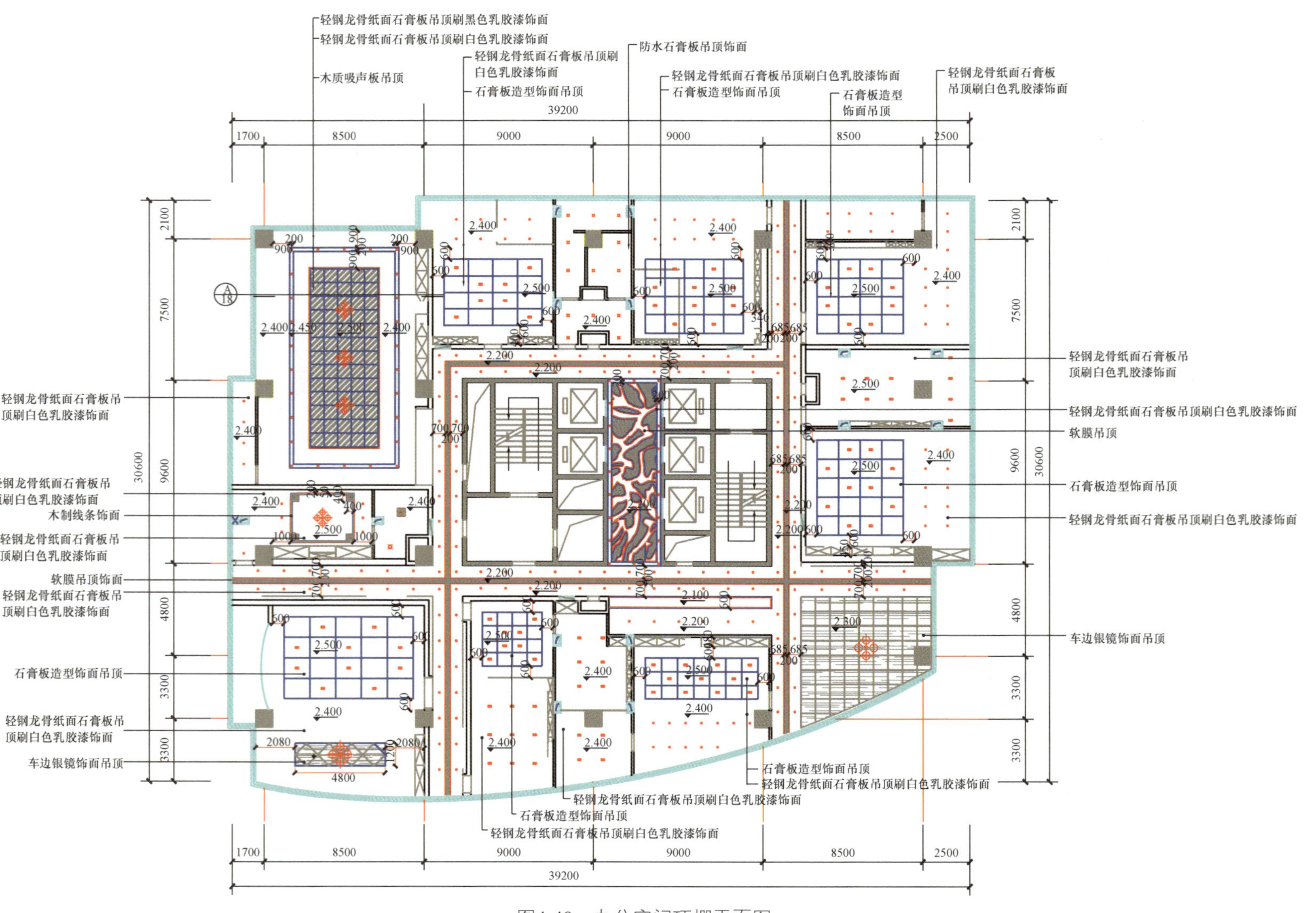

图4-40　办公空间顶棚平面图

车边黑镜饰面
(消防栓暗门)
设备层
轻钢龙骨纸面石膏
板吊顶乳胶漆饰面
车边黑镜饰面
车边黑镜饰面(设备间暗门)
定制成品门安装
金线棕大理石
定制成品门安装
金线棕大理石(消防栓暗门)
地面完成面
2970
690
2200
10060
1020
2900
1020
2690
150×67
60
900
60
2900
60
900
60
1760
800
130

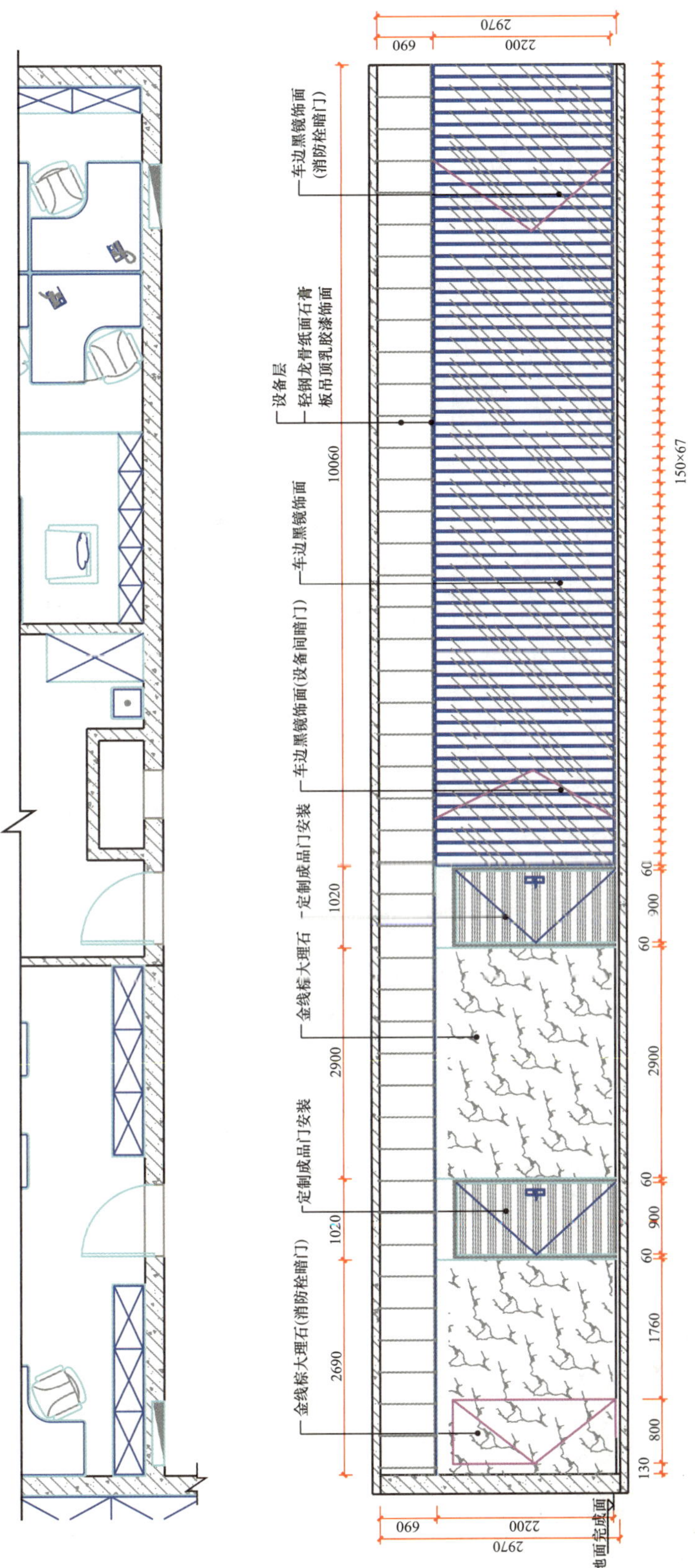

图4-41 过道B立面图

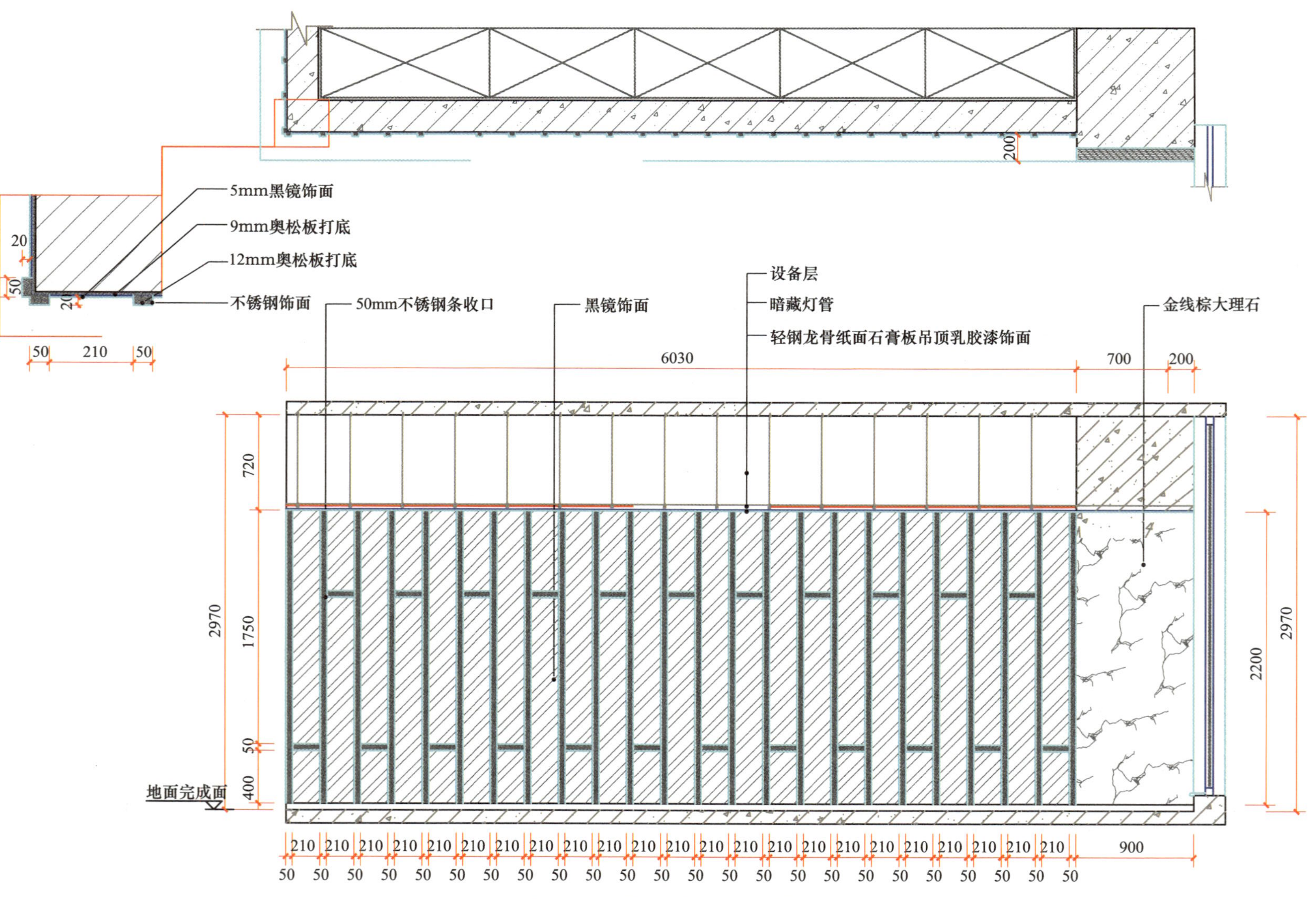

图4-42 门厅接待等候区A立面图

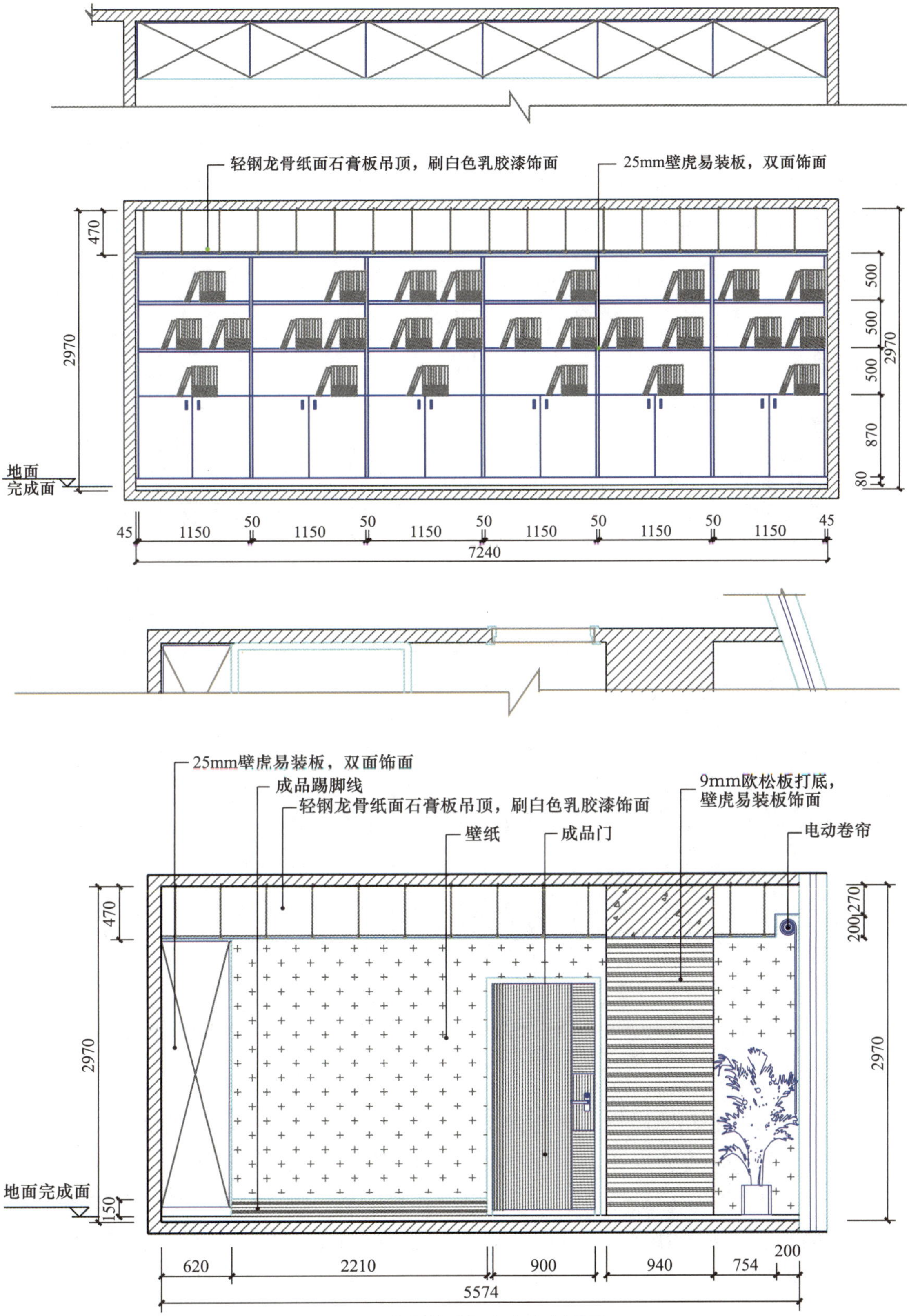

轻钢龙骨纸面石膏板吊顶，刷白色乳胶漆饰面
25mm壁虎易装板，双面饰面
470
2970
地面
完成面
500
500
500
870
80
2970
45 1150 50 1150 50 1150 50 1150 50 1150 50 1150 45
7240

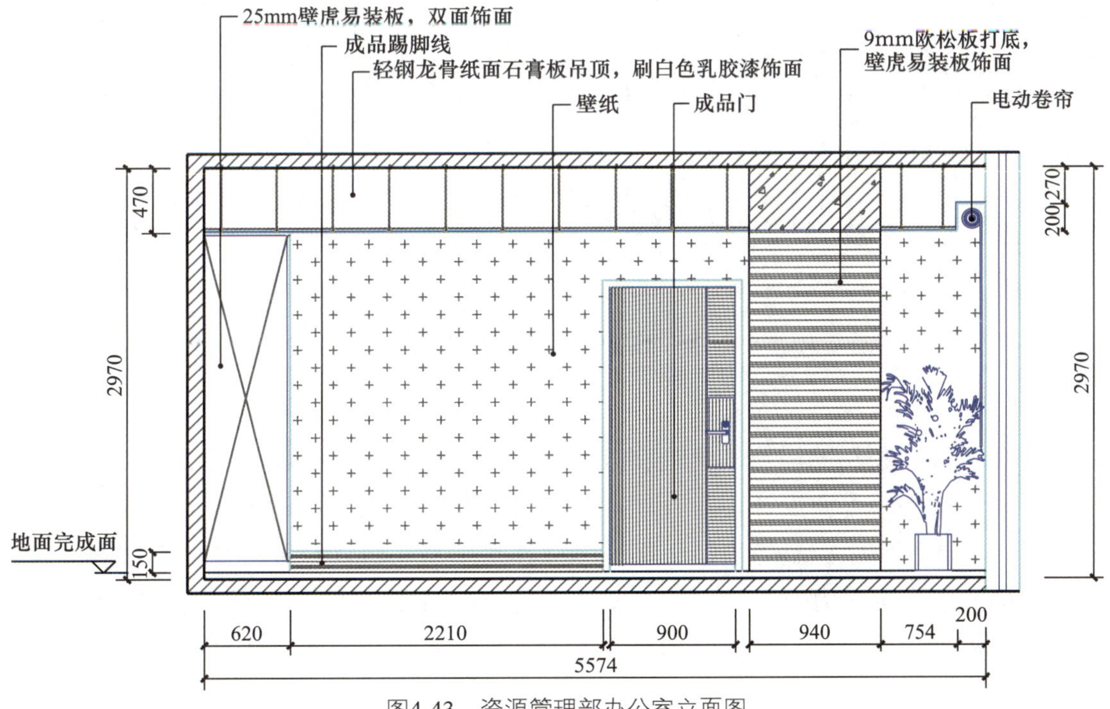

图4-43　资源管理部办公室立面图

3. 董事长办公室

董事长办公室的装饰档次较高。首先根据功能要求将空间划分为办公、会客、会议三个区域；其次，选配合适材料体现使用者的身份与品位，如选用名贵的大理石做办公区域的主题背景墙；再次，通过顶棚造型设计限定和装饰空间。此外，布控灯光考虑吊顶造型和功能布局，利用嵌入式格栅灯做整体照明，利用射灯做装饰照明，利用台灯和吊灯做工作面的重点照明，如图 4-44 所示。

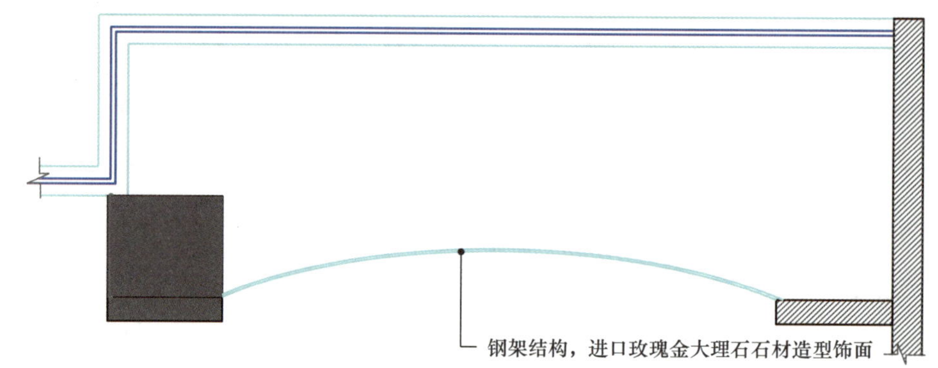

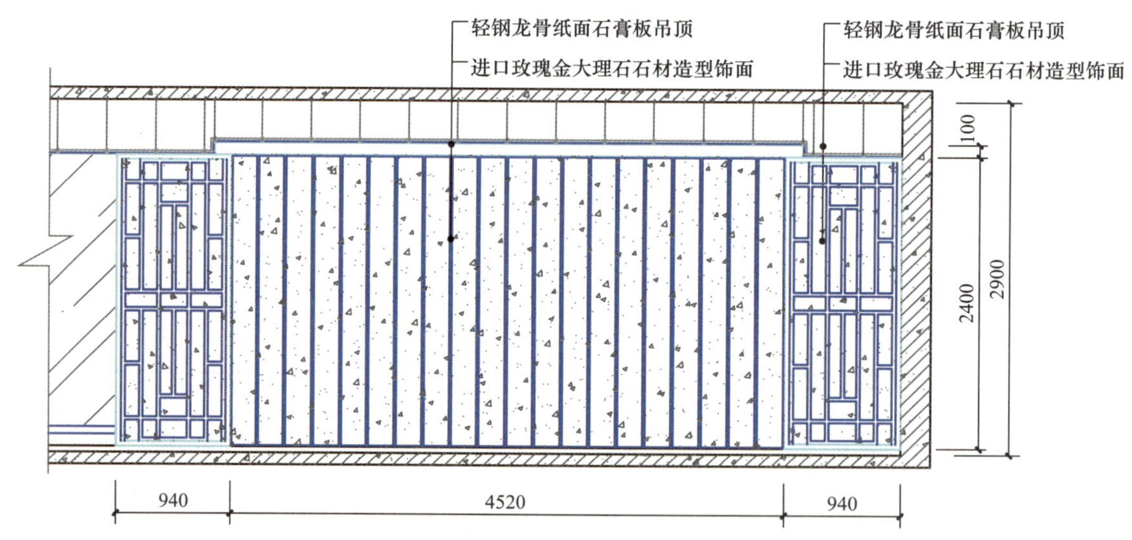

图4-44　董事长办公室背景墙1立面图

4. 会议室

根据空间形式和功能需要，会议室采用中心式布局，通过顶棚造型设计与会议桌相呼应形成视觉中心。界面设计，一方面考虑装饰效果，墙面选用柚木皮实木复合板做饰面和展示柜墙来加强空间整体感，天花设计成跌级造型与饰面材料和灯光布控相结合营造空间的向心感；另一方面考虑音质效果，将围合会议室的墙体设计成内嵌隔声棉的轻钢龙骨石膏板墙体发挥隔声作用，顶棚饰面装饰木质吸声板来加强吸声效果。此外，界面设计还考虑了会议室影音系统和数字化会议系统的隐蔽工程处理，如图 4-45 所示。

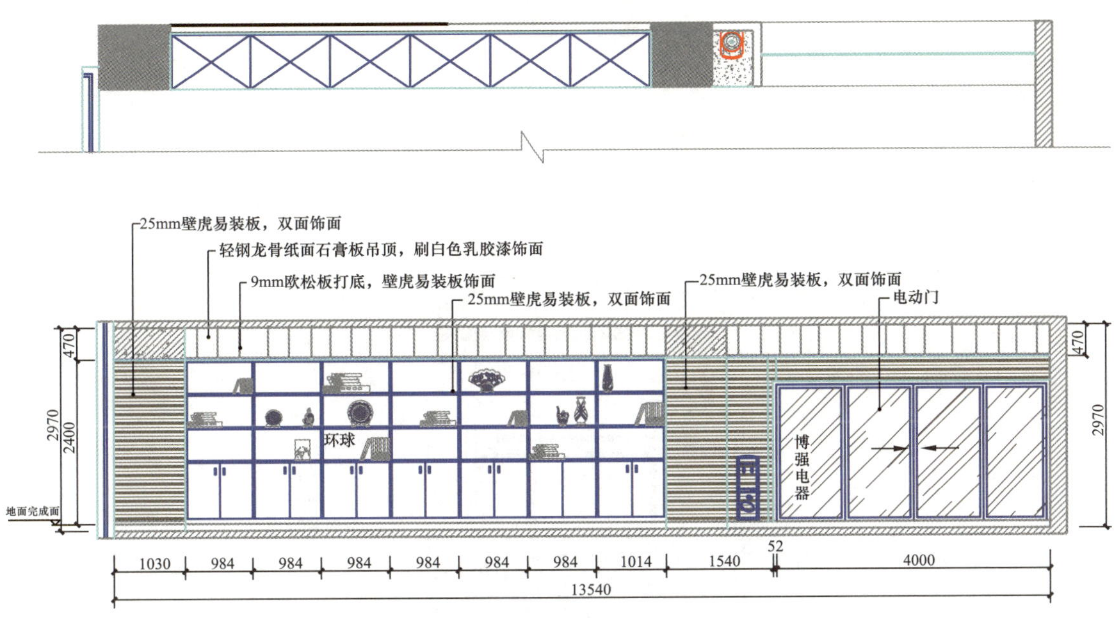

图4-45　会议室某立面图

4.3.5　技术要点设计

办公空间的技术要点设计（微课）

技术要点设计解决的是室内装饰材料、构件之间结合的方法和形式问题。该工程项目针对某些有明显特征的部位进行了详细的技术设计，如会议室顶棚吊顶、交通空间的顶棚吊顶与墙面饰面、办公室隔墙等，如图 4-46 和图 4-47 所示。

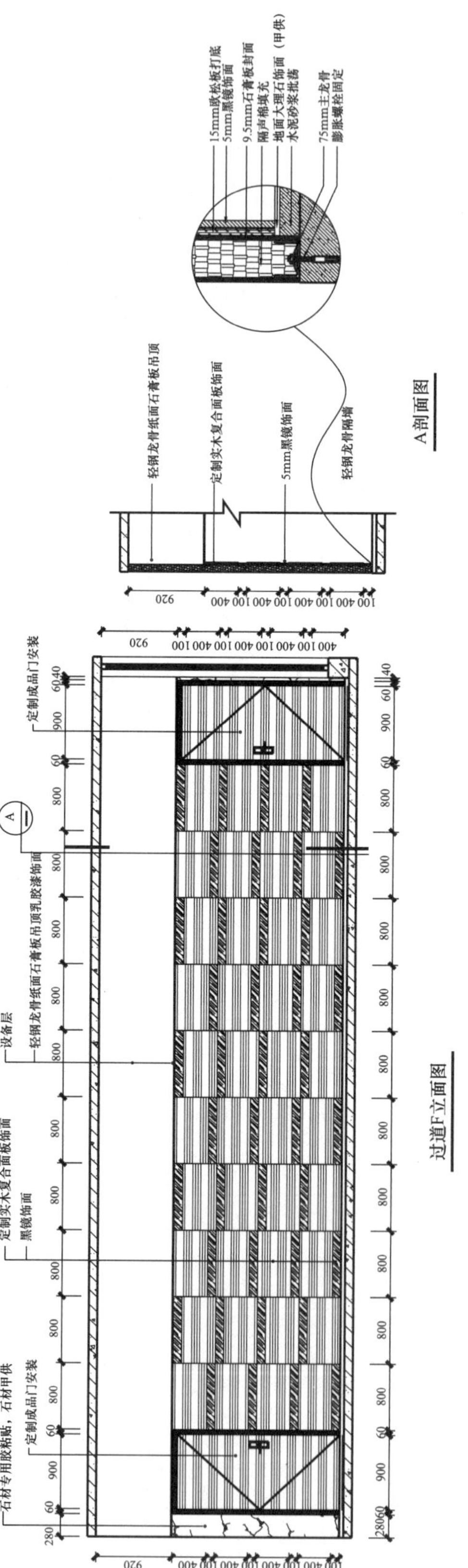

图4-46 过道隔墙构造图

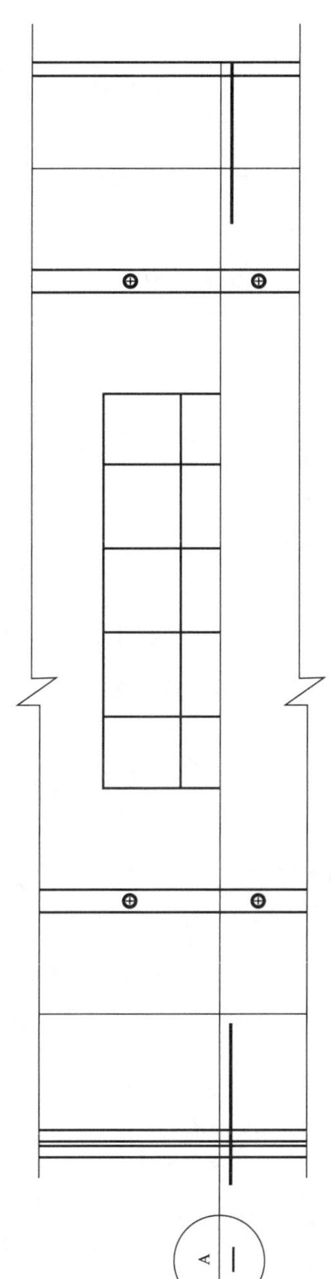

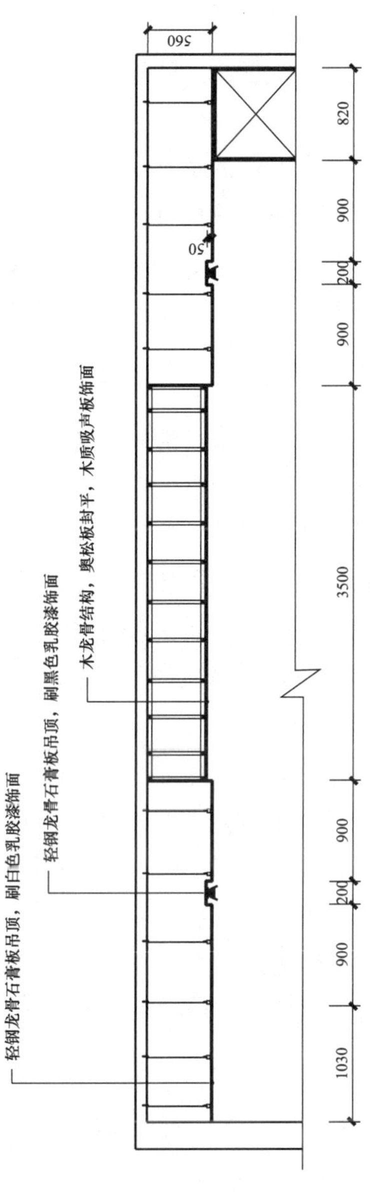

会议室吊顶A剖面图

图4-47 会议室顶棚吊顶剖面图

4.4 拓展训练：办公空间装饰设计

1. 实战目的

1）使学生深入理解办公空间装饰设计的基本原理及相关专业知识，并能灵活运用，融会贯通。

2）培养学生独立构思的能力，提出构想。系统、科学地对空间进行功能布局与形体构建，并保证其设计风格的整体性和一致性。

3）结合专业技能的训练，综合掌握项目分析、社会调研、方案构思、方案表现等设计方法与步骤，提高学生进行办公空间装饰工程方案设计的能力。

2. 实战要求

办公空间设计，公司性质可假设为建筑装饰设计公司、建筑事务所、广告设计公司等，公司规模拟定为30人。

建筑技术条件：框架结构，柱网9000mm×7600mm，层高3000mm，楼板厚120mm，主梁断面高450mm（各校可根据教学具体情况由教师另行提供）。

1）设计公司的空间划分要求满足以下功能：接待处、洽谈室（区）、高层主管办公室、设计工作室（数量自定）、资料阅览室、会议室、档案室、财务室、休息用餐室（区）、卫生间、成果展览区等。

2）要求功能分区合理，空间组织调理，流线清晰，合理把握界面造型、色调、光线、家具陈设等设计要素，创造舒适、高效的办公空间环境。

3）设计定位明确，能反映公司形象，突出公司文化和管理理念。设计风格不限，设计特点能体现时代发展潮流。

4）设计方案能体现功能性、艺术性、技术性的完美统一，体现绿色环保、可持续发展的理念，符合相关设计规范要求和标准。

3. 实战成果

A3文本，图面整洁规范，构图饱满，符合国家制图规范。

1）设计说明。100字左右。

2）平面布置图：比例为1 ∶ 50。

3）地面铺装图：比例为1 ∶ 50。

4）顶棚平面图：比例为1 ∶ 50。

5）立面图（4个）：比例为1 ∶ 50。

6）效果图（2幅）：2个主要空间的手绘彩色效果图，能表达设计意图和意境，画面完整，表现手法不限。

4.5　项目提交与展示：学生作品成果要求

在项目提交与展示环节中，学生需要认真完成工程项目的设定内容，并根据要求进行成果的提交与展示。

1. 项目提交

（1）成果形式

根据实践项目的任务要求完成一套办公空间设计图纸，内容应达到方案设计深度，成果图纸装订成册，内容包括：封面、图纸目录、设计说明和方案设计图。

（2）成果格式

1）封面。有美观的封面设计和规范的装订，文本内容涉及：工程项目名称、设计者姓名、指导教师、完成日期等。

2）图纸目录。采用二级或三级目录形式，层次分明、图名正确、页码指示正确。

3）设计说明。包括工程概况、方案设计理念和创意、设计依据、技术要求及指标、图纸上未尽事宜等。

4）方案设计图。图纸规格根据工程项目面积大小和制图比例而定，可采用 A2 或 A3 图纸。图纸的核心内容应符合国家制图规范要求，手绘完成图纸（各校教师也可以根据教学情况选择计算机制图），有统一的排版设计。

5）封底。封底设计要与封面图案、色彩相协调，且纸质相同。

（3）工作量安排

教师可根据设计任务量的大小安排单人完成或小组完成。

2. 项目展示

通过项目答辩、图纸展示或 PPT 演示，展示设计成果。要求学生用最佳的方式展示设计理念、方案亮点与语言表达能力。

4.6　项目评价：考核标准

考核点	评分点	分值	自评分值	小组评分	教师评分
前期（10 分）	调研报告	5			
	图纸按时提交，内容完整	5			
构思创意（5 分）	构思巧妙，有创意	5			

续表

考核点	评分点	分值	自评分值	小组评分	教师评分
功能布局合理（30分）	各办公室位置合理，面积适当	5			
	引导台位置合理，面积适当	5			
	休息区布置合理	5			
	辅助用房设计合理	5			
	会议室位置合理，布置恰当	5			
	卫生间位置合理	5			
流线组织顺畅（10分）	交通组织顺畅，不阻塞、不对冲、不阻滞	5			
	门厅疏散能力较好	5			
顶棚（10分）	灯具布置合理，图例符号齐全	5			
	标高齐全，尺寸齐全，材料做法齐全	5			
地面（5分）	地板规格尺寸齐全	5			
立面（10分）	样式美观，符合形式美的基本规律，尺寸齐全，做法标注齐全	10			
效果图（10分）	透视角度合理，图面表达完整、层次丰富	10			
制图美观规范（10分）	制图美观	5			
	规范	5			
合计		100			

4.7　工作页：办公建筑装饰设计

姓名：　　　　　　学号：　　　　　　班级：　　　　　　日期：

任务	4.1 项目引入：概述 4.2 项目解析：办公建筑装饰设计要点 4.3 项目实战：任务设计过程与设计要点分析 4.4 拓展训练：办公空间装饰设计 4.5 项目提交与展示：学生作品成果要求 4.6 项目评价：考核标准 4.7 工作页：办公建筑装饰设计		
项目 4	办公建筑装饰设计	课程名称	建筑装饰设计
任务概述：			
通过讲授、PPT 案例教学、现场参观等形式，了解办公建筑的分类和空间布局特点，掌握办公空间装饰设计的构成要素及其设计要点；能够完成一般办公空间的装饰设计，并绘制方案图、效果图。			

续表

工作任务流程图：
布置设计任务书，提出教学要求—采用讲授、PPT 案例教学等形式进行理论指导—通过收集资料（规范、标准、图集等）、实地参观考察或现场勘察等形式分组进行学习和资料分析—完成设计任务—设计成果展示与评价。
1. 资讯（明确任务、资料准备）
（1）办公建筑的分类和空间布局类型有哪些，各自具有什么特点？ （2）办公空间装饰设计包括哪些设计要素，分别需注意哪些设计要点？ （3）门厅、洽谈室、办公室、会议室等主要功能空间的装饰设计要点有哪些？
2. 决策（分析并确定工作方案）
（1）分析如何掌握办公空间装饰设计的基本原理和设计方法，项目设计需要获得哪些信息和资料，初步确定设计任务的完成过程和完成程度； （2）小组讨论并完善工作任务方案。
3. 计划（制订计划）
（1）通过理论学习和参观考察掌握办公空间装饰设计的基本原理和发展方向； （2）通过项目分析、市场调研、资料查阅等形式掌握办公建筑装饰设计的规范、标准、技术要求等； （3）通过初步设计阶段的训练掌握正确的设计思维方法和设计要素的协调配合的方法。
4. 实施（实施工作方案）
（1）资料分析报告（包括项目特点和要求、市场调研资料、学习笔记、相关规范和标准、同类空间的设计情况等）； （2）初步设计； （3）研讨并填写工作页。
5. 检查
（1）以小组为单位进行设计资料的分析整理，小组成员补充优化； （2）学生自己独立检查或小组之间相互交叉检查； （3）设计成果的展示与评价，检查是否达到预期设计目标。
6. 评估
（1）填写学生自评和小组互评考核评价表； （2）同老师一起评价认识过程； （3）与老师进行深层次的交流； （4）评估整个工作过程和设计成果（相关设计图纸和设计答辩），是否有需要改进的方法。
指导老师评语：
任务完成人签字： 日期：
指导老师签字： 日期：

旅馆建筑装饰设计

教学目标

教学PPT

知识目标

1. 旅馆建筑装饰设计基本要求；
2. 大堂内部功能陈设；
3. 大堂界面设计；
4. 大堂照明所采用的灯具形式；
5. 客房的种类及设计要求。

技能目标

正确分析并合理组织旅馆主要空间的功能布局；在旅馆建筑装饰设计中灵活运用各设计要素，独立完成旅馆建筑空间的装饰设计，并绘制方案图、效果图。

素养目标

1. 以旅馆设计地域文化为实践项目，提高学生实践能力,了解中国丰富的地域文化特色，运用民族和时代相结合的设计手法，弘扬中华优秀传统文化；

2. 了解旅馆建筑每个空间的功能需求，真正做到人性化设计；

3. 培养学生团队协作精神，以及认真细致、一丝不苟的工作作风；

4. 引导学生做设计时要有法治意识及社会责任，不得偷工减料或为获取更多的经济利益而违规设计，必须坚守法律底线，提高学生的法律意识和诚信意识。

5.1 项目引入：概述

5.1.1 了解旅馆装饰项目的整体情况

旅馆建筑的整体情况（微课）

旅馆是旅游饭店的一种称谓，就是能够以“夜”为时间单位向各类旅游客人提供配有餐饮及相关服务的住宿设施。按不同的习惯，它也可称为酒店、宾馆、旅社、宾舍、度假村和俱乐部等。

1. 旅馆建筑的分类

旅馆的分类实际上是一个立体交错的结构，可以按地理位置划分，按规模大小划分，可以按星级标准划分，也可以按客源性质划分，还可以按经营方式划分。但无论按哪个方法划分，都会兼有其他各种划分的内容。为了便于记忆和比较，这里主要以旅馆的功能性质和星级标准来进行划分。

（1）都市宾馆

都市豪华宾馆：都市豪华宾馆通常位于城市的中心，周边交通便利，商业发达；服务水准高尚而精熟；室内设计优雅华贵，并拥有名家作品和大量古董的收藏；拥有世界级的人际关系和强大的品牌声望。这样的豪华宾馆，在精不在大，求口碑不求规模，重软件多于硬件，所以利润可观，名声很大，资产价值也极高。

都市经济型宾馆：主要接待外地大众消费游客和出差人员，宾馆规模适中，功能配置合理，价格便宜，环境整洁、美观，多位于城市市区内交通便捷地段。

（2）娱乐宾馆

娱乐宾馆的基本要素：高度的娱乐参与性；娱乐的对象包括各类阶层和人群，特别重视家庭客源的需求和客人对“体验式娱乐”的期待；多样化的、丰富的、连续不断的、强烈的、意想不到的视觉刺激是娱乐宾馆营造“客人天堂”的法宝；能满足安全性和强大的交通条件。

（3）度假宾馆

大型度假宾馆：多位于旅游景区内。由于远离办公、商业区，因此需要大力投资各项配套设施。大型度假宾馆的主要优势是自然景观和生态环境，充分利用景观并同时保护生态是策划者的首要选择。其主要客源为旅游家庭和团队，由于旅游具有淡、旺季的特点，这就需要更具特色的，与自然和当地文化最紧密结合的设计。

民俗家庭度假宾馆：主要接待休闲度假客人，宾馆规模以中、小型为主，大多是利用已有的传统家庭生活环境或新建的仿传统民居建筑，以体现当地传统民俗生活、突出民俗风貌、表现自然的田园情调。这类宾馆配套设施较为简单，多位于民族风貌区或乡村内。

（4）会议宾馆

会议宾馆以接待团队会议活动为主，要求规模较大，配套设施齐全，环境整洁、优雅，多位于城市市区内。包括会展宾馆和会议中心区宾馆。

会展宾馆：需要有大型的、没有柱子的多功能大厅和大前厅，其中还要包括灵活组合的会议区、大宴会厅、充足的现代会议设施和设备、客房和用于分离人流的多个互不干扰的出入口、足够的停车场地、装卸区、库房及服务用房等。确保会展区与住宿区、商业区的合理连接。

会议中心区宾馆：一般设在会展中心的附近，两点之间的距离通常应该在500m以内或基本连在一起。这类宾馆本身不一定设置大的会议和宴会场所，但配有中型会议中心和餐厅，主要以宽敞的客房为主。

（5）商务宾馆

商务宾馆主要以接待城市商务活动为主，要求交通便利、规模较大、配套设施齐全、服务完善；宾馆整体的各项标准都较高；有专门的商务（行政客房）楼层；客房区域占宾馆总建筑面积不少于 50%；有足够的餐厅、酒吧和健身娱乐设施及会议设施；风格和档次不受限定；相对重视室内设计中的文化艺术氛围，尽量体现当地文化的特点和背景，但不必过重的强调文化主题性和历史的分量；功能性、舒适性、便捷性和时代感是这类宾馆的最基本设计要素。

（6）交通宾馆

交通宾馆位于机场、车站附近，规模一般较大，客源主要为商务会议和商旅散客、周转旅客、交通部门工作人员和误班旅客。

功能定位：具有接待大量商务或国际会议需求的功能，并为商旅散客提供非常便捷、舒适的国际和城际间周转住宿休息和短时间会议、会晤的条件；其次也为普通旅客的周转、误班旅客以及交通部门工作人员提供优质服务。

设计："求静不求动"，以建筑的语言向客人传达休息、稳定、安全、舒适的信息；室内空间则"宁宽勿窄""宁简勿繁"，但必须追求最舒适、安全、安静的质量和提供足够的会议、餐饮、休闲设施。以设计的手段让旅客的疲劳迅速得到缓解，获得最为舒适的休息质量是交通宾馆设计的第一需求。其次是为旅客提供高质量的服务，全面的交通、运送、安全条件。

2. 旅馆建筑的等级

我国的旅馆等级规定见表 5-1。

表 5-1 旅馆等级

资料名称	编制单位	等级
旅游旅馆设计暂行标准	国家计划委员会	一、二、三、四（级）
旅馆建筑设计规范	住建部建筑设计院	一、二、三、四、五、六（级）
国家旅游涉外饭店星级标准	国家文化和旅游部	五、四、三、二、一（星）

3. 旅馆建筑的室内空间组成及组合关系

旅馆的基本功能大致分为前台和后台两个部分，前台是指接待客人的服务部门，它包括接待、住宿、餐饮、康乐、商务、公共活动等；后台是指宾馆经营管理和后勤保障部门，它包括办公管理、工程管理、后勤服务等，见表 5-2，其功能分区如图 5-1 所示。

表 5-2　旅馆建筑的室内空间组成（应用中以旅馆的规模大小、经营方式而定）

前台	接待区	入口	大堂	总台	休息区
	住宿区	单人间	标准间	三人间	
		套房	豪华套房		
	餐饮区	中餐厅	西餐厅	宴会厅	咖啡厅
		酒吧			
	康乐区	健身房	游戏厅	棋牌室	桑拿室
		按摩室	美容美发	游泳池	保龄球馆
		歌舞厅			
	商务区	商务中心	会议洽谈	网络中心	
	公共活动	各类商店	会议厅	影剧院	多功能厅
		阅览室	园林		
后台	办公室	行政办公	职员办公		
	工程部	工程管理	设备管理	设备维修	消防管理
		水电供配	计算机房	电话机房	车库
	后勤部	厨房	洗衣房	员工更衣	员工餐厅
		培训部	员工宿舍	库房	

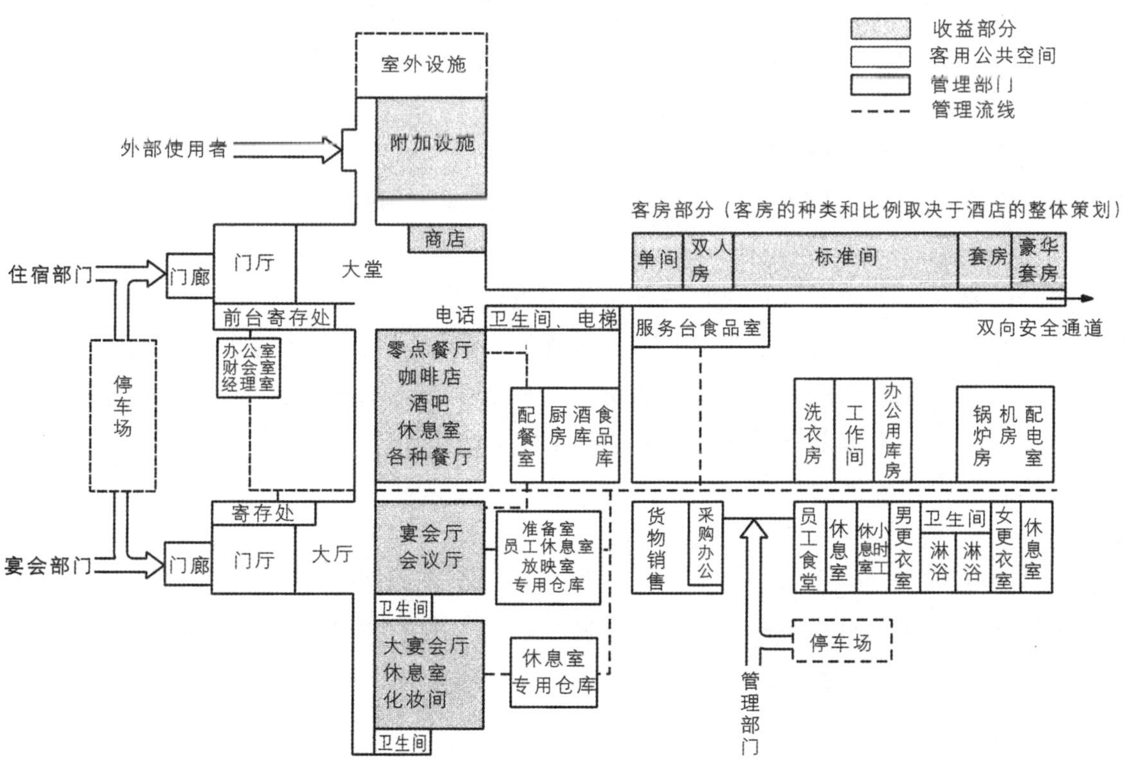

图5-1　旅馆功能分析图

5.1.2　确定设计任务

旅馆建筑的装饰设计（微课）

1. 设计要求

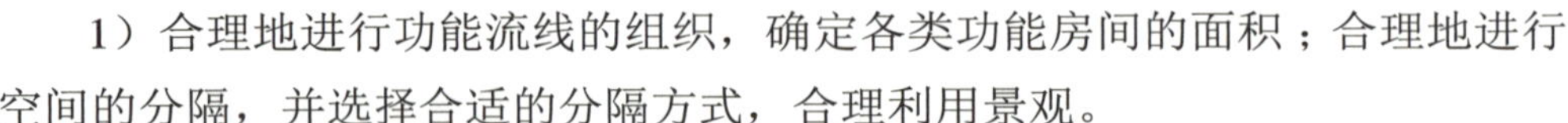

1）合理地进行功能流线的组织，确定各类功能房间的面积；合理地进行空间的分隔，并选择合适的分隔方式，合理利用景观。

2）具有较好的立意和构思，以人为本，要突出所设计宾馆的特色，同时融入文化内涵，创造宜人的休息旅游环境。

3）与设计内涵和特色相结合，选择合适的家具、陈设、装饰材料等，创造独具特色的设计风格。

4）设计人员要了解星级宾馆评定标准、掌握多种设计表现的方法及规范绘制工程方案图的方法。

2. 阶段安排及分析

拿到设计任务之后，首先要进行调研，了解这个酒店的区域环境及星级酒店的标准。设计师的责任与义务是协调酒店经营者和客人的各种需求，创造一个舒适、人性化的高品质空间。

（1）方案设计前期准备

1）与宾馆经营者前期沟通，进行设计策划，明确设计的基本要求。

了解项目选址位置和周边环境；明确酒店经营定位、确定酒店的类型；了解酒店将来的客源，对客源市场群体消费标准进行评估；了解酒店的投资规模和建设规模；综合分析酒店所在地的地域性和文化性，确定酒店的设计主题和风格；明确酒店内部各不同区域的功能，如经营、服务、后勤、设备，以及其占用的面积、相互之间的比例和经营关系。

2）实地勘查现场情况或分析现有图纸。

本阶段要求设计者对宾馆空间进行实地勘查，勘查的内容包括宾馆空间内部的建筑构造和周边环境两个方面，并将实地勘查的情况客观详细地记录于原始建筑图中。

建筑内部的构造包括：梁柱所在的位置及相互关系，承重墙和非承重墙的位置及关系，电、水、气、暖等设施的规格、位置和走向等。

宾馆的周边环境包括：宾馆所在地理位置、气候条件、地形、宾馆与周围建筑的关系等。

3）设计风格与理念定位。

收集行业信息、相关图片资料，体验设计对象现存的尺度和结构状况，并对相关的项目设计进行比较和研究，进行设计理念定位和风格定位。

4）设计概念表达。

设计概念反映的是整体的设计倾向。图纸上不宜表达的内容可以用文字予以提示，用特殊的线型表示流线和视线关系，用色块表示功能分区，还可以用一些相关的图片来表现设计效果。

可用创意草图或创意模型，确定平面布局、人流和功能分析图。

根据室内使用功能，宾馆空间被分成许多区域，在设计时应考虑到区域划分，使各空间之间的关系合理而实用。

（2）方案设计

在方案设计阶段，思维从二维平面转到三维空间，进行平面、立面和顶面相结合的整体空间设计，勾绘空间透视效果，仔细、反复推敲空间形态、空间氛围和设计细节，最后确定各个空间的设计方案，并对方案加以说明，同时列出相应的材料清单[图5-2（a）～（c）]。

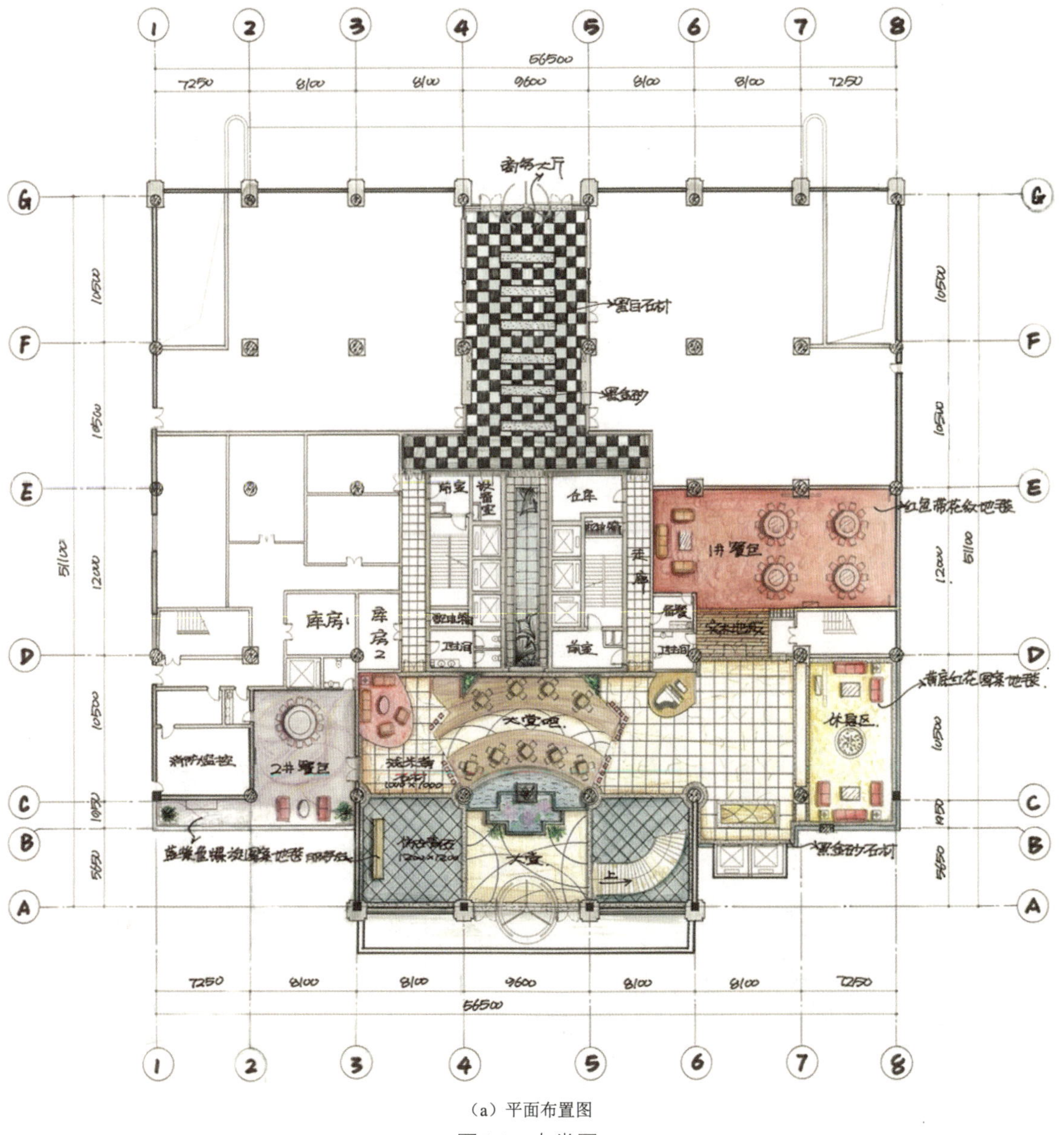

（a）平面布置图

图5-2　大堂图

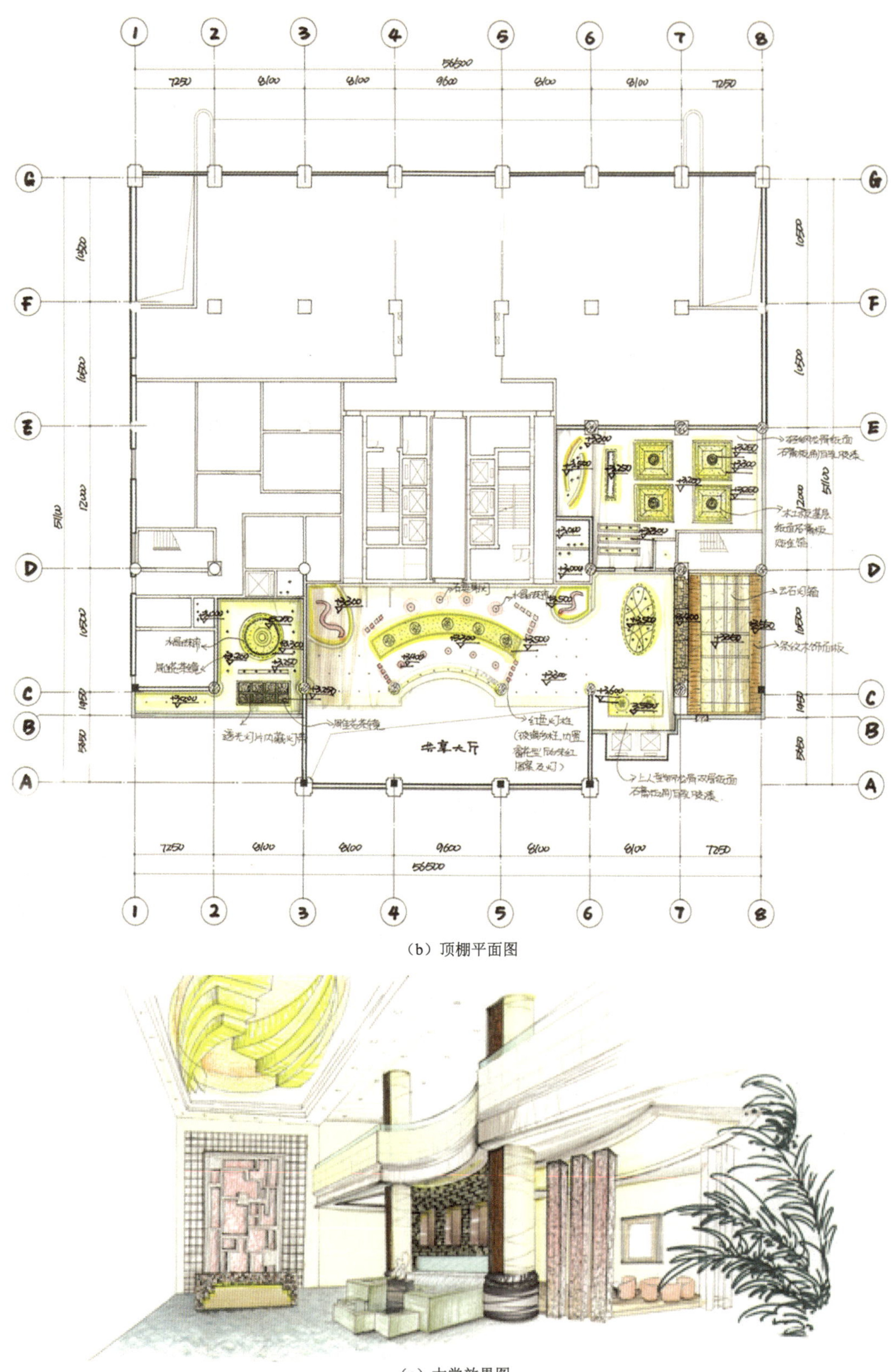

（b）顶棚平面图

（c）大堂效果图

图5-2（续）

在这个阶段中要解决以下问题。

1）解决平面中各功能区域的合理布局。注意各空间的流线设计，各个空间虽然相对独立，但要注意其造型的整体性等。

2）根据空间功能区域的相互关系，考虑相应的空间分隔形式，以满足不同功能空间的要求，解决功能区域之间的相互关联、过渡和协调呼应的关系。

3）安排家具和各种设施的位置。如大堂中总服务台的具体位置，经理桌要设置在能看到大门、前台和客用电梯厅的位置；大堂吧与大堂之间是否作隔断处理及餐厅中餐桌的布局等。

4）天花板设计中，注意造型设计与建筑梁、各种线路、各种管道的关系。天花板造型的艺术处理要与整体宾馆风格相协调，恰当运用不同材料的特点与装饰效果，以满足顾客审美需求。

5)在空间立面处理上应尽量考虑室内的整体装修风格。注意材料的质感与色彩搭配;家具等的式样与布局；开关、插座、龙头、排气扇等设备的安置；墙上装饰物品的位置与造型等。

6）按照不同的功能区域进行照明的设计。在设计中可引入调光设备，根据需要，在各个时间段用灯光改变室内氛围：入口区域通过色温的变化引导客人，门口雨棚选择色温较高（4000K左右）的光源，进入室内则选用色温2800K左右的光源；大堂照明节奏丰富，用灯光的变化来划分区域；前台工作台面照度较高，但背景墙面的照明不能过于突出和强烈，避免接待人员的“背顶光”;休息区一般照度较周围暗些，强调局部照明，需选用装饰性较强的灯具。

5.2 项目解析：旅馆建筑装饰设计要点

5.2.1 旅馆建筑装饰设计基本要求

1. 合理的空间布局

设计时要兼顾经营和管理，大堂、餐厅、客房、厨房等很多旅馆功能的组成部分都应成为设计的重点。

2. 完善的功能

根据不同的定位和消费群体，旅馆的功能设计也要求不同。旅馆定位的内容包括：规模、类型、档次、目标客户等。旅馆设计的功能必须考虑客人的需求特点，既需满足不同客人的需要，也要方便经营管理。

3. 人性化的设计

通过细节体现旅馆对客人的关怀，既满足使用的方便性，又能向客人传递温情。

4. 独特的个性

独具特色的设计能强化旅馆的品牌效应，增强其标志性，也能充分反映当地的自然和人文特色，体现民族性和乡土气息，建立温馨的、令人耳目一新的室内环境。

5. 低碳环保

低碳环保的设计是当今设计行业的主流，既要考虑材料的绿色环保性，同时也尽可能减少能源消耗，还要充分考虑可持续发展，做到前卫时尚。

5.2.2 设计立意与风格确定

旅馆设计立意与风格的确定离不开对旅客心理的研究。旅馆服务于旅客，而旅客又来自四面八方，有不同的要求与目的。但作为外出旅游，他们有着共同的心态，可以总结为以下几个方面：向往新事物，开阔视野；向往自然，释放压力；怀旧感和乡情观念。

根据旅客的特殊心态，旅馆建筑装饰设计应强调下列几点。

1. 充分反映当地的自然和人文特色

成功的旅馆设计不仅要功能合理、构思独特，更重要的是要体现地域性和文化性。

2. 建立充满人情味及温馨的情调

舒适、温馨的旅馆设计将给客人带来一次难忘的人生经历。

3. 重视民族风格、乡土文化的表现

在旅馆设计中可以把传统的、具有地方特色的建筑元素加以提炼；或是借用一些典型符号来强调民族传统、地方特色和民俗风格。

4. 创建独具特色的设计风格

具有独特风格的旅馆设计能给客人留下深刻的印象，带给客人难忘的经历。

酒店功能分区和空间组织设计（微课）

5.2.3 功能分区和空间组织设计

功能齐全的旅馆建筑，通常由三种性质相异的空间构成，它们是公共空间、私密空间和过渡空间，通过过渡空间串联公共和私密空间，构成各种需要的空间组合。

1. 公共空间

公共空间是旅客和服务人员等聚散活动的区域，它由门厅、中庭、休息厅（区）、酒吧、茶座、宴会厅、餐厅、咖啡屋、理发、美容厅等构成。

具体包括以下两类。

1）开放空间：指餐厅、酒吧、咖啡厅和商业设施等。它们为客人提供餐饮、娱乐、休闲、购物等服务，如图 5-3 所示。

2）半开放空间：如入口处的雨篷、景观长廊等。主要用于连接室内外，也可以理解为建筑的灰空间，起引导、连接、暗示的作用，使整个空间能很好地与外部环境相联系，如图 5-4 所示。

图5-3　餐厅图

图5-4　入口处的雨篷

2. 私密空间

私密空间是指人们单独使用的空间，包括客房、各类服务用房等。客房是旅馆建筑的重要空间，它的设计直接影响着旅馆的整体水平和档次，好的客房设计体现旅馆对客人的关怀，反映旅馆的服务水平，并会给客人留下深刻的印象。再如卫生间的设计，虽然卫生间在整个旅馆中所占的面积不大，但对功能分区的合理性及方便舒适性要求却很高。所以，它的功能设计、设施的布置、细节安排等都非常重要，人性化和具有独特风格的设计易受旅客的欢迎，如图 5-5 所示。

3. 过渡空间

过渡空间是连接公共和私密空间的走道、过厅、庭园和楼电梯等，主要起交通联系作用，如图 5-6 所示。

以上三种功能空间既分隔又联系，共同构成了旅馆内部的流线。

图5-5　卫生间

图5-6　电梯厅

旅馆的流线一般分为客人流线、服务流线、货物流线和信息流线四大类。流线设计的原则是各流线互不交叉、干扰，客人流线简捷明确、服务流线高效快捷、信息流线快速准确。

5.2.4 大堂装饰设计要点

旅馆大堂实际上是门厅、总服务台、休息厅、大堂吧、楼（电）梯厅、餐饮和会议的前厅，以及各种辅助设施的总称，其中最重要的是门厅和总服务台。

门厅的平面布局根据总体布局方式、经营特点及空间组合的不同要求，有多种变化，图 5-7 为门厅主要人流路线。

大堂装饰设计要点（微课）

1. 大堂内部功能陈设

主要有以下陈设内容。

1）总服务台。一般设在入口附近，在大堂较明显的地方，使旅客入厅后就能看到（图 5-8）。

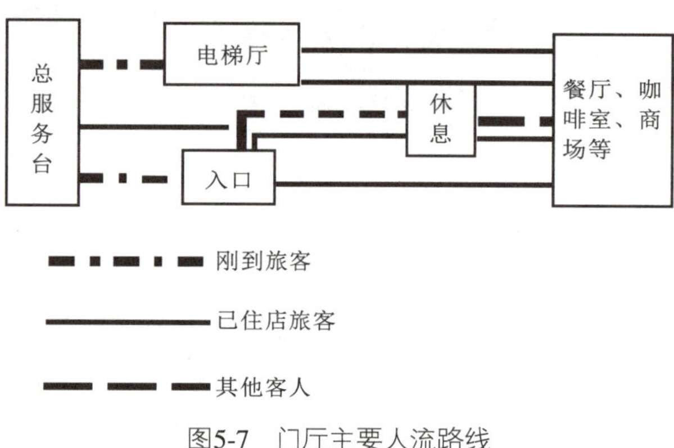

图5-7 门厅主要人流路线

图5-8 总服务台

2）大堂副经理办公桌。布置在前厅一角，处理前厅的业务。其位置要醒目，既不要太靠近总服务台，以免影响总服务台的工作；也不要太靠近客人休息区，以免给客人造成一种心理压力。

3）休息区。作为旅客进入宾馆办理手续和接待客人等休息之用（图 5-9）。

4）有关宾馆的业务内容、位置等标牌，当地风土人情介绍资料、宣传资料等。

5）供应酒水和咖啡的服务休息区。

6）有关的娱乐设施（图 5-10）。

大堂设计除上述功能陈设外，在空间的设计处理上要比一般厅室高大开敞，但应根据具体的整体建筑布局而定，以显示其建筑的核心作用，并且可根据整体空间的设计对个别墙面进行重点装饰（如壁画、绘画、古玩陈列等）。

图5-9　休息区

图5-10　娱乐设施

2. 总服务台

总服务台反映着宾馆的形象，是宾馆对外服务的主要窗口，应设在大堂内醒目的位置，并与一定面积的办公室相连，既方便宾客，又便于服务。

功能：咨询、服务、登记、结算、兑换外币、转达信息、贵重物品保存等。

1）总服务台台面分2层，柜台台面一般选用经久耐用材料，方便清洗和维修，例如磨光花岗石、大理石、硬木和装饰面板；侧面材料为石材、木材、铁艺、玻璃、皮革或软包材料，如图5-11所示。

2）总服务台的设备、物品：计算机、电话机、账单打印机、客人资料抽屉或抽拉柜、发票放置柜、登记单、信用卡单、留言笺、店用信纸、信封、圆

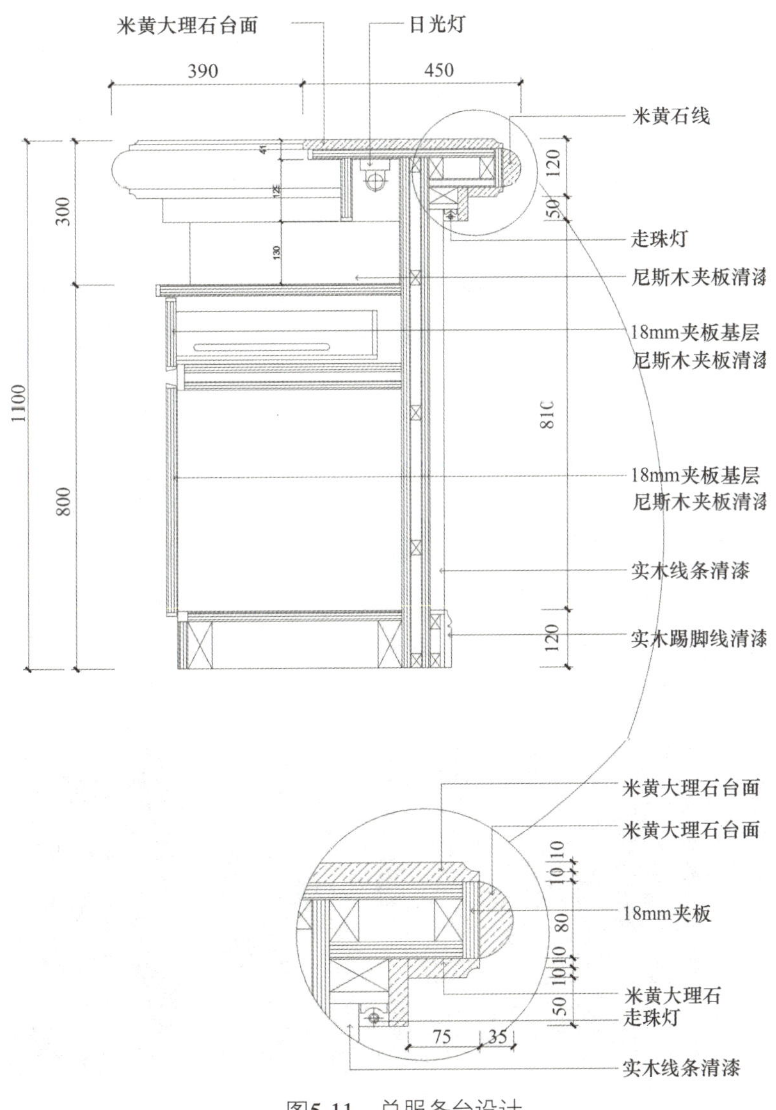

图5-11　总服务台设计

珠笔、客房卡封以及磁卡的综合抽柜或格桶等。

3）总服务台设计指标（表 5-3）。

表 5-3　总服务台设计指标

旅馆等级	长度 /（m/ 间）	面积 /（m^2/ 间）
一、二级	0.04	0.8
三级	0.03	0.6
四级	0.025	0.4
五级	根据需要	0.2

注：超出 500 间时，超出部分长度按 0.02m/ 间，面积按 0.1m^2/ 间计算。

3. 大堂的空间设计

大堂是旅馆的门面，为内外旅客集中和必经之地，因此大多数宾馆均把它视为室内装饰重点，大堂设计的成败直接影响到宾馆的整体形象。

1）大堂空间处理要具有功能性和艺术性，应符合旅客生理和心理的审美要求。

2）大堂设计时要考虑作为整个空间序列的组成部分来认真推敲。

3）大堂的空间设计要内外兼顾、室内空间与外部体量并举。

总之，大堂的空间处理原则是空旷气派而不简单，虚实变化有致，空间的实体环境与虚体环境疏密变化有大的开合，与内部的衔接空间要自然对接，不能生硬相交。

4. 大堂的界面设计

（1）顶棚设计

1）平面式：大堂顶棚无明显凸凹，主要是靠附加的装饰线、图案、浮雕、涂料和彩绘等形式构成的天棚。这种形式的顶棚具有简洁大方的特点，如图 5-12 所示。

2）井格式：结合梁架做出井格式天花，再绘制彩画，表达中国传统风格，但造价高。图 5-13 所示为山西平遥麒麟阁酒店大堂，整体风格体现了明清官居建筑风格，井口天花是典型的中式传统符号，与整体设计完美协调。

图5-12　平面式天花顶棚

图5-13　井格式天花顶棚

3）凹凸式：通过主次龙骨将天棚做成不同的立体造型，在创造室内环境气氛、调节空间高度等方面都有重要作用，这是目前较常见的做法，如图 5-14 所示。

4）悬吊式：先预埋金属件，然后将各种形状的板吊在天棚上，也可悬挂规则装饰物件或标识物。这种形式的大堂顶棚具有造型新颖、轻快活泼的特点，同时还可调节大堂的空间高度和体量，如图 5-15 所示。

5）发光顶棚：乳白、彩色玻璃顶，常用于制造室外效果的特殊环境，如图 5-16 所示。

6）采光顶棚：直接接受自然光照射，这种做法具有极好的光影效果，在酒店中庭、四季厅常见，如图 5-17 所示。

图5-14　凹凸式天花顶棚

图5-15　悬吊式天花顶棚

图5-16　发光顶棚

图5-17　采光顶棚

7）软天棚：使用软性材料，采取编织、吊挂等形式构成的天棚。这种形式的天棚具有温馨、轻快、亲切、飘逸的造型效果，多用于大堂的休闲空间，如图 5-18 所示。

大堂顶棚常用材料：纸面石膏板、乳胶漆、木饰面油漆、成品木饰板、壁纸、金箔、玻璃、雕刻等。不管采用何种装修方法，顶棚的装饰风格必须与其他界面风格相统一。

（2）墙面（包括柱面）设计

1）墙上用天然材料或人工材料直接饰面，如图 5-19 所示。

2）在墙上做出建筑局部或小品。

常用的装修手法：如在墙上做拱券、壁龛、壁灯、柱廊等，如图 5-20 所示。

3）在大厅中间设挂落、落地罩、栏杆等，将大厅分隔成既连通又相隔的几部分，如图 5-21 所示。

墙面设计的材料要与地面统一，如花岗岩、大理石、高级木材、木饰面油漆、壁纸、玻璃等。

图5-18　软天棚

图5-19　墙上用天然材料或人工材料直接饰面

图5-20　墙上做壁龛

图5-21　利用拱券、栏杆分隔空间

（3）地面设计

地面与人直接接触，给人的视觉和触觉感受远比顶棚和墙面强烈，但地面材料的种类不如墙面和顶棚丰富。所以，地面图案非常重要，如图 5-22 所示。

材料要求：耐磨、美观、易清洁。具体要求如下。

1）大理石或花岗岩磨光镶拼地面，如图 5-23 所示。

2）水磨石地面：具有色泽淡雅，石料颗粒大，施工精细等特点，要多打磨，甚至露出大颗石料，否则很难有好的效果，目前不常用。

3）地毯：具有弹性好、美观、吸声、保温等特点，除湿房间以外，都可采用，但在大堂中，常用于休息区地面，使用时要注意大堂地毯色泽不宜过浅，可织大尺度图案，以利于空间产生几何中心，如图 5-19 休息区地面采用了地毯。

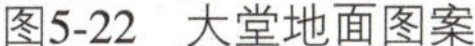

图5-22　大堂地面图案

图5-23　大理石或花岗岩磨光镶拼地面

总之，旅馆作为公共建筑在选择材料上除了应与设计的效果和使用功能相吻合外，着重要考虑防火、坚固、耐磨和易清洁等特点。按照国标《建筑内部装修设计防火规范》中有关“高层民用建筑内部各部位装修材料的燃烧性能等级”对高级旅馆门厅等位置的材料燃烧性能规定：顶棚—A、墙面—B1、地面—B1、隔断—B2、固定家具—B2、窗帘—B1、帷幕—B2、家具包布—B2、其他装修材料—B1。所以，在材料的选择上，一般旅馆常用天然石材、各种金属、玻璃、各种石膏板、水泥板、复合板、经阻燃处理的木材和经阻燃处理的各类织物等。

5. 大堂的照明

光的设计可以给大堂创造气氛，光的亮度和色彩是决定气氛的主要因素，处理得恰到好处，也能加强大堂的空间感和立体感。

大堂的照度一般为 150 ～ 250lx，灯光柔和典雅、富丽而不耀眼。

服务台上方的照度为 150 ～ 200lx，常用局部照明，灯光直接照射在服务台台面上，不至于影响整体的灯光气氛。由于柜台里侧的台面比服务台面低，工作需要另设台灯，以便服务员办理登记结账之用。

其他的照明如酒水咖啡服务区的照明和景观区的照明，原则上应根据具体的面积和设计风格而定，但照度不能影响和干扰大堂的整体照明。

大堂照明所采用的灯具形式一般为高档的水晶吊灯、嵌入式筒灯、射灯、槽灯、定制灯具和壁灯等。安装在灯具上的光源主要有白炽灯、节能灯、卤钨灯、金卤灯、荧光灯以及 LED 灯等。

6. 大堂的色彩

1）除对总服务台的高档材料的选用外，还要求色彩深厚、单一，让人有信任感。

2）大堂的墙面色，无论用石料或涂料，色调应以淡雅、单一为宜。

3）地面色通常用色差小的相近色，深色基调，在设计中往往利用建筑装饰材料的固有色彩。例如，大堂地面常用深色花岗石、大理石，休息场所可利用地毯的天然色弥补色调平衡，如图 5-24 所示。

图5-24　深色的大堂地面

5.2.5　客房装饰设计要点

客房是旅馆获取经营收入的主要来源，是客人入住后使用时间最长的，也是最具有私密性的场所。

客房装饰设计要点（微课）

1. 客房的种类和面积标准

（1）客房种类

1）标准客房（设两个单人床）。

2）单人客房（设一个单人床）。

3）三人客房（设三个单人床）。

4）套间客房：按不同等级和规划，有相连通的二套间、三套间、四套间不等，其中除卧室外，一般设有餐室、酒吧、客厅、办公或娱乐房间，也有带厨房的公寓式套间。

5）总统套房：一般是旅馆为高级贵宾提供的豪华型套房，除具备套间中的房间类型外，还设置大床卧室、客厅、写字间、餐室和酒吧、会议室等。总统套房的设置是旅馆档次的象征，其客房数量不能少于 5 开间，面积至少在 150m^2 以上；有的总统套房甚至占据建筑物的一个楼层。总统套房内装饰豪华典雅、文化气息浓厚、设施齐全、价格昂贵。

一般来说，旅馆中标准客房最多，客房标准层平面也常以此为标准来确定开间和进深。套间也常以二个或三个标准间连通，或在尽端、转角处划分出不同于标准间大小的房间作为套间。套间可分为前后套和左右套。

（2）客房的面积标准

1）五星级客房一般为 26m^2，卫生间一般为 10m^2，并考虑浴厕分设。

2）四星级客房一般为 20m^2，卫生间一般为 6m^2。

3）三星级客房一般为 18m^2，卫生间一般为 4.5m^2。

2. 客房的家具设备

①床：分双人床、单人床，床的尺寸按标准分单人床 1000mm×2000mm、特大型单人床 1150mm×2000mm、双人床 1500mm×2000mm、1800mm×2000mm、2000mm×2000mm；②床头柜与控制台；③装有大镜的写字台、化妆台；④行李架；⑤彩电；⑥冰箱；⑦衣柜；⑧照明；⑨电话；⑩沙发、咖啡桌等；⑪浴缸、冷热水龙头、淋浴喷头；⑫装有洗脸盆的石材洗漱台、镜面、毛巾架等；⑬坐便器、卫生卷筒盒。

3. 客房的设计要点

（1）设计原则

客房的室内设计应以在淡雅宁静中而不乏华丽性的装饰为原则（图 5-25），且应与宾馆的总体造型、装饰风格，以及宾馆所处的环境有机结合起来，创造出固有的特色。如图 5-26 和图 5-27 为欧式与中式两种不同风格的客房设计，其中，欧式风格应用了蜡烛型灯具、古典油画、金箔、线脚等古典风格符号，而中式风格则采用了花格隔断、中式家具等中式常用手法，无论哪种风格，它们都给宾客营造了一个温馨、安静又区别于家庭的舒适环境。设计一定避免烦琐，家具陈设除功能规定外不宜多设。主要应着力于家具和织物的造型和色彩的选择，给顾客心理和生理上带来审美愉悦。

图5-25 宁静淡雅的客房风格

图5-26 欧式风格客房

图5-27 中式风格客房

（2）客房的功能分区与界面处理

1）功能分区。客房的设计必须以功能为前提，按不同的使用功能可以把客房分成若干个区域，如睡眠区、盥洗区、休息区、工作区等。在进行布局设计时，则应使各个区域既有分隔又有联系（图 5-28）。

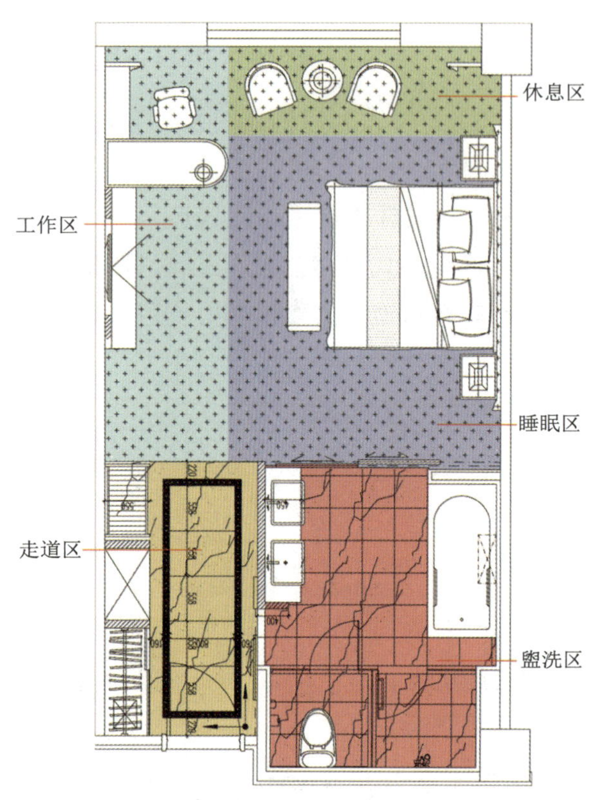

图5-28 客房功能分区

2）界面处理。由于普通客房和一般套房的面积不大，三大界面的装饰处理也就较简洁，墙面、天棚一般刷乳胶漆或贴环保型的墙纸，地面一般铺设地毯或嵌木地板，如图 5-25 所示。

（3）色彩设计

客房的整体色调一般以浅暖色调为主，运用大统一小变化的规律加以对比色的调和，使之温馨亲切，如图 5-26 和图 5-27 所示。

（4）照明设计

客房的灯光处理应简洁柔和，照度要低于一般工作环境。应设落地灯、床头灯、台灯、地灯，一般不应设天棚吊灯，豪华总统套房除外。

其照明按位置分为顶部照明、床头照明、台面照明、休息区照明、卫生间照明等。

顶部照明一般设在房间中间及过道上空。过道处的照明可使卫生间入口及壁柜有一定亮度，满足其使用要求。

床头照明应为读书看报提供充足的光线，同时，它的照射角度又不应干扰同房的其他客人休息，故不宜设置台灯。如采用床头壁灯，高度应大于单人端坐床上的头部高度，一般不小于 900mm。

休息区的照明可采用移动式的地灯，以方便客人来回移动，满足各种需要。也可以在窗帘盒内设置照明灯，这样灯光从窗帘盒底溢出，给人温馨的感觉。

为满足客人化妆要求，可在化妆镜前设置镜前灯或台灯；为满足写字要求，可在写字台上设置台灯，如图 5-29 所示。

卫生间内光源一般采用荧光灯或白炽灯，但要求有良好的显色性及较高的照度。一般灯具设置在镜面上方，如卫生间过大，则要加顶部照明，如图 5-30 所示。

卫生间的设计重点应放在防潮、防滑和通风上，这是对宾客关怀的最直接体现。

图5-29 客房休息区和工作区照明

图5-30 卫生间照明

5.3 项目实战 1：旅馆大堂设计过程与设计要点分析

5.3.1 工程概况

本酒店项目一层包括入口、大堂、商务中心、若干商店、办公室、卫生间等，二层为水吧、散座区。其中，大堂区域为局部二层通高，甲方拟对其完成装饰装修，以完善其使用功能，并形成一定的装饰风格，优化提升其功能布局，具体设计如下。

5.3.2 确定大堂的功能分区与空间组织

酒店大堂内利用总服务台、休息座椅、绿化等道具的分隔进行空间组织与划分，形成良好的功能分区（图 5-31 和图 5-32）。

5.3.3 装饰风格的定位与界面设计

大堂整体设计中采用了现代化多元素的设计构思，营造了一个舒适、轻松、现代、豪华的宾馆室内环境。顶棚采用了造型吊顶，再加上筒灯和灯带完美结合，使整个空间显得简单大方而不失高雅、华丽之感。地面采用了曲线型的石材拼花，活泼大方。在柱子的处理上则采用了包圆柱的方法，和地面、顶棚形成完美的结合，给人们带来视觉上的享受。立面布置则比例协调，造型简单、大方，总服务台及背景墙成为立面的视觉中心（图 5-33 和图 5-34）。

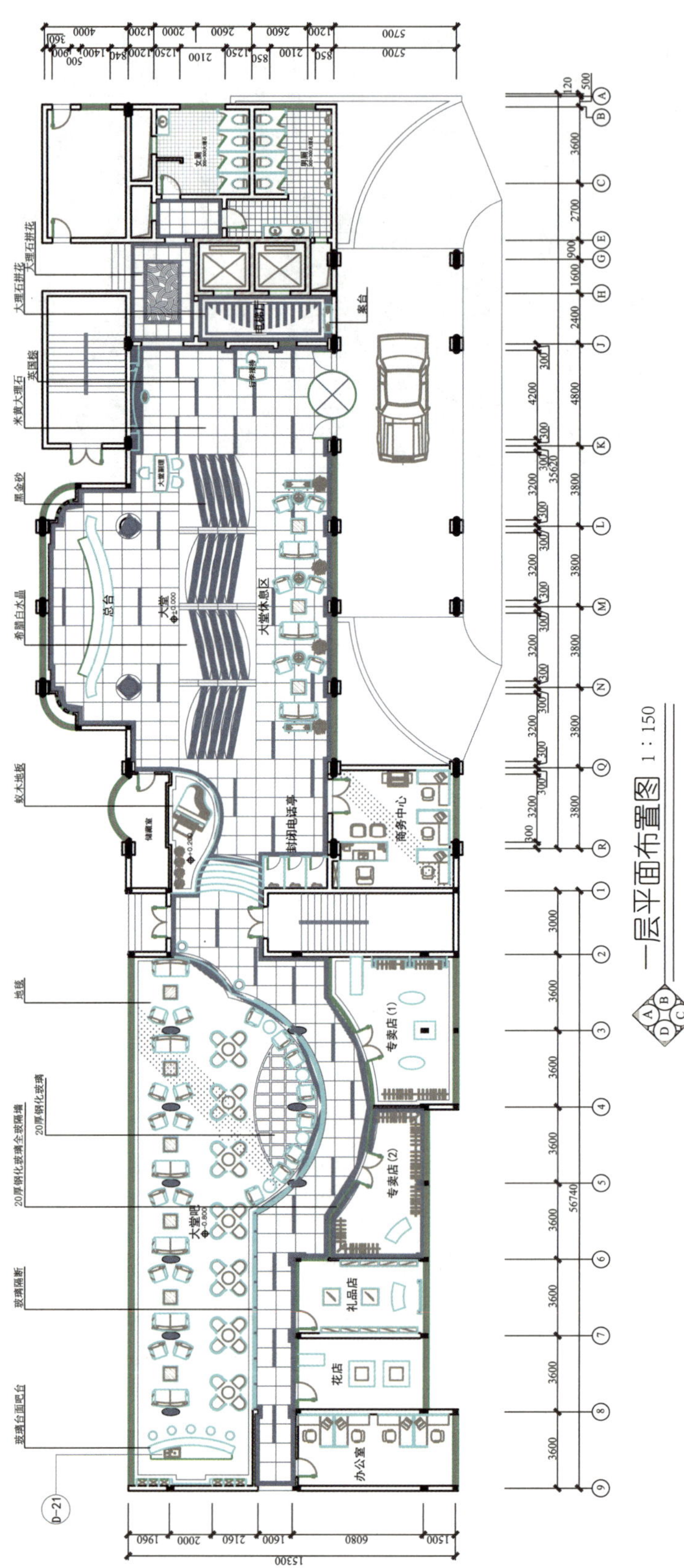

图5-31　一层平面布置图（单位：mm）

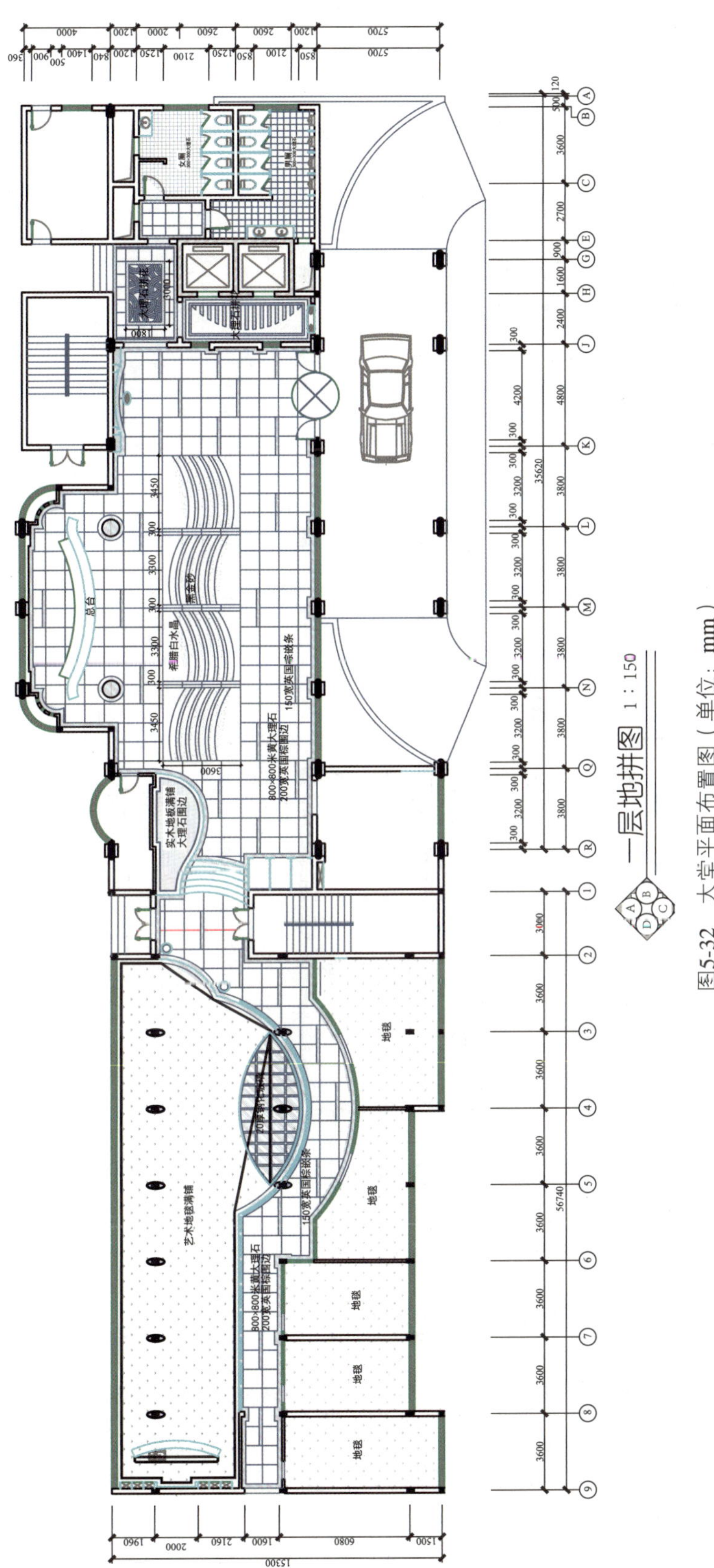

图5-32　大堂平面布置图（单位：mm）

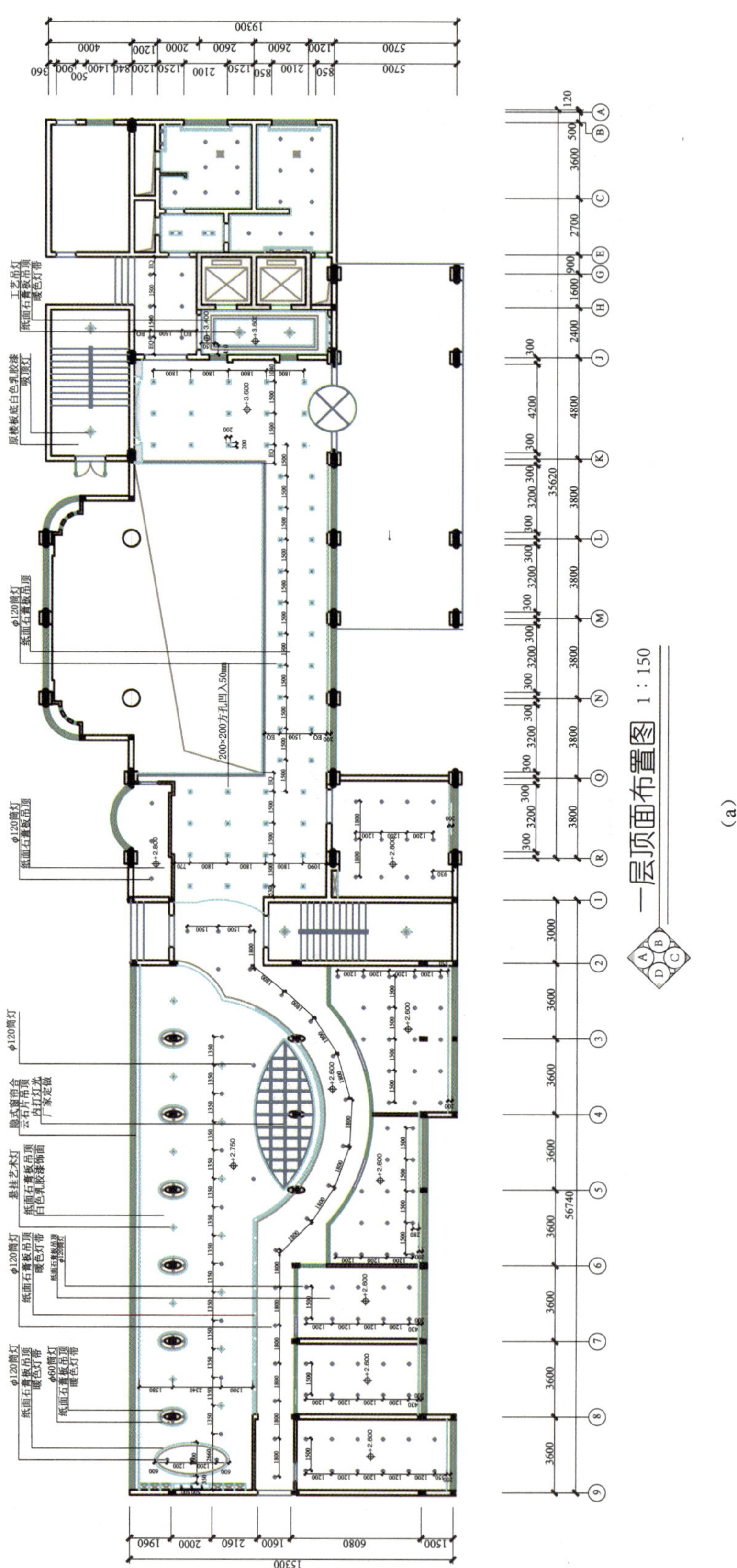

(a)

图5-33　大堂顶棚布置图（单位：mm）

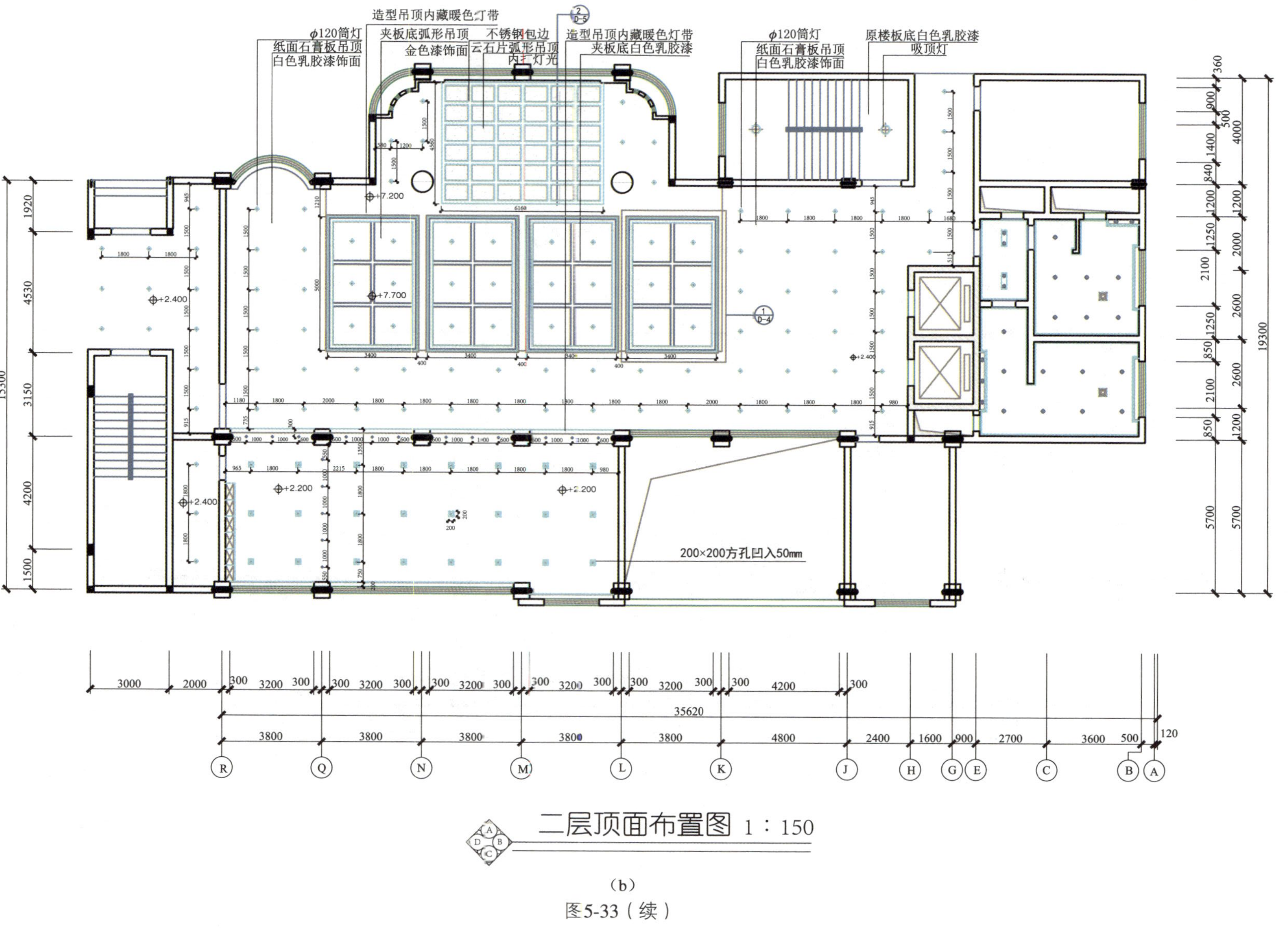

二层顶面布置图　1 : 150

（b）

图5-33（续）

米黄大理石
艺术条纹玻璃
暖色双管灯带
米黄大理石包柱
总服务台（见详图）
浮雕背景（另定）
12mm钢化玻璃
夹板底金色漆饰面
夹板底弧形吊顶
白色乳胶漆线板
夹板底银粉漆饰面
胡桃木饰面斜拼
米黄大理石墙面
8.400
7.700
7.200
4.800
3.600
0.000
A
大堂立面图
SC, 1：75
标注尺寸为mm

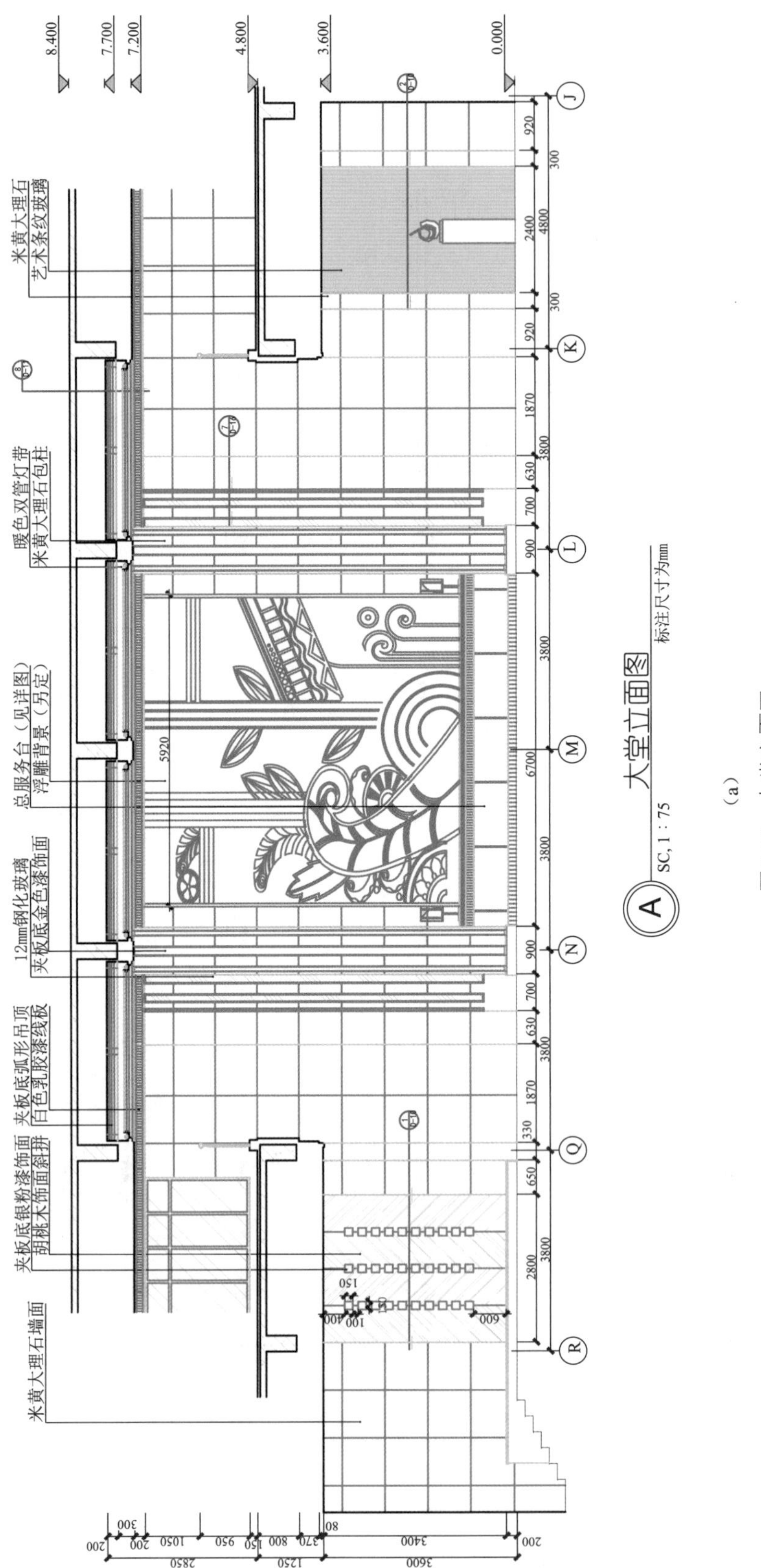

（a）

图5-34 大堂立面图

12mm钢化玻璃
玻璃门
米黄大理石假梁
旋转门
米黄大理石
建筑原有玻璃
玻璃造型护栏（见详图）
实木扶手
米黄大理石包柱
暖色双管灯带
送风口
米黄大理石
大理石门套
胡桃木夹板饰面吧台
米黄大理石门套
胡桃木夹板饰面
8.400
7.700
7.200
4.800
3.600
0.000
J
K
L
M
N
Q
R
C
大堂立面图
SC，1：75
标注尺寸为mm

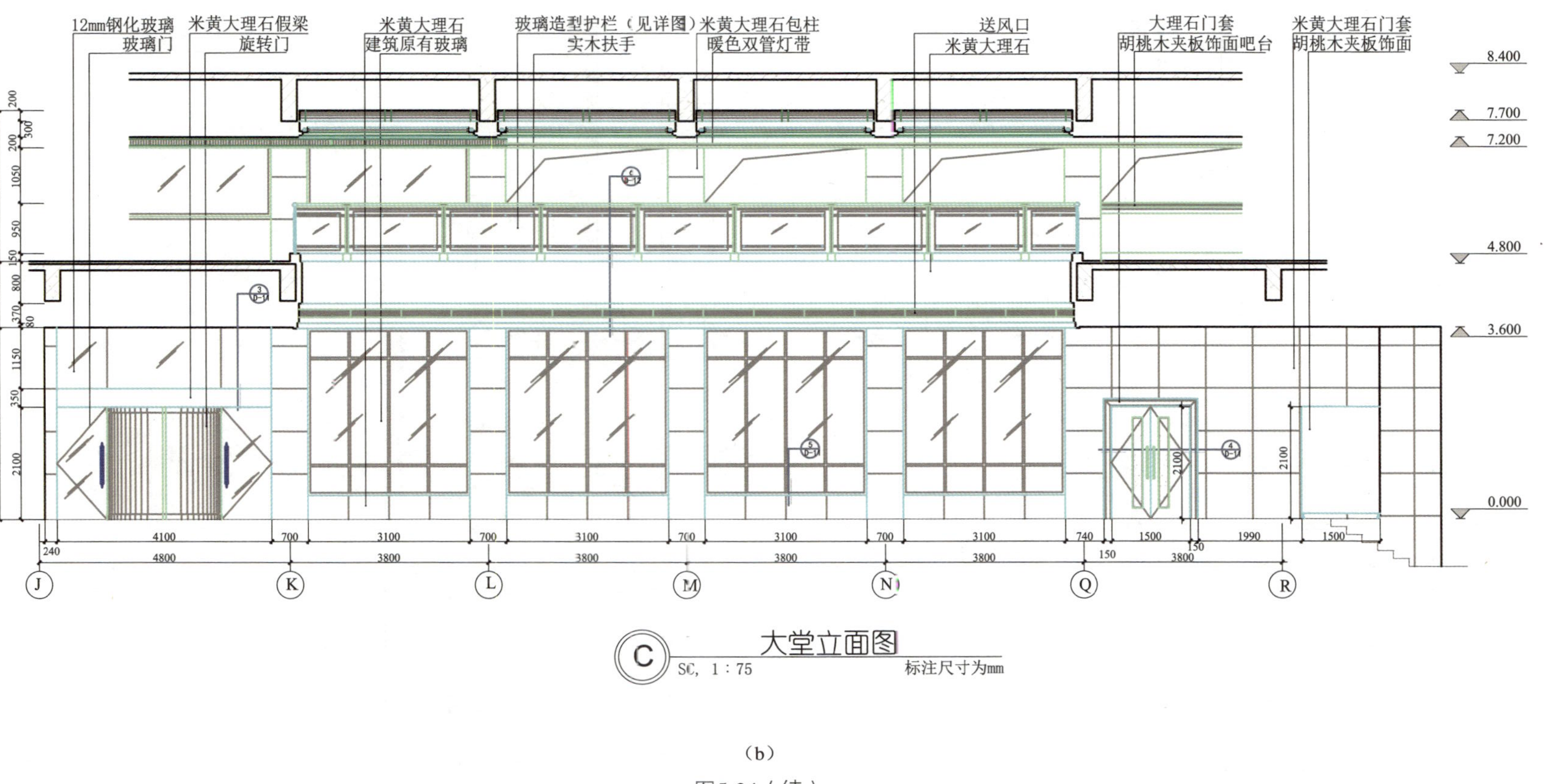

（b）

图5-34（续）

米黄大理石墙面
12mm钢化玻璃
大堂总服务台
夹板底金色漆饰面
玻璃造型护栏（见详图）
实木扶手
送风口
米黄大理石
银色墙纸饰面
装饰木花格
大堂立面图
SC，1：75
标注尺寸为mm

（c）

大理石门套线
8mm磨砂玻璃
胡桃木夹板饰面
白色乳胶漆线板
米黄大理石
送风口
实木地板地台
实木扶手
实木门套线
夹板底金色漆饰面
米黄大理石墙面
12mm钢化玻璃
大堂立面图
SC，1：75
标注尺寸为mm

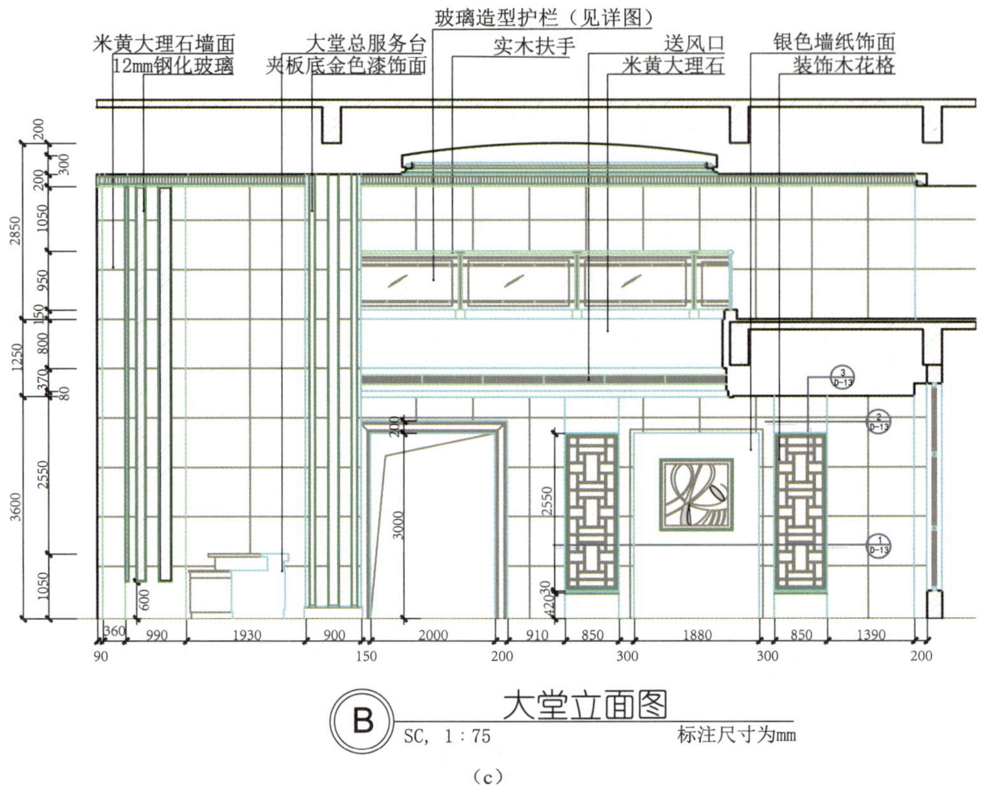

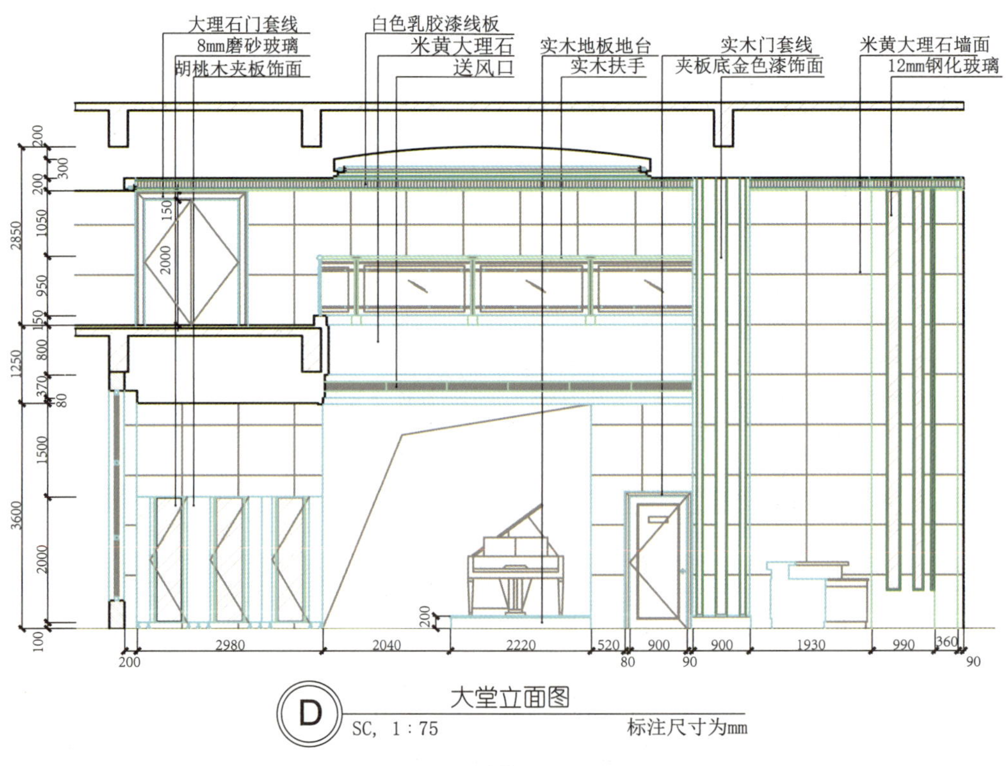

（d）

图5-34（续）

5.4 项目实战2：旅馆客房设计过程与设计要点分析

5.4.1 工程概况

福湖国际大酒店位于某城市中心路商业区，共20层，为混凝土框架结构，建筑面积38757.8m^2。其中一层为自助餐厅、大堂及商业空间；二～五层为宴会厅、餐包、会议室、多功能厅、洗浴娱乐、健身房、行政酒廊等用房；六～十九层为客房，分为标准间、大床房、商务套、总统套。

技术条件分析：该项目拟建四星级酒店（精装修）。外墙为米白色和黄色相间；空调系统：大型中央空调；门窗系统：铝合金门窗；电梯系统：直梯。

5.4.2 确定总统套房的区域位置、功能分区与空间组织

从安全和环境安静的角度考虑，该总统套房设在客房层最高层，且位于楼层端头，自成一个独立的体系。套房内功能分区明确，利用家具及隔断分成若干区域，满足需求，具体分为休息区、接待区、办公区、餐饮区、盥洗区、随从区等，见图5-35。

5.4.3 装饰风格的定位与界面设计

该套房应用现代手法表现出典雅大方的整体风格，空间装饰韵味十足。地面设计中应用了实木地板、大理石、地毯等材料；顶棚设计简洁大方，除卫生间、厨房吊顶采用300mm×300mm穿孔铝板外，其余房间均采用纸面石膏板吊顶、乳胶漆刷白；各个空间立面设计既各具特色，又不失统一，应用了墙纸、石材、胡桃木饰面等材料，使得空间典雅、精致（图5-36和图5-37）。

5.5 拓展训练：旅馆建筑空间装饰设计

1. 实战目的

初步了解旅馆建筑室内设计原理、公共空间设计的特点，加深对设计规范的认识，增强设计技巧和表达能力，进而使学生理解、掌握旅馆建筑空间的室内装饰设计。

2. 实战要求

1）酒店位于某城市市中心商业区，共20层，为混凝土框架结构。其中一层为自助餐厅与大堂及商业空间；二～五层为宴会厅、包房、会议室、多功能厅、洗浴娱乐、健身房、行政酒廊等用房；六～十九层为客房，分为标准间、大床房、商务套、总统套。各层平面图、建筑立面图如图5-38～图5-41所示，要求完成该酒店（拟建四星级）的部分空间室内装饰设计。

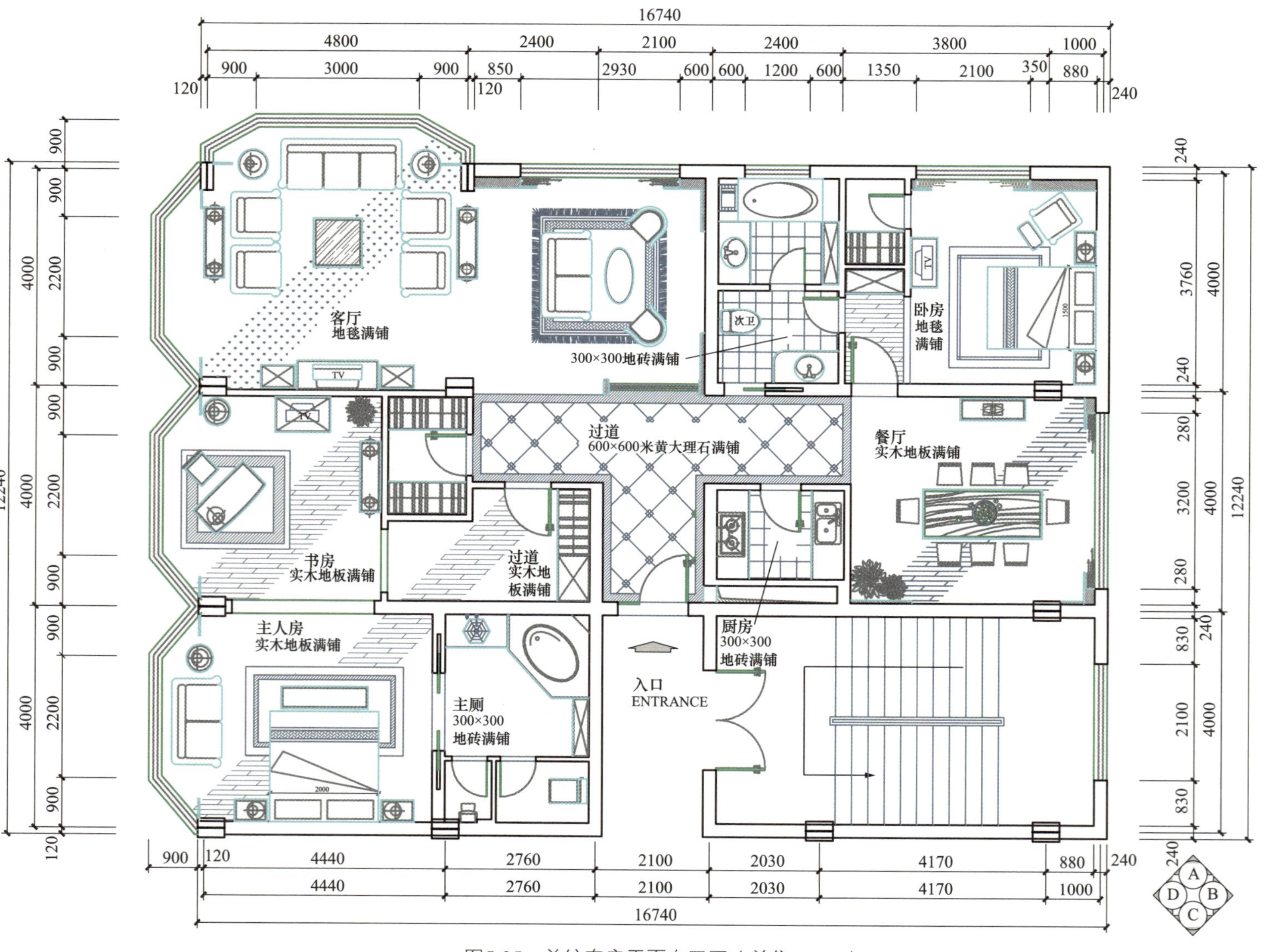

图5-35　总统套房平面布置图（单位：mm）

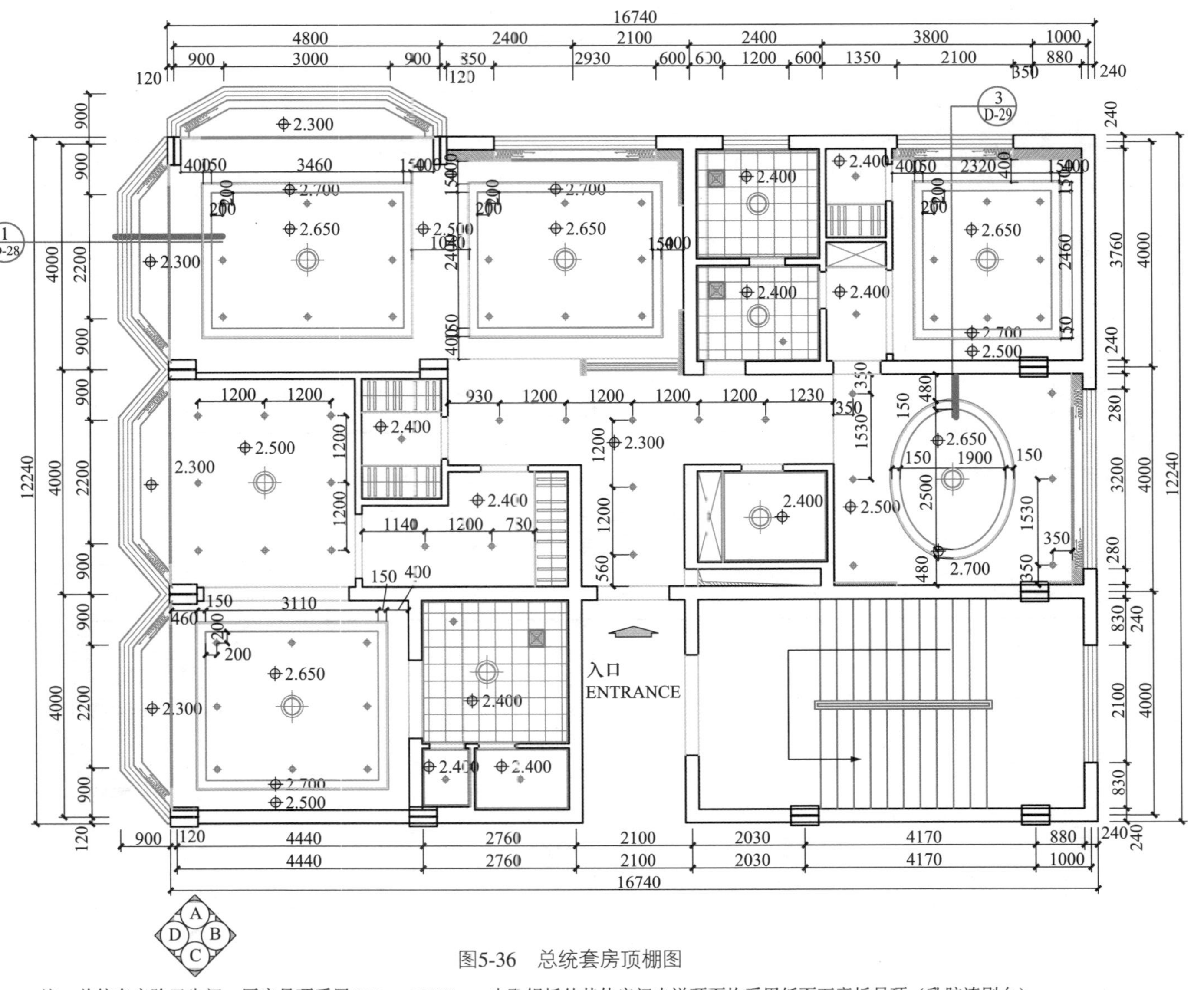

图5-36　总统套房顶棚图

注：总统套房除卫生间，厨房吊顶采用300mm×300mm击孔铝板外其他房间走道顶面均采用纸面石膏板吊顶（乳胶漆刷白）。

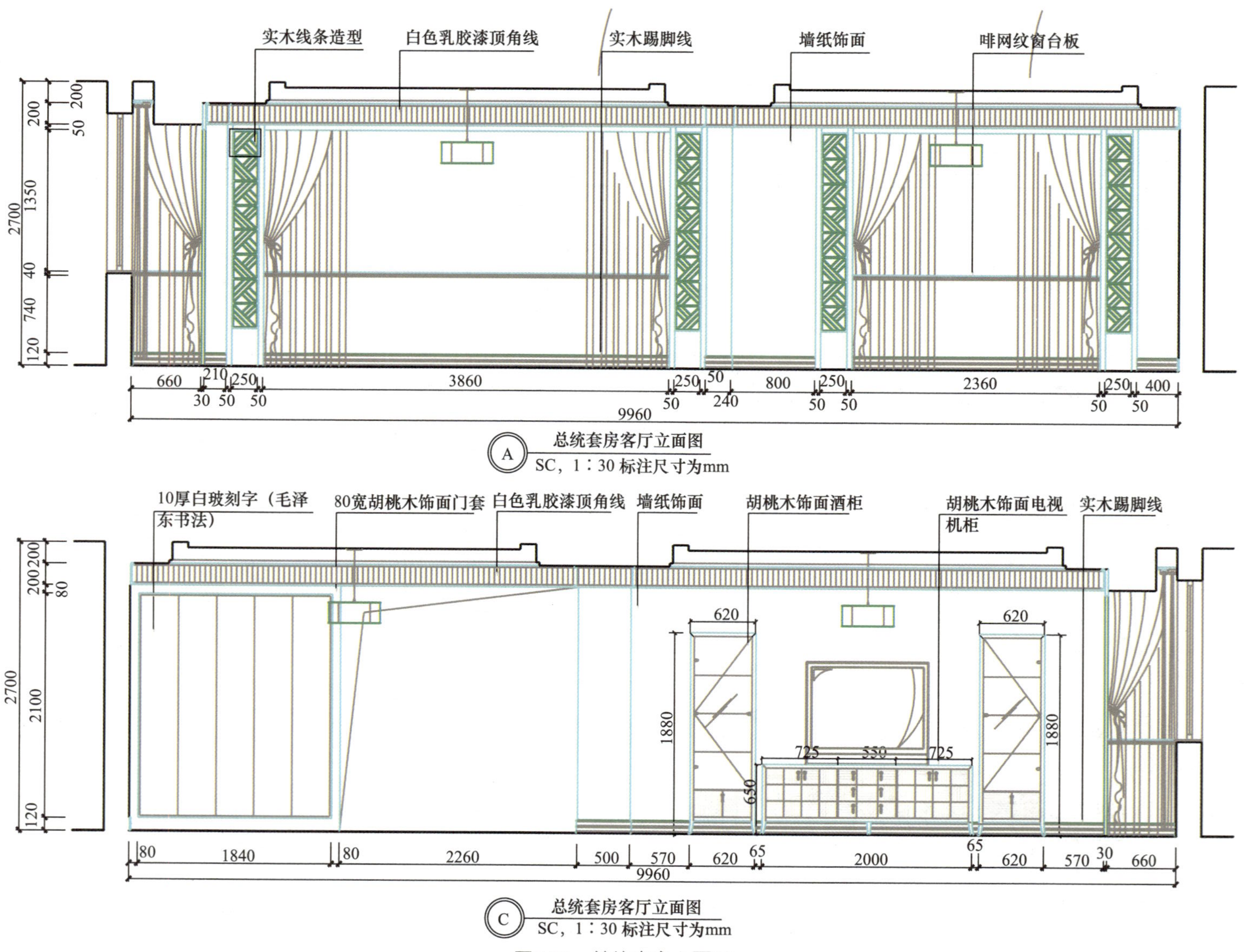

图5-37 总统套房立面图

小射灯
胡桃木饰面门套
白色乳胶漆顶角线
暗红色裂纹漆（内凹100）
墙纸饰面
胡桃木饰面门套
B 总统套房主人房立面图
SC，1：30 标注尺寸为mm
墙纸饰面
白色乳胶漆顶角线
胡桃木饰面柜
B 总统套房主人房立面图
SC，1：30 标注尺寸为mm
实木踢脚线
白色乳胶漆顶角线
啡网纹窗台板
实木线条造型
墙纸饰面
D 总统套房主人房立面图
SC，1：30 标注尺寸为mm
白色乳胶漆顶角线
暗红色裂纹漆（内凹100）
小射灯
胡桃木饰面门套
墙纸饰面
实木踢脚线
C 总统套房主人房立面图
SC，1：30 标注尺寸为mm

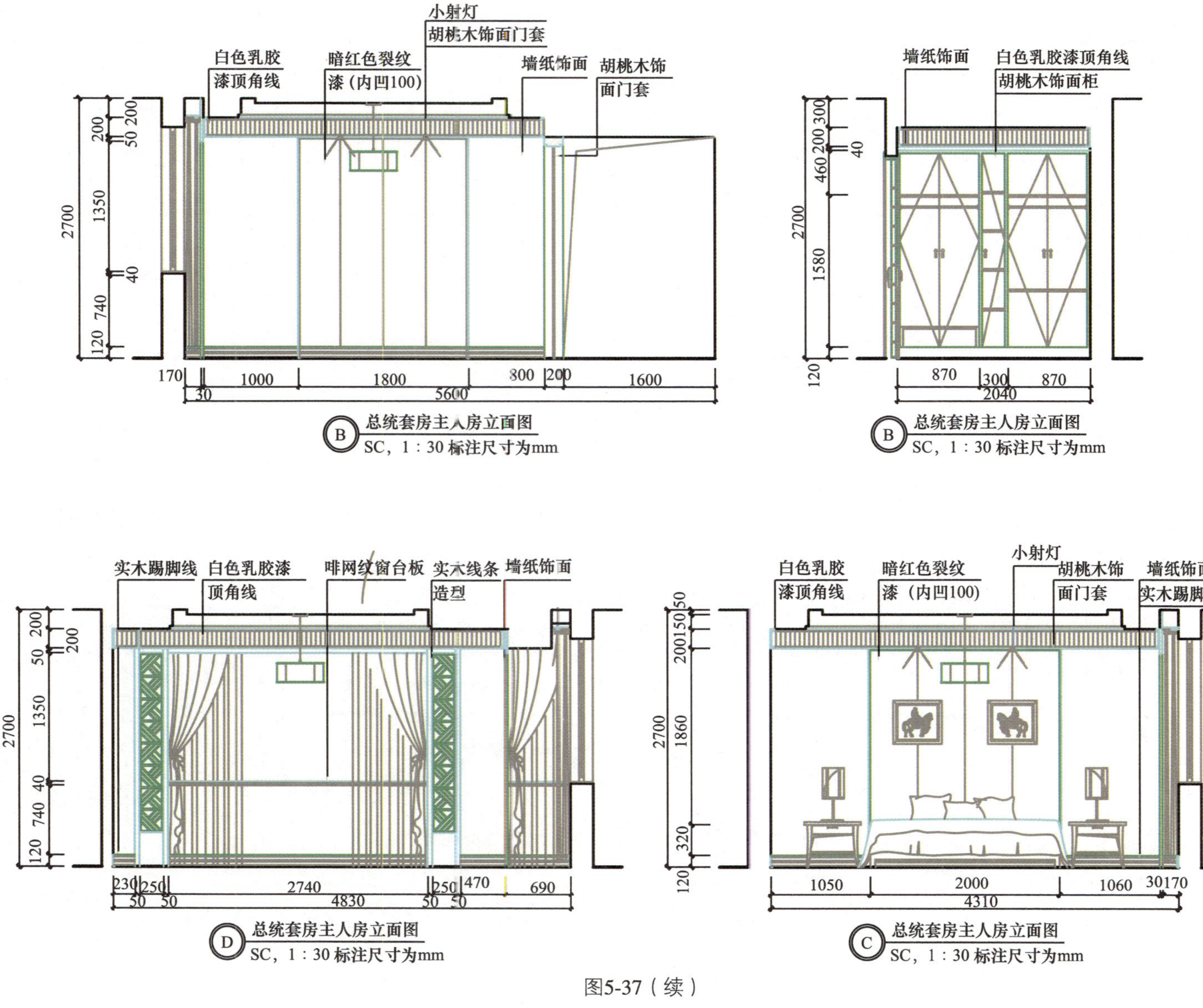

图5-37（续）

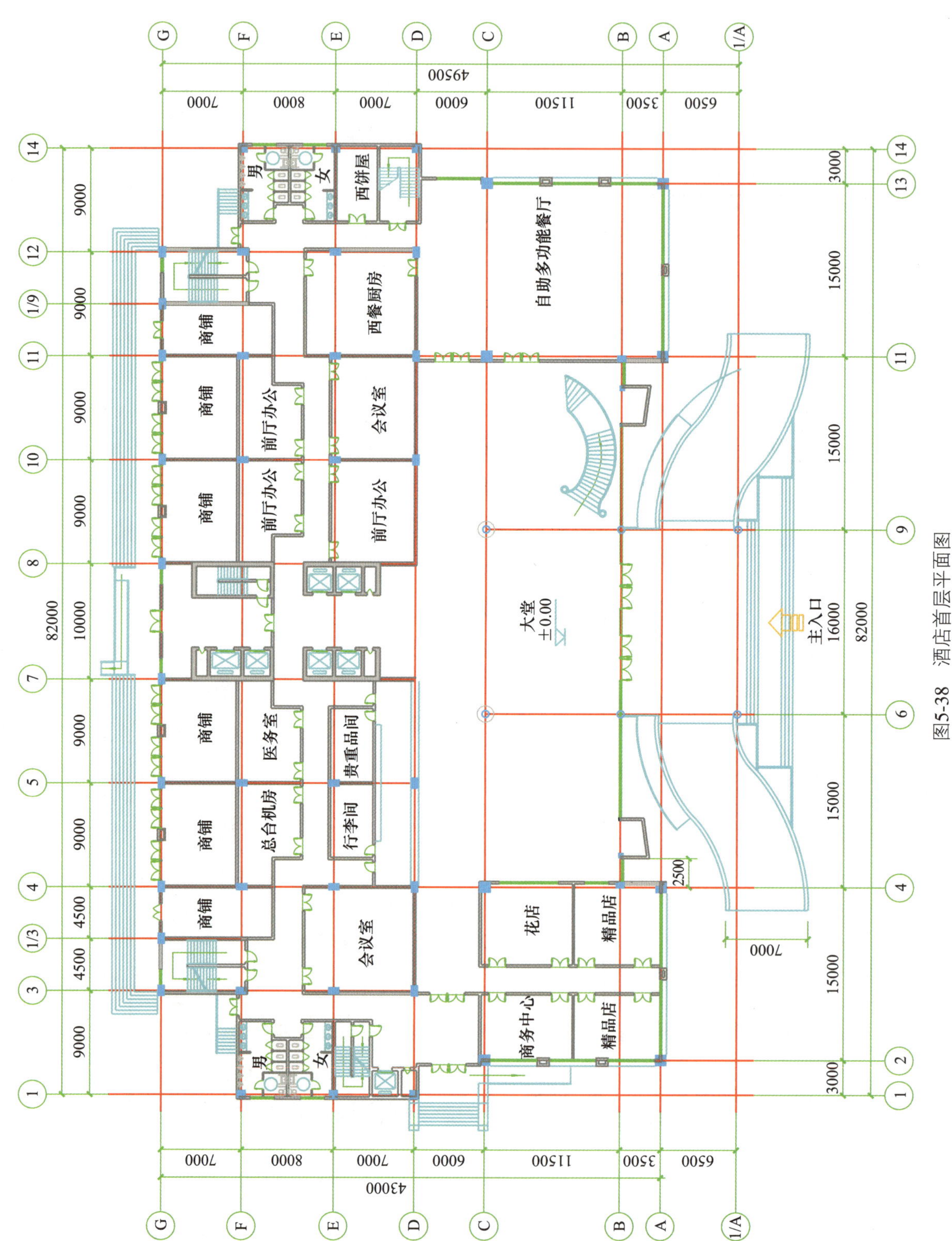

图5-38 酒店首层平面图

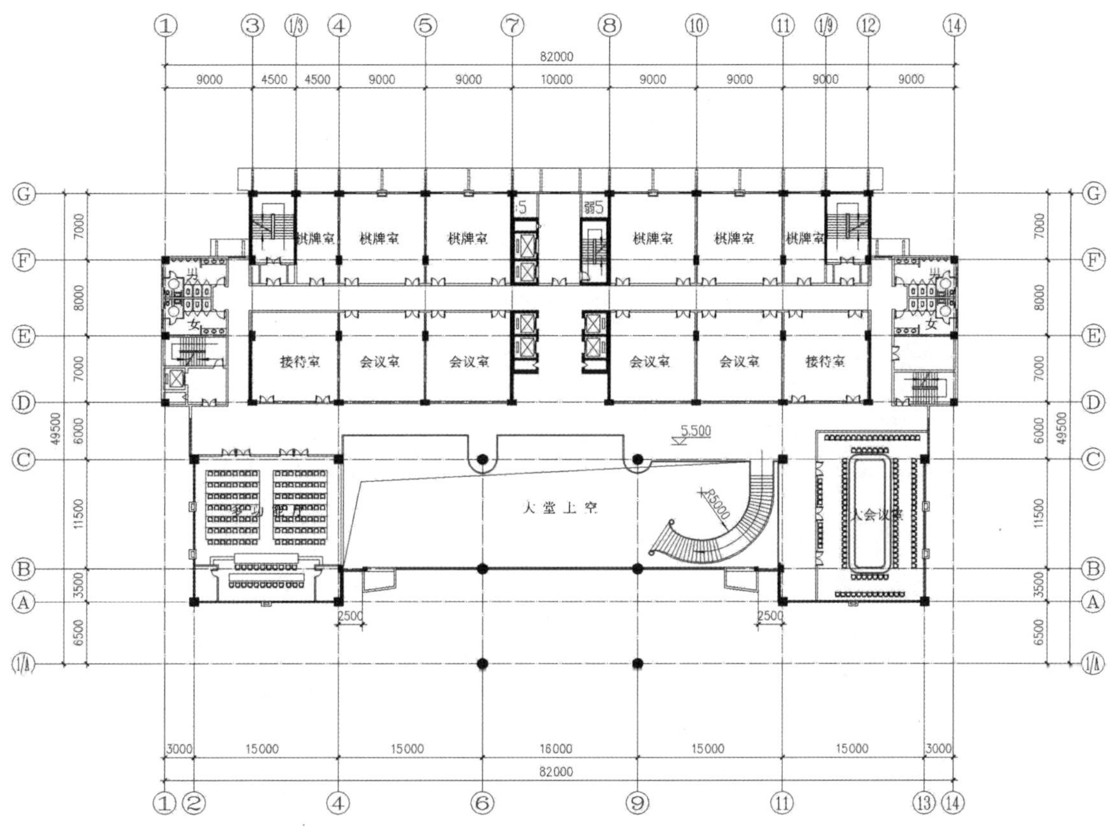

图5-39　酒店二层平面图

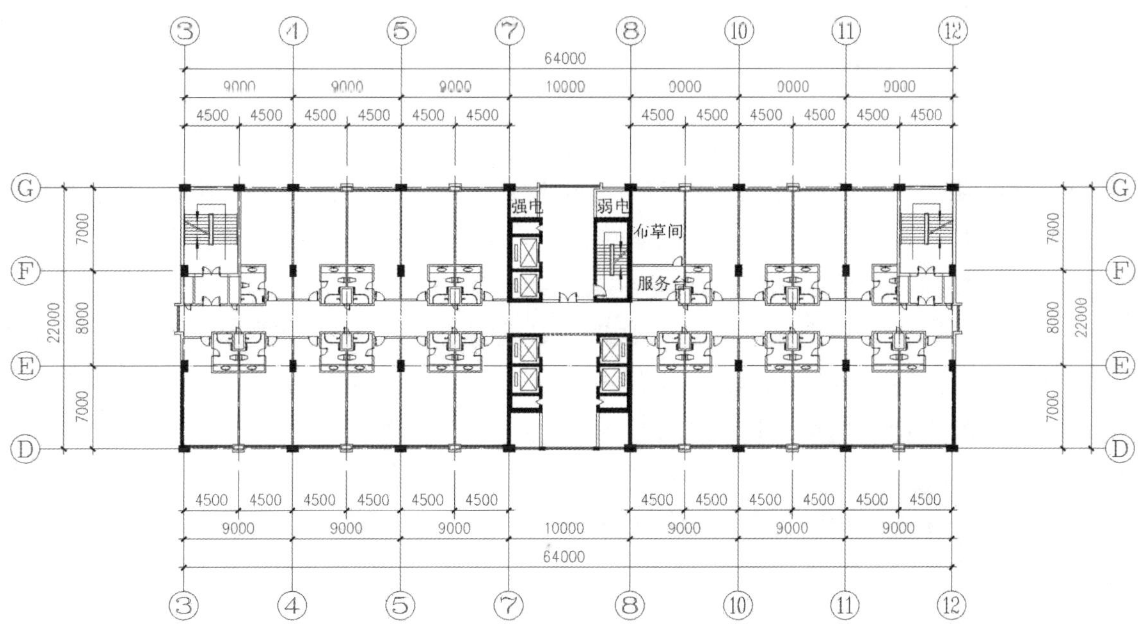

图5-40　酒店标准层平面图

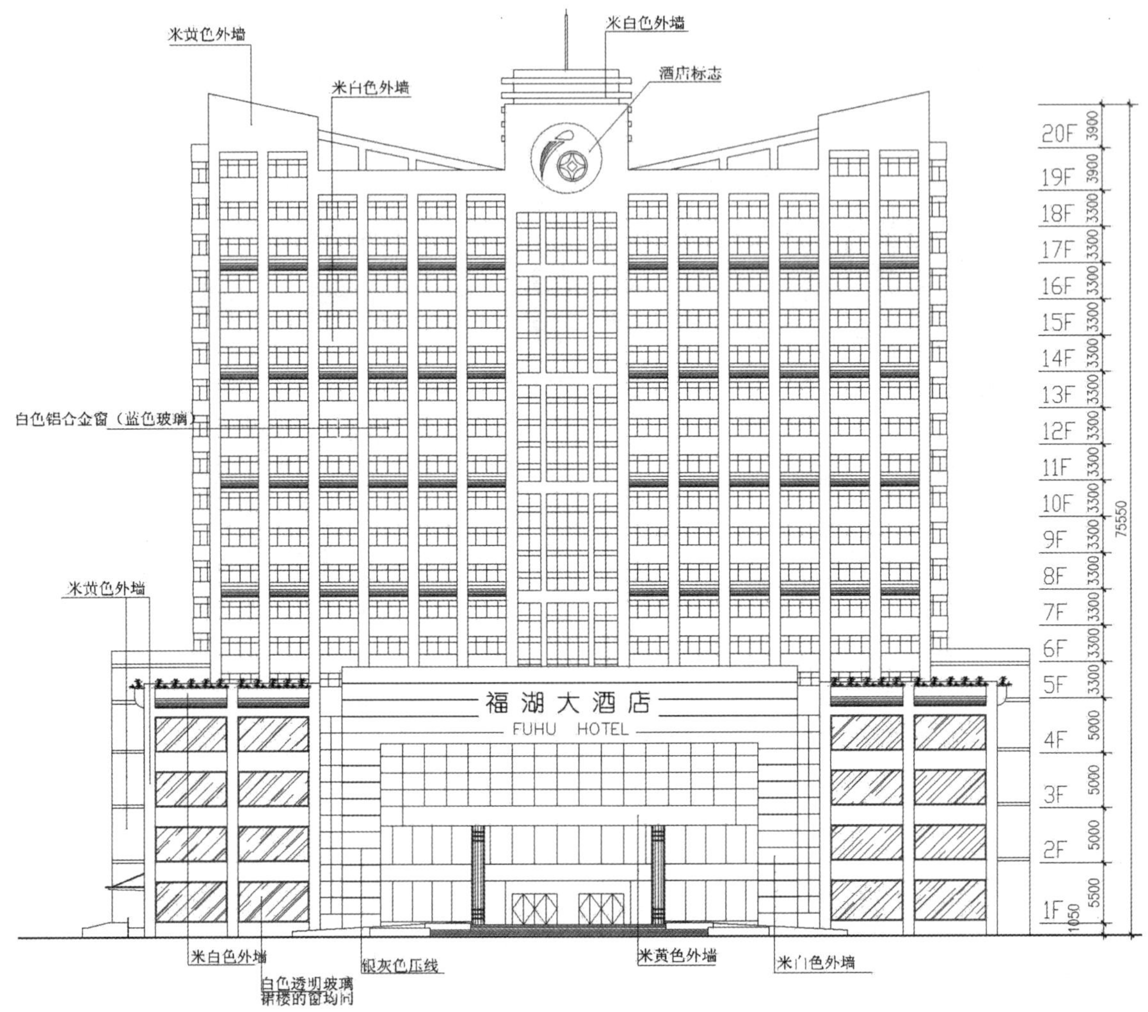

图5-41 酒店正立面图

2）满足功能要求，合理分隔空间。要求设计大堂、客房区域，其中，大堂设计要求包括以下内容：总服务台、大堂副理办公区、休息区、电梯厅、卫生间等；客房主要装饰为标准客房套型，包括标准间和总统套房。

3）体现当地文化和地域性特点，强调设计与经营的关系，突出酒店品牌，为顾客营造一个“宾至如归”和个性化的、满足时代新需求的宾馆空间环境。

4）较好的立意和构思，以人为本，要突出所设计宾馆的特色，融入文化内涵，创造宜人的休息旅游环境。

5）方案能体现时代发展潮流，表现新工艺、新材料、能体现功能性和艺术性的完美统一。

6）根据酒店星级标准要求进行装饰设计，技术上要合理、可行。

7）掌握多种设计表现的方法。

8）了解规范绘制工程施工图的方法。

3. 实战成果

A3 文本，图面整洁规范，构图饱满，符合国家制图规范。

1）设计说明 100 字左右。

2）大堂、客房的平面布置图和顶棚布置图绘图比例为 1 ∶ 50。

3）主要空间（大堂、客房）的各个立面图绘图比例为 1 ∶ 50。

4）主要空间的透视效果图，表现手法不限。

5.6 项目提交与展示：学生作品成果要求

项目提交与展示是学生攻克难关完成项目设定的实战任务，是进行成果的提交与展示阶段。

1. 项目提交

（1）成果形式

一本设计图册，包括封面、扉页、目录、设计说明和设计方案图。

（2）成果格式

1）封面设计要素。封面设计要素包括项目名称、学生姓名、专业、班级、指导教师、完成日期等内容，并进行封面设计。

2）封面规格。一般采用 A3 图纸，装订线在左侧。

3）扉页。包括设计理念、创新点、亮点、内容提要。可采用硫酸纸、白色绘图纸或彩色卡纸。

4）目录。采用二级或三级目录形式，层次分明、图名正确、页码指示正确。

5）设计说明。包括工程概况、设计立意构思、材料要求及图纸上未尽事宜。

6）方案设计图。图纸的核心内容，要严格按照国家制图规范绘制，可以加色彩和排版信息，徒手绘制。

7）封底。封底设计要与封面图案、色彩相协调，且纸质相同。

2. 项目展示

项目展示包括 PPT 演示、图册展示及问答等内容。要求学生用演讲的方式展示最佳的语言表达能力，展示设计理念与方案亮点。

5.7 项目评价：考核标准

考核点	评分点	分值	自评分值	小组评分	教师评分
前期（10 分）	调研报告	5			
	成果按时提交，内容完整	5			
构思创意（5 分）	构思巧妙，有创意	5			
功能布局合理（30 分）	总服务台与休息区、大堂经理办公位置合理，面积适当	5			
	餐饮区位置合理，面积适当	5			
	其他服务区布置合理	5			
	客房功能分区布置合理	5			
	客房位置合理，布置恰当	5			
	客房数量及类型安排合理	5			
流线组织顺畅（10 分）	交通组织顺畅，不阻塞、不对冲、不阻滞	5			
	内部服务流线与客人流线不交叉	5			
顶棚（10 分）	灯具布置合理，顶棚造型大方，图例符号齐全	5			
	标高齐全，尺寸齐全，材料做法齐全	5			
地面（5 分）	地面拼花美观大方，地板规格、材料标注齐全	5			
立面（10 分）	样式美观，符合形式美的基本规律，尺寸齐全，做法标注齐全	10			
效果图（10 分）	透视角度合理，图面表达完整、层次丰富	10			
制图美观规范（10 分）	制图美观	5			
	规范	5			
合计		100			

5.8　工作页：旅馆建筑装饰设计

姓名：　　　　　　学号：　　　　　　班级：　　　　　　日期：

<table>
<tr><td>任务</td><td colspan="3">5.1 项目引入：概述
5.2 项目解析：旅馆建筑装饰设计要点
5.3 项目实战 1：旅馆大堂设计过程与设计要点分析
5.4 项目实战 2：旅馆客房设计过程与设计要点分析
5.5 拓展训练：旅馆建筑空间装饰设计
5.6 项目提交与展示：学生作品成果要求
5.7 项目评价：考核标准
5.8 工作页：旅馆建筑装饰设计</td></tr>
<tr><td>项目 5</td><td>旅馆建筑装饰设计</td><td>课程名称</td><td>建筑装饰设计</td></tr>
<tr><td colspan="4">任务概述：</td></tr>
<tr><td colspan="4">通过讲授、PPT 案例教学、现场参观等形式，了解旅馆建筑的空间布局和装饰特点，掌握旅馆建筑装饰设计的构成要素及其设计要点；能够完成旅馆建筑的装饰设计，并绘制方案图、效果图。</td></tr>
<tr><td colspan="4">工作任务流程图：</td></tr>
<tr><td colspan="4">布置设计任务书，提出教学要求—采用讲授、PPT 案例教学等形式进行理论指导—通过收集资料（规范、标准、图集等）、实地参观考察或现场勘察等形式分组进行学习和资料分析—完成设计任务—设计成果展示与评价。</td></tr>
<tr><td colspan="4">1. 资讯（明确任务、资料准备）</td></tr>
<tr><td colspan="4">（1）旅馆建筑的空间布局和装饰特点有哪些？
（2）旅馆建筑装饰设计包括哪些设计要素，分别需注意哪些设计要点？
（3）大堂、客房如何考虑空间组织和界面设计，如何选择合适的装饰材料？</td></tr>
<tr><td colspan="4">2. 决策（分析并确定工作方案）</td></tr>
<tr><td colspan="4">（1）分析如何掌握旅馆建筑装饰设计的基本原理和设计方法，项目设计需要获得哪些信息和资料，初步确定设计任务的完成过程和完成程度；
（2）小组讨论并完善工作任务方案。</td></tr>
<tr><td colspan="4">3. 计划（制订计划）</td></tr>
<tr><td colspan="4">（1）通过理论学习和参观考察掌握旅馆建筑装饰设计的基本原理和发展方向；
（2）通过项目分析、市场调研、资料查阅等形式掌握旅馆建筑装饰设计的规范、标准、技术要求等；
（3）通过初步设计阶段的训练，掌握正确的设计思维方法和设计要素协调配合的方法。</td></tr>
<tr><td colspan="4">4. 实施（实施工作方案）</td></tr>
<tr><td colspan="4">（1）资料分析报告（包括：项目特点和要求、市场调研资料、学习笔记、相关规范和标准、同类空间的设计情况等）；
（2）初步设计；
（3）研讨并填写工作页。</td></tr>
</table>

续表

5. 检查
（1）以小组为单位进行设计资料的分析整理，小组成员补充优化； （2）学生自己独立检查或小组之间相互交叉检查； （3）设计成果的展示与评价，检查是否达到预期设计目标。
6. 评估
（1）填写学生自评和小组互评考核评价表； （2）同老师一起评价认识过程； （3）与老师进行深层次的交流； （4）评估整个工作过程和设计成果（相关设计图纸和设计答辩），是否有需要改进的方法。
指导老师评语：
任务完成人签字： 日期：
指导老师签字： 日期：

项目6 公共建筑外部装饰设计

教学目标

教学PPT

知识目标

1. 公共建筑外部装饰设计的内容；
2. 公共建筑外部装饰设计的原则；
3. 公共建筑外部装饰设计的艺术要素；
4. 公共建筑外部装饰设计的立面细部装饰要素。

技能目标

根据建筑的类型、风格，合理进行公共建筑的外部装饰设计；在建筑外部装饰设计中灵活运用各设计要素，独立完成公共建筑的外部装饰设计，并绘制方案图、效果图。

素养目标

1. 通过中式风格和新中式风格装饰的介绍，使学生深入了解中华优秀传统文化，指导学生在建筑外部装饰设计中应用中国地域文化元素，做到文化自信；

2. 增强学生对于外部装饰设计案例的理解和鉴赏能力，进一步拓展学生的专业视野；

3. 公共建筑外部装饰设计要与建筑室内设计完美协调，引导学生树立完整的建筑空间设计观；

4. 鼓励学生设计勇于创新、深入细部装饰设计，树立正确的艺术创作观和良好的职业素养。

6.1 项目引入：概述

公共建筑外部装饰设计与室内设计相同，是公装设计的重要组成部分，二者相辅相成，共同构成了完美的建筑形象。

6.1.1 建筑外部装饰设计的内容

公共建筑外部装饰设计包括公共建筑外观装饰设计和其室外环境设计两部分。建筑外观装饰设计主要是进行建筑体量的总体构图设计，包括墙面、门窗、室外入口、台阶、雨篷、檐口和其他装饰构件的设计；室外环境设计是指与建筑主体相关联的外部空间环境，比如广场、雕塑、室外园林、廊道、绿化、小品的布置与设计等。

公共建筑外观装饰设计和室外环境设计是两个不可分割的组成部分，要统一考虑，协调设计。

6.1.2 建筑外部装饰设计的原则

公共建筑外部装饰设计具有装饰建筑物及周围环境的功能，在设计时要遵循以下原则。

1. 符合城市规划及基地环境的要求

公共建筑外部装饰设计应符合城市规划及基地环境的要求。城市规划对建筑布局、建筑设计以及色彩等均有要求，这是设计应首要考虑的；其次，气候、地形、地貌、方位、朝向、道路、绿化及原有基地建筑都会影响建筑外观；最后，考虑地域特色及文化等因素，与原有建筑、室外环境获得统一协调。

2. 反映建筑的特征

建筑的特征是由建筑物中那些显而易见的特点综合起来所形成的，不同类型的建筑有着不同的特征。外部环境设计应结合建筑特点，增强建筑的可识别性，提高建筑造型的多样化。

3. 反映新技术特点

建筑设计受技术条件的制约，建筑外部装饰设计要充分利用建筑本身结构、材料的特性，使之成为装饰设计的重要内容。现代新材料、新技术的发展，为其外部装饰设计提供了更大的灵活性和多样性，创造出更为丰富的建筑外观形象。

4. 反映时代特征

建筑装饰设计与时代发展息息相关，其外部建筑装饰也必然反映了一定的时代特征。随着时代的进步与科学技术的发展，人们的审美观念也在发生不断变化，因此建筑装饰设计要不断推陈出新，创造出更具时代特色的优秀作品。

5. 适应社会经济条件

经济合理是建筑装饰设计应遵循的基本原则。在保证使用功能和装饰效果的前提下，应尽可能地降低造价。

6.2 项目解析：公共建筑外部装饰设计要点

6.2.1 艺术要素

公共建筑外部是由许多构件组成的，包括门窗、墙柱、入口、阳台、雨篷、檐口、遮阳板、勒脚、花饰、台阶等。外部装饰设计就是恰当地确定这些构件的尺寸大小、比例关系以及材料色彩等，并通过形态转换、面的虚实对比、线的方向变化等求得外形的统一与变化。

1. 造型要素

建筑的形态主要通过其形状表现出来。形状使我们区分了不同的对象，在设计中，其色彩、质感、尺度等常作为辅助手段，使这一基本特征得以加强。形状是最通俗的形式语言，因此，丰富多彩的建筑形式都倾向于用生动的形状来表达。

（1）几何形体

一幢建筑物，不论它的形体如何复杂，都是由一些基本的几何形体组合而成，只有在功能和结构合理的基础上，使这些要素巧妙地结合在一起，才能具有完整统一的效果。建筑的整体形态可以分解为几种基本形式：点、线、面、体。

1）点。

点的含义 在建筑立面形态构成中，点是构成建筑立面的最小形式单位。在建筑的立面中，其窗、阳台、雨篷、入口以及外立面上其他凸起、凹入的小型构件和孔洞等在外墙面上通常显示点的效果。一些设计师喜欢把这些具体的建筑构件转化为相对抽象的点、线、面表达，或是作为形状、色彩、尺度等造型要素的代表，在建筑立面设计中起着呼应、联系等作用，使建筑表达趋向完美。

点在建筑立面设计中的作用 建筑立面上的点具有活跃气氛、强调重点、装饰点缀等功能，起着画龙点睛的作用。外立面上的点一般是间隔分布的，因此有明显的节奏。窗洞是建筑立面上最富表现力的构件，建筑中常利用窗的自然分布形成点式构图。建筑立面上大面积分布的点窗，可以呈现质感效果，还可以利用对立面窗洞的巧妙组织形成赏心悦目的图案。如图6-1所示的某建筑，外墙面上洞口有着明显的点的效果，在建筑立面中起到很好的装饰作用。

图6-1 点的立面效果

2）线。

线的含义 线具有方向性和联系性，其形态变化可以构成多种线型。依其空间组合和编排形式，线型又可构成多种式样。线型的长短、粗细、曲直、方位、色彩质地的视觉属性所形成的伸张与收缩、雄伟与脆弱、刚强与柔和、动与静等感觉可以使人产生广泛的联想和不同的情感反应。线有方向性，线的方向可以表示一定的气氛，如水平线的平静、舒展，垂直线的挺拔，斜线的倾斜、动态，曲线的柔美、精致等。图6-2所示的迪拜某地铁站的屋顶采用了水平直线的造型，造型上具有强烈的动感。

线在建筑立面设计中的作用 建筑立面中，线的存在形式大致有以下几种。

实线：线状实体形成的线。如梁柱等线形构件、室外墙面上凸出的线脚等。实线是立体的，有充实的体量感。图 6-3 所示的建筑，立面上的线形构件与窗户规整有序地排列在一起，形成了一种立面的节奏美。

图6-2 迪拜某地铁站

图6-3 实线的立面效果

虚线：由线状空间形成的，如墙面上的凹槽、形体间的缝隙等。

色彩线：指建筑的立面中以色彩表示的线。如以材料的色彩区别的线、各种粉刷线等。色彩线是平面的，具有一定的绘画性，装饰感较强。

光影线：是光和影形成的线。由于光线通常是运动变化着的，因而更具生动感。

轮廓线：即指体面的相交线，如立体转折的棱线、建筑物的边缘线等。

在建筑的立面设计中，立柱、过梁、窗台、窗棂等构件及屋檐、窗间墙等部位都可形成立面线型。这些丰富多彩的线型可以构成许多造型优美的立面图案。如图 6-4 所示，建筑立面上的不规则折线交错构成建筑外立面整体效果，有一定的疏密关系，使单调的建筑形态丰富多彩，形成了一种立面的节奏美。

3）面。

面的含义 面表示物体的表面。在建筑中，屋面、墙面、地面、柱面……这一系列的界面展示给观者以范围广阔、包含丰富的视觉图像，建筑形体表面的这种展示是建筑物特有的语言表达。图 6-5 所示的迪拜扎耶德清真寺，整个建筑群都用来自希腊的汉白玉包裹着，白色的穹窿顶面此起彼伏，非常庄严肃穆。

面在建筑立面设计中的作用 面是构成形体空间的基本要素。面依其存在和组合方式的差异可以构成不同形式的外部空间。在建筑中，地面与屋顶的高低起伏、墙面的曲直开阖，都影响着建筑空间的性质和形态。

图6-4　不规则折线交错构成的外立面效果

图6-5　迪拜扎耶德清真寺

4）体。

体的含义　与点、线、面相比，体具有充实的体量感和重量感，体是在三维空间中实际占有的形体的表达，具有明显的空间感和时空变动感。

建筑形态的基本形式是规则的几何形体。这是因为建筑物是需要大规模就地实施的工程，它要求建筑物的形状尽可能地规则，几何形体准确、规范，符合基本的数学规律，容易施工。其简明的外形易博得大众的喜爱。在建筑立面设计中，规则的几何形体常为建筑师直接采用。几何形体是构成建筑整体形态的基础，复杂的建筑形体多是由基本几何形体衍生出来的。常见的几何形体有以下几种。

方体：方体包括正方体和各种立方体。方体是规则的典范，垂直的转角决定了方体严整、规则、肯定的特点，以及便于实施和使用的特点。方体易于相互连接，可以向不同方向发展。基于上述的优点，方体一直是建筑设计中最广泛使用的形式。

圆体：圆体包括球体、圆柱体、圆锥体、圆环体、圆弧体等。圆是集中性、内向性的形状，在一般的环境中，它会自然而然地成为视觉中心。圆体均匀的转折，表现一种连贯、柔和的动感。

角体：角体以三角体为代表，可以发展成多边体、棱柱、角锥。三角体的根本特征在于角的指向性，在棱柱、角锥一类形体中斜面与转角都具有明显的方向感。

体在建筑立面设计中的作用　体量感是体表达的根本特征。在建筑造型设计中经常利用体量感表示雄伟、庄严、稳重的气氛。体在空间方位的变化传达着不同的视觉语言（图6-6）。垂直与水平、正与斜、间隔与位置都直接影响整体形态的表达。

图6-6　体在空间方位的变化

形体的尺度、形态、表面的质地、色彩对建筑立面的表达也有一定的影响。

（2）立面的虚实与凹凸对比

建筑立面中“虚”的部分，如窗、空廊等，给人以轻巧、通透的感觉;“实”的部分，如墙、柱、屋面、栏板等，给人以厚重、封闭的感觉。建筑外观的虚实关系主要是由功能和结构要求决定的。巧妙地处理虚实关系可以获得轻巧生动、坚实有力的外观形象。以虚为主、虚多实少的处理手法能获得轻巧、开朗的效果，常用于剧院门厅、餐厅、车站、商店、会展中心等大量人流聚集的建筑。以实为主、实多虚少能产生稳定、庄严、雄伟的效果，常用于纪念性建筑及重要的公共建筑。

虚实相当的处理容易给人单调、呆板的感觉。在功能允许的条件下，可以适当将虚的部分和实的部分集中，使建筑物产生一定的变化（图 6-7）。

由于功能和构造上的需要，建筑外观常出现一些凹凸部分。凸的部分一般有阳台、雨篷、遮阳板、挑檐、凸柱、凸出的楼梯间等，凹的部分有凹廊、门洞等。通过凹凸关系的处理可以加强光影变化，增强建筑物的体积感，丰富立面效果（图 6-8）。住宅、宿舍、旅馆等建筑常常利用阳台和凹廊来形成虚实、凹凸变化。

图6-7 虚实对比产生的变化

图6-8 凹凸变化产生的体积感与立面效果

2. 肌理要素

由于材料质感不同，建筑立面给人的感觉也不同。根据材料表面的纹理结构、明暗的不同组合会产生不同质地效果。

建筑装饰设计中如何运用材料的肌理（微课）

材料质感的处理包括两个方面，一方面是利用材料本身的特性（图 6-9），如大理石、花岗岩的天然纹理，金属、玻璃等的质感；另一方面是人工创造的某种特殊肌理，如仿石饰面砖、仿树皮纹理的粉刷等。图 6-10 所示的国外某建筑，其简洁的外形上精细的纹理，展示了令人耳目一新的肌理美。

图6-9　天然肌理

图6-10　人工肌理

3. 色彩要素

公共建筑外部装饰的色彩设计主要涉及地面、墙体、入口、门窗、屋顶、细部等几个部分，并要考虑它们之间色彩的协调。

（1）墙体

墙体在公共建筑外立面中所占面积最大，因此，墙体的色彩应成为建筑的主色调。其色彩应与周边环境的色彩相衬托，同时要满足建筑的功能，符合建筑的特点。墙面的色彩设计可以分为中性色系、单色系和彩色系。

1）中性色系。中性色是指无彩色的黑白灰，中性色系的建筑立面易与周围具有多样色彩的建筑环境相协调，在五彩缤纷的色彩环境中，其更具有群体调节和自身强调作用。中性色系的立面具有庄严、朴素的性格特点。图 6-11 所示的某建筑立面设计，外墙饰面采用了灰色调，显得宁静、朴素，与周围的环境极易协调。

2）单色系。单色系是指墙体采用单色调或单一色调配无彩色的类型。单色系具有单纯鲜明的性格特点，如暗红色、浅黄色、淡绿色等。单色系由于明暗、色调的差别可以形成丰富的视觉效果，是建筑立面色彩设计中应用普遍。图 6-12 所示的迪拜某建筑，采用了砖红色为立面基调，色彩稳重，比例划分协调。

图6-11　中性色系

图6-12　单色系

3）彩色系。彩色系是指墙体采用不同的色彩，具有丰富多变的效果。在色彩设计时应注意不同色彩之间的协调，注意色彩面积对色彩效果的影响。一般来说，在墙体上宜采用明度高、纯度低的色彩，且色彩种类不宜过多，否则容易产生杂乱无章之感。图6-13所示为深圳艺展中心外立面，以“魔方”为基本构思，主楼整体设计采用黄金分割的手法，通过体量的凹凸大小、色彩的渐变产生了极强的视觉冲击力。其中，主墙体饰以氟碳喷漆从淡黄色到深绿色的五种渐变色，裙楼部分保留了商铺通透展示的橱窗设计，与主楼的“实”又形成强烈的对比。墙身和立柱以中国黑打造，稳重和时尚在此得到完美的结合。

（2）入口

在进行建筑立面设计时，需正确处理入口与整个建筑的色彩关系，可以使用调和色或同类色等达到一种整体美，也可以使用对比色来突出入口。图6-14所示某建筑，入口处使用了质感与色彩均与其他墙面不同的材料，再加上独特的造型设计，从而达到突出建筑入口的作用。

图6-13　彩色系

图6-14　入口色彩设计

（3）门窗

墙体上门窗洞口的形状、布局和色彩影响着公共建筑立面的构图。门窗的色彩造型可以使用以下几种方法。

1）在门窗的局部构件上使用不同的色彩。图6-15所示的门窗局部构件选用了与墙面不同的色彩，形成较强的色彩对比关系。

2）直接使用构成门窗的各种颜色的玻璃，形成建筑立面丰富的色彩变化。图6-16所示为江苏省南通市的苏通科技产业园，建筑立面彩色玻璃实现了办公空间的大面积通透采光，结构以墙与柱的分离为设计特色，其独特的立面造型营造出科技园的大空间，同时彰显设计上的特色。

3）彩色玻璃和彩色墙面配合，共同创造建筑立面，营造室内彩色光线的效果。

图6-15　门窗局部的不同色彩

图6-16　苏通科技产业园的彩色玻璃

（4）地面

一般情况下，建筑地面的色彩只需自然地与建筑物区分即可。但在供人们观赏和停留时间较长的地方，地面的色彩就需要精心设计了。在人们休息逗留的广场，地面的色彩造型常设计成优美的图案，使人赏心悦目。在道路的交界和入口附近的地面上，常用标志性的色彩图案为人们指引方向。图 6-17 所示为美国德州滨水广场铺地，使用了抽象的图案设计，耐人寻味，形成休息时容易注视到的视觉中心。

（5）屋顶

屋顶也是建筑具有表现力的元素之一。在设计屋顶时除了屋顶自身的色彩之外，还应考虑与天空的色彩关系以及屋顶与墙体的关系。

建筑屋顶的轮廓是通过屋顶与天空的色彩对比显示出来的。天空一般呈现冷色调，也是室外最明亮的部位。当屋顶的色彩采用低明度时，与天空形成明暗对比，有利于表达屋顶的轮廓线，使建筑的上部形象清晰。屋顶采用暖色调时，与天空形成色彩的冷暖对比，有利于加强建筑的鲜明感（图 6-18）。在设计屋顶的色彩时，还应注意屋顶与其他建筑构件的关系，这样有利于形成建筑立面的整体感。

图6-17　美国德州滨水广场铺地

图6-18　暖色调的屋顶

6.2.2 立面细部装饰要点

1. 入口

公共建筑入口是指从室外进入室内的过渡空间。公共建筑立面的入口设计主要表现在建筑入口的形态、结构、构件设施等方面。

（1）构成元素

公共建筑入口的构成元素主要有门及周边的界面、雨篷与门廊、台阶坡道、附属设施等。

1）门及周边界面。不同功能、体量、风格的公共建筑入口，所选择的门的形式各不相同，其所用的材质也各有差异，给人们带来了不同的视觉感受。实体门表现的是材料本身的色彩、质感、造型等特点；而玻璃门则利用其通透性加强了室内外的联系，使内外空间相互渗透，形成丰富的层次感。

门口处的界面是建筑内外空间的分界。门周边的界面一般采用两种处理方式，一种是实墙，主要表现材料本身的色彩、质感、光泽以及不同材料之间的搭配；另外一种是透明的界面，一般采用玻璃等透明材质，重点表现内外空间之间的联系，形成丰富的层次感。

2）雨篷与门廊。在公共建筑的底层外门，一般设置雨篷或雨罩，它是挑出于建筑物遮阳挡雨的建筑构件，在入口处形成一个遮蔽空间（图 6-19）。

在雨篷边沿处设柱即形成了门廊，为人们在转换室内外场所时提供一个必要的缓冲地带，以便停车、等候等（图 6-20）。雨篷及门廊被视为室内外空间的过渡。

图6-19 雨篷

图6-20 门廊

雨篷挑出的距离受如下因素影响：一是建筑功能的要求。人流、车流量较大的建筑如影院、商场、宾馆、医院等应设置较大的雨篷，而一些临街的建筑则无法设置很大的雨篷。二是根据建筑的体量与形态的要求。建筑体量大，则雨篷的尺度大；反之，建筑的尺度小，雨篷则应偏小。三是根据城市建筑的红线而定，如建筑红线内有足够的空间，则可以作悬挑较长的雨篷；反之，则不能。

雨篷与门廊在建筑入口处形成了丰富的虚实光影变化，可以设计成多种造型，通常被处理成一种具有文化内涵符号的造型元素。

3）台阶、坡道及周边铺地。台阶、坡道都是为了解决室内外高差而设置的，坡道同时也作为一种无障碍设计的形式，利于安全和疏散，也可满足车辆的通行。

入口处的铺地一般都要硬化，铺地的图案与色彩要考虑入口的整体风格，并具有一定的空间领域感。

4）附属设施。附属设施主要包括休闲设施（桌、椅、凳等）、展示构件（标志牌、广告牌等）、安全设施（护栏、立柱等）、照明构件（灯架、灯柱、地灯等）、绿化设施（花池、花坛等）。图6-21所示的建筑入口，坡道处结合设了栏杆，两侧则为草地与小景，呈现出一种雅致悠闲的氛围。

（2）入口的设计手法

一般来说，为了使入口的门面与建筑的高度、体量相适应，较大建筑的入口往往采用夸大门外形尺度的方法来突出入口。另外，也可采用与整体建筑不同的饰面材料，改变入口门面的色调，或利用地形抬高入口标高，增加入口踏步（图6-22），利用凹入或凸出建筑等方法来对建筑入口进行强调。 还可以充分利用环境，增辟门前广场，配合绿化、水体、门灯、雕塑等室外建筑小品来进一步烘托建筑入口的气氛。

图6-21 入口与附属设施结合

图6-22 入口处增设踏步

2. 阳台

有的公共建筑（如办公楼、宾馆、写字楼等）会设置阳台，以沟通室内外环境。阳台在设计上与主体建筑有三种不同的组合方式：内凹式、外挑式、半凹半凸式。外挑式阳台在平面上有矩形、梯形、半椭圆形、半圆形等形式，一般以矩形的可利用面积最大。

梯形、半椭圆形、半圆形阳台则外观比较活泼秀气。

挑阳台一般采用混凝土栏板及扶手栏杆。有的挑阳台则采用钢化玻璃栏板及不锈钢扶手，具有较强的对外通透性。

南方地区的挑阳台很多不用栏板而采用圆钢或方钢栏杆，做成各种图案，通风性能较好。凹阳台占用室内面积，人站在阳台上视野角度受限，外观效果不如挑阳台。在大型公共建筑中，有的挑阳台互相连通，形成外挑廊，可供顾客、游人活动及观景。

3. 立面照明

为使晚间人们能够易于识别，并通过照明进一步吸引和招揽顾客，诱发人们消费的意愿，店面照明除了需要有一定的照度以外，更需要考虑店面照明的光色、灯具造型等方面具有的装饰艺术效果，以烘托商业氛围。商店室外照明方式可以归纳为以下几种。

（1）整体泛光照明

主要是为了显示建筑整体的体型和造型特点，常设置于建筑周围地面或隐藏于建筑物阳台、外廊等部位，以投光灯作泛光照明。也可以自相邻的建筑物或构筑物上对商店建筑进行整体照明，但需注意尽可能不使人们直接见到光源（图 6-23）。

（2）轮廓照明

以带灯或霓虹灯沿建筑轮廓或对具有造型特征的立面花饰等轮廓作带状轮廓照明。如图 6-24 所示建筑采用了 LED 灯轮廓照明与泛光照明相结合的方式。

图6-23　泛光照明

图6-24　轮廓照明

（3）橱窗、入口重点照明

一般以射灯、投光灯等对橱窗进行照明。对招牌广告等则以霓虹灯或灯箱照明。

（4）灯箱广告照明

灯箱广告是利用荧光灯或白炽灯，在箱体内向外照明，灯箱的正面可以是玻璃。正面可用放大的广告照片或大型的彩色胶片贴布，也可直接用有机玻璃等材料，使箱面上的广告画具有强烈的光线色彩效果。灯箱广告的主要形式有灯箱招牌、橱窗灯箱、立柱灯箱、货架灯箱、指示灯箱和壁式灯箱等。

（5）霓虹灯照明

霓虹灯照明广告渲染效果较好，视觉效应强。利用霓虹灯管艳丽鲜明的线条，可构成漫画、图案、文字、拼音字母或外文字母等，还可根据需要灵活交替变换发光，是极受欢迎的广告装饰手段。它具有设置灵活、方便、效果明显等特点，可用于店面、店内、橱窗、货架、天花板以及墙壁等各种场合。

6.3　项目实战：销售中心外立面设计要点分析

6.3.1　工程概况

某销售中心位于城市繁华地段，主体结构为混凝土框架结构，共 2 层，该建筑拟进行外部装饰设计，业主希望立面效果稳重大方，有品位。

6.3.2　外立面设计风格定位及材料选择

本销售中心外立面设计典雅、大方，罗马造型柱与玻璃幕墙穿插使用，形成虚实对比，装饰材料为灰色玻璃幕墙、火烧面西里石材等，如图 6-25 所示。

6.3.3　入口设计分析

建筑入口采用了突出的雨篷，起到强化入口的作用，如图 6-25 所示。

6.4　拓展训练：公共建筑空间外部装饰设计

1. 实战目的

初步了解公共建筑外部装饰设计的基本原理，加深对设计规范的认识，增强设计技巧和表达能力，进而使学生理解、掌握公共建筑外部装饰设计的原则、方法。

2. 实战要求

1）某综合楼位于城市市区，共四层，业主拟将其改造为一酒店；改造前立面，及改造后各层平面图见图 6-26～图 6-28。现要求对改造后的建筑进行外立面装饰设计，需设计两种风格（中式、欧式），注意不能影响内部使用功能。

2）立面整体设计符合酒店自身的定位、特征。

3）用材合理、巧妙，既能满足设计的要求，又能体现一定的品位，还要考虑到用最经济的成本创造最好的效果。

3. 实战成果

A3 文本，图面整洁规范，构图饱满，符合国家制图规范。

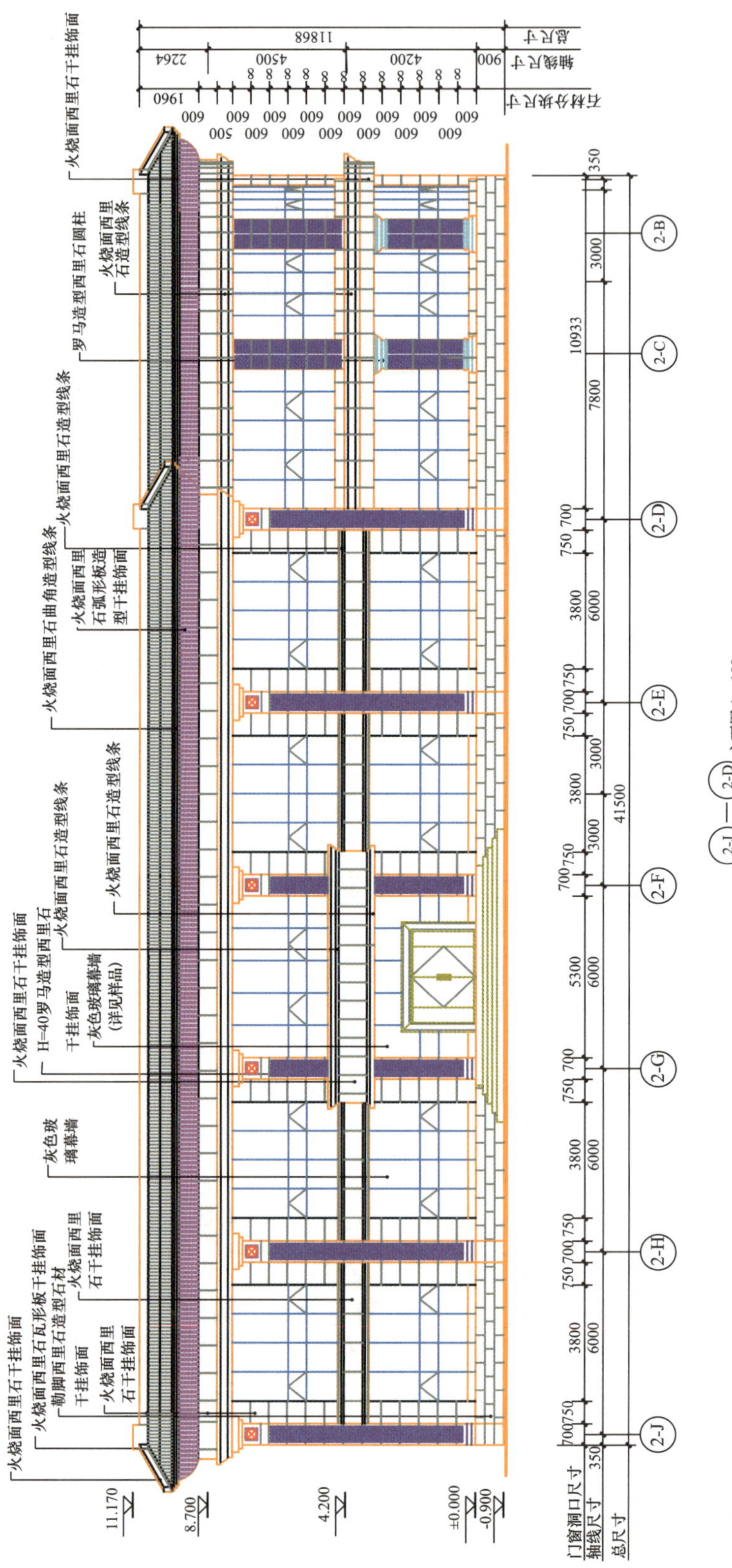

图6-25 某销售中心外立面设计

火烧面西里石弧形板造型干挂饰面
火烧面西里石干挂饰面勒脚西里石造型石材
火烧面西里石造型线条
H=40罗马造型西里石干挂饰面
灰色玻璃幕墙（详见样品）
火烧面西里石瓦形板干挂饰面
火烧面西里石干挂饰面
干挂饰面
火烧面西里石造型线条
火烧面西里石干挂饰面
火烧面西里石干挂饰面
灰色玻璃幕墙（详见样品）
火烧面西里石干挂饰面
火烧面西里石曲角造型线条
火烧面西里石瓦形板干挂饰面
火烧面西里石干挂饰面
11.170
8.700
4.200
±0.000
−0.900
此面接办公楼侧面
门窗洞口尺寸
轴线尺寸
总尺寸
32708
石材分块尺寸
11868
灰色玻璃幕墙（详见样品）
2-D
2-E
2-F
2-G
2-H
2-J
2-D — 2-J
立面图 1∶100

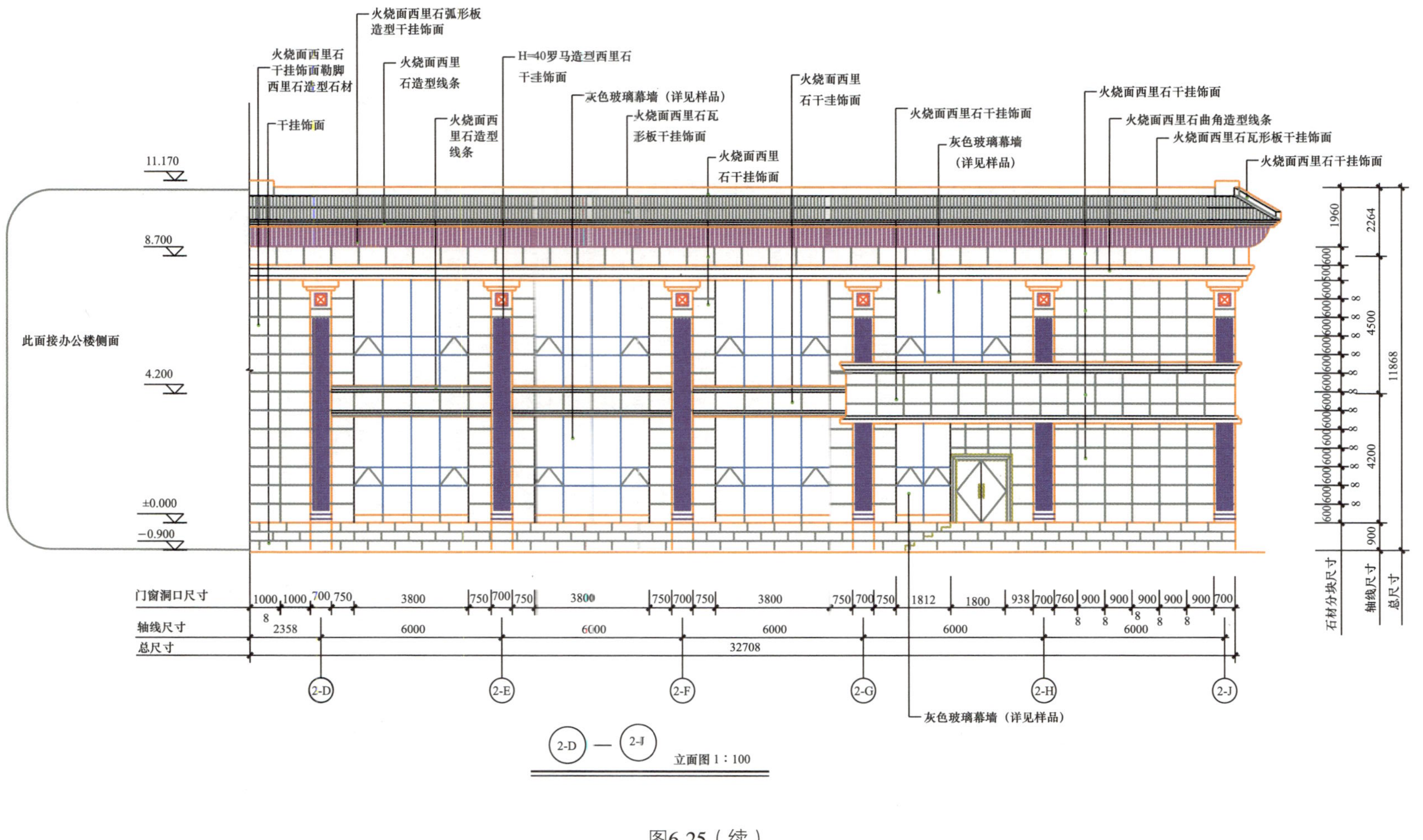

图6-25（续）

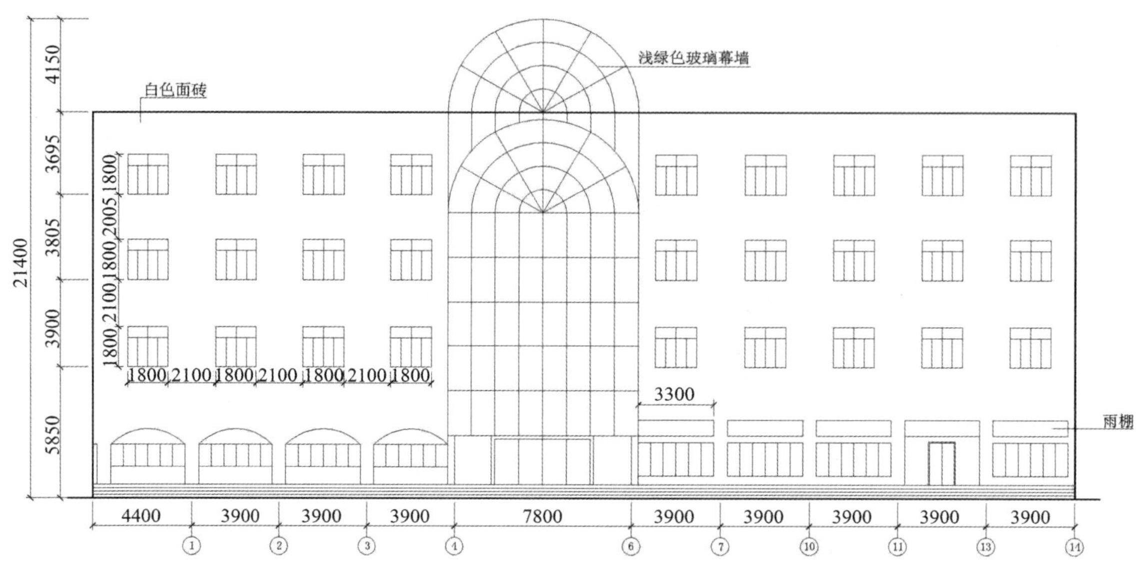

图6-26　某综合楼改造前立面

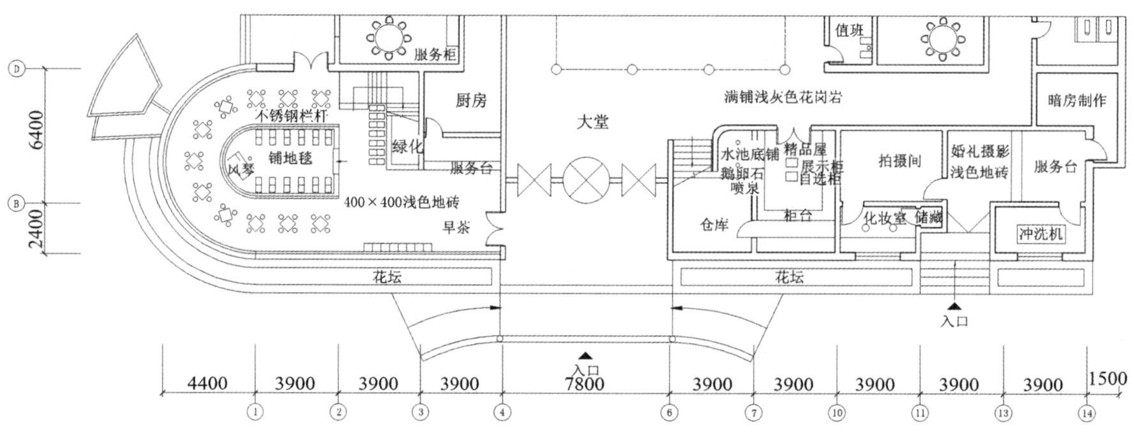

图6-27　某综合楼改造后一层平面布置图

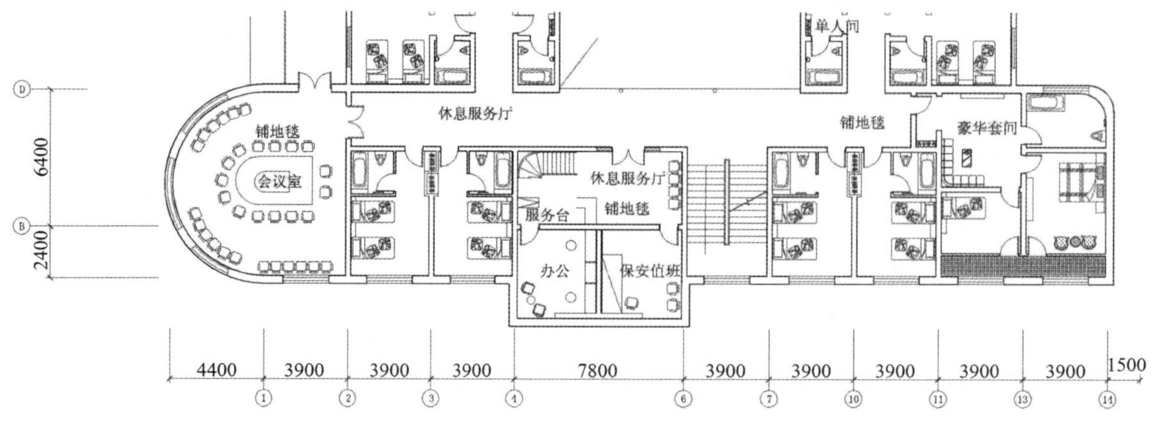

图6-28　某综合楼改造后三（四）层平面布置图

1）设计说明：100 字左右。

2）2 个立面图（中式、欧式），要求标注材料，图面比例为 1 ：150。

3）制图采用手工绘制，图纸可选用白色绘图纸或有色纸。

6.5　项目提交与展示：学生作品成果要求

项目提交与展示是学生攻克难关完成项目设定的实战任务，进行成果的提交与展示阶段。

1. 项目提交

（1）成果形式

一本设计图册，包括封面、扉页、目录、设计说明和设计方案图。

（2）成果格式

1）封面设计要素。封面设计要素包括项目名称、学生姓名、专业、班级、指导教师、完成日期等内容，并进行封面设计。

2）封面规格。一般采用 A3 图纸，装订线在左侧。

3）扉页。包括设计理念、创新点、亮点、内容提要。可采用硫酸纸、白色绘图纸或彩色卡纸。

4）目录。采用二级或三级目录形式，层次分明、图名正确、页码指示正确。

5）设计说明。包括工程概况、设计立意构思、材料要求及图纸上未尽事宜。

6）方案设计图。图纸的核心内容，要严格按照国家制图规范绘制，可以加色彩和排版信息，徒手绘制。

7）封底。封底设计要与封面图案、色彩相协调，且纸质相同。

2. 项目展示

项目展示包括 PPT 演示、图册展示及问答等内容。要求学生用演讲的方式展示最佳的语言表达能力，展示设计理念与方案亮点。

6.6　项目评价：考核标准

考核点	评分点	分值	自评分值	小组评分	教师评分
前期（10 分）	调研报告	5			
	成果按时提交，内容完整	5			
构思创意（10 分）	构思巧妙，有创意	10			

续表

考核点	评分点	分值	自评分值	小组评分	教师评分
外立面设计（70分）	尺寸齐全，材料标注齐全	10			
	造型美观，构图恰当，符合形式美的基本规律，风格明确	40			
	图面表达完整、层次丰富，色彩协调	20			
制图美观规范（10分）	制图美观	5			
	规范	5			
合计		100			

6.7 工作页：公共建筑外部装饰设计

姓名：　　　　学号：　　　　班级：　　　　日期：

<table>
<tr><td>任务</td><td colspan="3">6.1 项目引入：概述
6.2 项目解析：公共建筑外部装饰设计的要点
6.3 项目实战：销售中心外立面设计要点分析
6.4 拓展训练：公共建筑空间外部装饰设计
6.5 项目提交与展示：学生作品成果要求
6.6 项目评价：考核标准
6.7 工作页：公共建筑外部装饰设计</td></tr>
<tr><td>项目 6</td><td>公共建筑外部装饰设计</td><td>课程名称</td><td>建筑装饰设计</td></tr>
<tr><td colspan="4">任务概述：</td></tr>
<tr><td colspan="4">通过讲授、PPT 案例教学、现场参观等形式，了解公共建筑外部装饰设计的内容和装饰特点，掌握公共建筑外部装饰设计的构成要素及其设计要点；能够完成公共建筑的外部装饰设计，并绘制方案图、效果图。</td></tr>
<tr><td colspan="4">工作任务流程图：</td></tr>
<tr><td colspan="4">布置设计任务书，提出教学要求—采用讲授、PPT 案例教学等形式进行理论指导—通过收集资料（规范、标准、图集等）、实地参观考察或现场勘察等形式分组进行学习和资料分析—完成设计任务—设计成果展示与评价。</td></tr>
<tr><td colspan="4">1. 资讯（明确任务、资料准备）</td></tr>
<tr><td colspan="4">（1）公共建筑外部装饰设计的内容和装饰特点有哪些？
（2）公共建筑外部装饰设计包括哪些设计要素，分别需注意哪些设计要点？
（3）公共建筑外部装饰设计如何考虑风格定位和造型设计，如何选择合适的装饰材料？</td></tr>
<tr><td colspan="4">2. 决策（分析并确定工作方案）</td></tr>
<tr><td colspan="4">（1）分析如何掌握公共建筑外部装饰设计的基本原理和设计方法，项目设计需要获得哪些信息和资料，初步确定设计任务的完成过程和完成程度；
（2）小组讨论并完善工作任务方案。</td></tr>
</table>

续表

3. 计划（制订计划）
（1）通过理论学习和参观考察掌握公共建筑外部装饰设计的基本原理和发展方向； （2）通过项目分析、市场调研、资料查阅等形式掌握公共建筑外部装饰设计的规范、标准、技术要求等； （3）通过初步设计阶段的训练，掌握正确的设计思维方法和设计要素协调配合的方法。
4. 实施（实施工作方案）
（1）资料分析报告（包括项目特点和要求、市场调研资料、学习笔记、相关规范和标准、同类空间的设计情况等）； （2）初步设计； （3）研讨并填写工作页。
5. 检查
（1）以小组为单位进行设计资料的分析整理，小组成员补充优化； （2）学生自己独立检查或小组之间相互交叉检查； （3）设计成果的展示与评价，检查是否达到预期设计目标。
6. 评估
（1）填写学生自评和小组互评考核评价表； （2）同老师一起评价认识过程； （3）与老师进行深层次的交流； （4）评估整个工作过程和设计成果（相关设计图纸和设计答辩），是否有需要改进的方法。
指导老师评语：
任务完成人签字： 日期：
指导老师签字： 日期：

模块二 施工图设计阶段

项目7 建筑装饰施工图设计

教学目标

教学PPT

知识目标

1. 建筑装饰施工图内容；
2. 设计深度；
3. 图纸要求。

技能目标

正确绘制建筑装饰施工图，掌握设计深度；绘制施工图时同时进行防火、安全性、环保、防疫、室外装修工程、防水等的设计，与其他专业的关系同时协调。

素养目标

1. 培养学生严谨、认真、负责、细致的工作态度，以及一丝不苟、踏实敬业的工匠精神；

2. 引导学生绘制图纸必须遵循国标规范，严格按照制图流程进行，注意图纸的规范性、科学性和严肃性；

3. 引导学生学习著名建筑学家在制图方面的贡献，树立远大理想和爱国主义情怀，树立正确的世界观、人生观、价值观，勇敢地肩负起时代赋予的光荣使命。

7.1 项目引入：概述

建筑装饰施工图绘制必须符合施工工艺，施工图是工程施工的重要组成部分和造价依据；并且装饰设计应该与土建相结合，避免出现装饰效果合理而土建架构不能满足的情况。装饰施工图侧重反映装饰件的材料及其规格、构造做法、饰面色彩、尺寸标注、标高、施工工艺以及装饰件与建筑物件的位置关系和连接方法等。施工图图纸是以明确线条描绘建筑内部空间形体的轮廓线来表达设计意图，所以严格的线条绘制和严格的制图规范是它的主要特征。

2011年7月，住房和城乡建设部发布行业标准《房屋建筑室内装饰装修制图标准》的公告，批准《房屋建筑室内装饰装修制图标准》为行业标准，编号为JGJ/T244—2011，自2012年3月1日起实施。具体内容有：建筑室内装饰装修设计文件深度规定、制图原理、制图方法、制图标准以及相关术语等。

7.2 项目解析：建筑装饰施工图设计要点

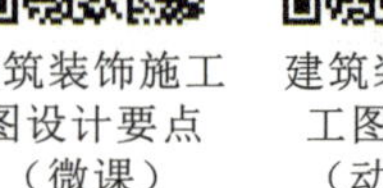

建筑装饰施工图设计要点（微课）　建筑装饰施工图内容（动画）

7.2.1 建筑装饰施工图的内容

1）作为设计依据的政府有关部门的批准文件及附件。

2）完整的设计文件（含封面、图纸目录、设计说明、各专业齐全的设计图纸、设备和材料表、原工程设计图）。

3）施工图设计图纸应包括平面图、顶棚平面图、立面图、剖面图、详图和节点图。平面图应包括设计楼层的总平面图、房屋建筑现状平面图、各空间平面布置图、平面定位图、地面铺装图、索引图等。

7.2.2 设计深度

1）设计文件应加盖编制单位出图印章。

2）设计说明应有对所采用装饰材料和设备质量标准的要求。

3）设计文件的编制内容与深度应能满足施工操作，能据此安排材料、设备采购和非标准设备制作，并能作为施工监理、竣工验收和概预算的依据。

4）图纸封面应标明项目名称，编制单位名称，设计编号，编制年月，编制单位的法定代表人、技术总负责人和项目总负责人的姓名、签字或授权盖章等内容。

7.2.3 图纸要求

建筑装饰施工图除了满足制图标准规范等要求外，还应注意以下几方面。

1. 防火设计

1）根据使用功能对室内总体设计（包括平面布局）是否满足防火规范要求。

2）建筑装饰装修设计是否改变了原设计使用功能，若有改变是否取得相关行政主管部门的批准，原设计单位是否同意。

3）建筑装饰装修设计是否改变原防火设计内容，包括防火防烟分区的划分、垂直或水平安全疏散通道、安全出口、建筑消防设施（如防火门窗、消火栓、喷淋头、报警器、防排烟设施等）的布置，若有改变，应有相应专业修改图，并应得到原设计单位和消防主管部门的认可。

4）室内装饰材料燃烧性能等级是否满足《建筑内部装修设计防火规范》规定，特别是对地下室、门厅、公共通道和文化娱乐游艺放映场所所使用材料的等级应重点审查。

5）钢、木构配件的防火措施是否符合规范规定。

2. 安全性

1）建筑装饰装修工程应保证建筑物结构安全和主要使用功能，若涉及承重结构改动或增加荷载，应经原设计单位同意。

2）对改建工程的分隔墙体材料，应符合该类建筑的耐火极限，保证其强度和隔声的要求。

3）室内墙面、天棚装饰的分隔尺寸、材料规格、抗弯强度、主要做法、节点详图能否满足安全、环保及相关规范、规程的规定，包括主体结构与主龙骨的连接，预埋件数量、规格、位置、防腐处理，干挂石材或装饰板的安装、封口处理、防火、保温处理及变形缝安装等。

4）室内装饰构配件材料选择是否安全可靠，措施是否到位（如装饰构件、落地玻璃等）。

5）安全玻璃使用部位是否明确、恰当，材质是否满足要求等。

3. 环保、防疫

1）使用材料应符合国家相关建筑装饰装修材料有害物质限量标准的规定。

2）对室内设计中有厨房、餐厅、食品储藏及加工等卫生要求较高的房间应根据国家卫生防疫的相关规定和标准审查其是否符合要求，措施是否恰当。

3）对有特殊要求房间的装饰做法是否符合要求，如屏蔽、防震、防腐蚀、防爆、防辐射、防尘、防噪声等。

4）采用的新技术、新材料、新工艺、新设备是否具备合法的鉴定证书和相关部门推广应用的意见，是否符合安全、环保、节能的要求。

4. 室外装修工程

1）幕墙或墙面装修能否满足原设计对节能设计的要求，现设计能否满足国家节能设计标准的规定性指标。

2）室外墙面装修的分隔尺寸、材料、色调、主要做法、节点详图能否满足安全、环保及相关规范、规程的规定，包括主体结构与幕墙连接、预埋件数量、规格、位置、防腐处理、幕墙面板的安装、封口安装、幕墙防火、保温安装、防雷节点安装及变形缝安装等。

3）装饰件、装饰线脚安装的安全性。

4）室外装饰材质、色彩、风格是否符合城市相关管理部门的规定。

5）建筑室外构配件装修材料选择是否恰当、安全，措施是否到位（如栏杆、雨篷、装饰构件、空调室外机搁板等）。

6）安全玻璃使用部位是否明确、恰当，安全玻璃材质是否满足四部委联合制定的《建筑安全玻璃管理规定》的要求。

5. 防水设计

对有防水要求的房间的防水构造及所采用的防水材料是否符合规范规定，是否合理、可靠。

6. 协同绘图

建筑装饰设计与各专业（电气、消防、采暖、通风、给排水等）之间，以及专业内部之间需要协同绘图、良好沟通，以免导致错、漏、碰、缺等问题。专业之间协调一致、团队合作，真正实现所有图纸单元的唯一性，提高绘图效率与质量。

7.3 项目实战：水疗中心施工图设计过程与设计要点分析

7.3.1 工程概况

本项目为某水疗中心的大堂，要求确定施工图设计阶段的工作内容，并对水疗中心大堂空间进行建筑装饰施工图设计。

7.3.2 确定大堂的功能分区与空间组织

主要任务是完成施工图的平面布置图。平面布置图可分为陈设、家具、平面布置图、部品部件平面布置图、设备设施布置图、绿化布置图、局部放大平面布置图等。规模较小的房屋建筑室内装饰装修中陈设、家具平面布置图，设备设施布置图以及绿化布置图可合并；房屋建筑单层面积较大时，可根据需要绘制局部放大平面布置图。

7.3.3 界面设计

1. 地面铺装图应标注

地面装饰材料的种类、拼接图案、不同材料的分界线；地面装饰的定位尺寸、规格和异形材料的尺寸、施工做法;地面装饰嵌条、台阶和梯段防滑条的定位尺寸、材料种类及做法。

2. 顶棚平面图应标注

顶棚造型、顶棚装饰、灯具布置、消防设施及其他设备布置等内容；需做特殊工艺或造型的部位；顶棚材料的种类、拼接图案、不同材料的分界线；注明定位尺寸、标高。

3. 立面图应标注

立面左右高端的墙体构造或界面轮廓线、原楼地面至装修楼地面的构造层、顶棚面层、装饰装修构造层；立面造型的定位尺寸及细部尺寸；立面投视方向上装饰物形状、尺寸及关键控制标高；立面上装饰装修材料种类、名称、施工工艺、拼接图案、不同材料分界线；索引号。

7.3.4　详图设计

详图应标注：物体细部、构件或配件的形状、大小、材料名称及具体技术要求、注明尺寸和做法。其他图纸中对物体的细部形态无法交代或交代不清的可绘制详图，还应标注详图名称和制图比例（图 7-1 ～图 7-10）。

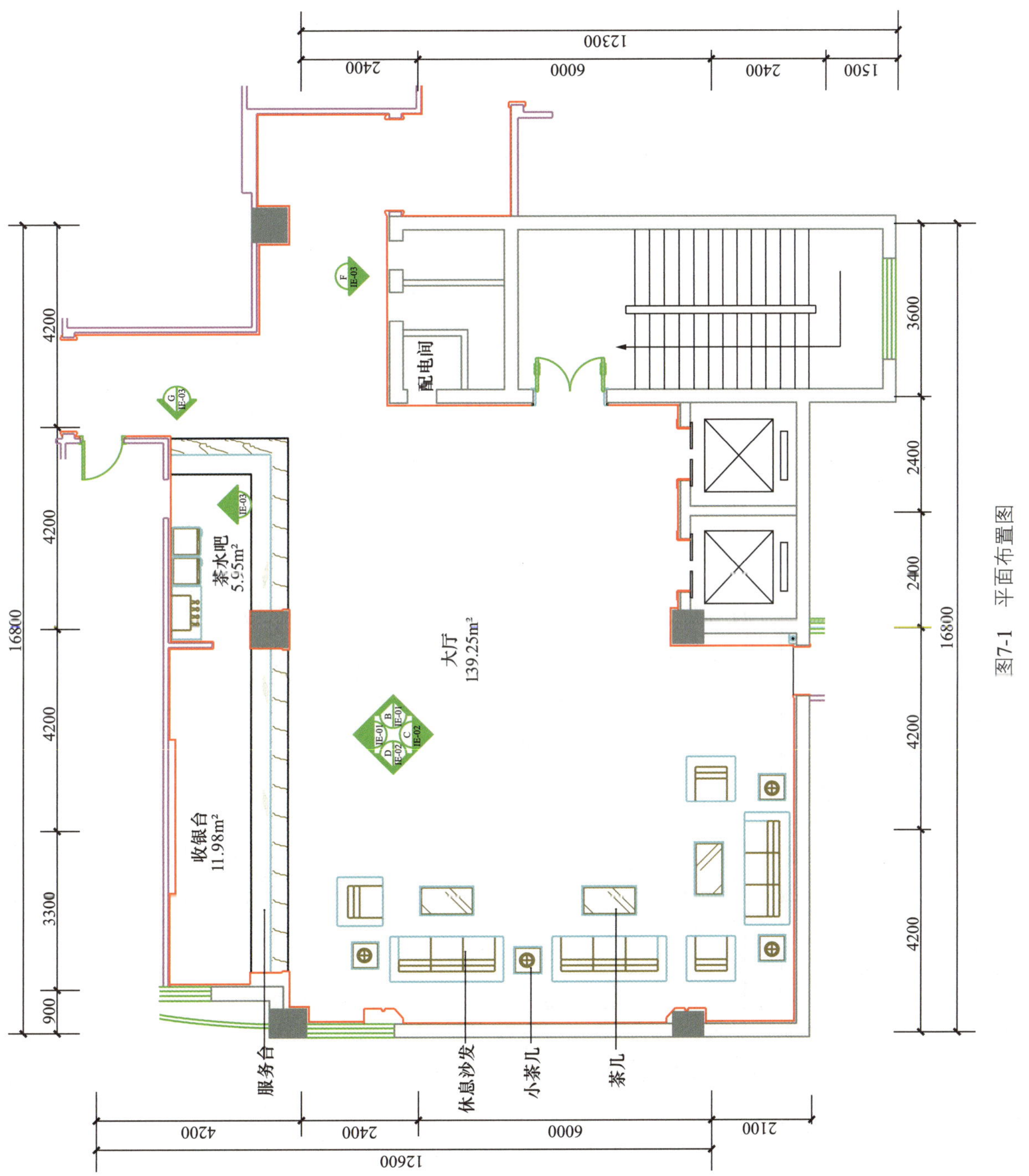

图7-1　平面布置图

室内装饰构造在室内外的空间运用中，都应保证其在施工阶段和使用阶段的安全性、耐久性、环保性。在设计和实施过程中要充分考虑建筑构件自身的强度、刚度和稳定性；要考虑装饰构件与主体结构的连接安全；要考虑主体结构的安全，并保证装饰构造的耐用，以达到合理的使用年限。在人们更加注重生活品质和质量追求的今天，室内外材料及构造的选择显得尤为重要，尤其是节约能源、环保减污，以及对材料和构造循环利用与可持续发展的要求，成为装饰构造设计面临的新课题和长期发展的方向。

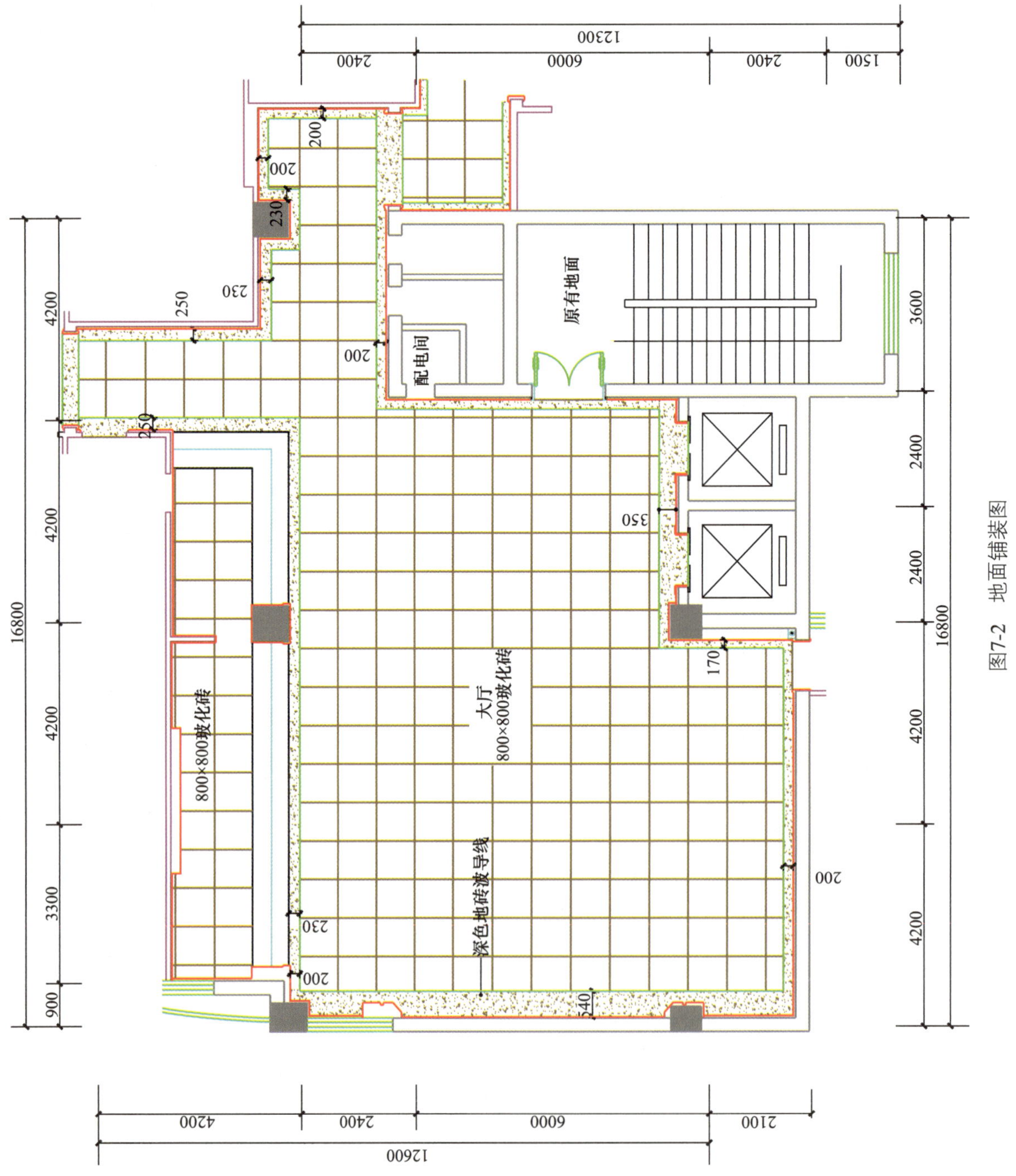

图7-2 地面铺装图

现有的装饰材料发展趋向于无害化、趋向于复合型材料、趋向于制成品与半成品。

装饰材料选择还需要多方面考虑：① 符合室内环境保护的要求，室内装饰材料都要用在室内，所以材料的放射性、挥发性要格外注意，以免对人体造成伤害；② 应符合装饰功能的要求；③ 应符合整体设计思想；④ 应符合经济条件。

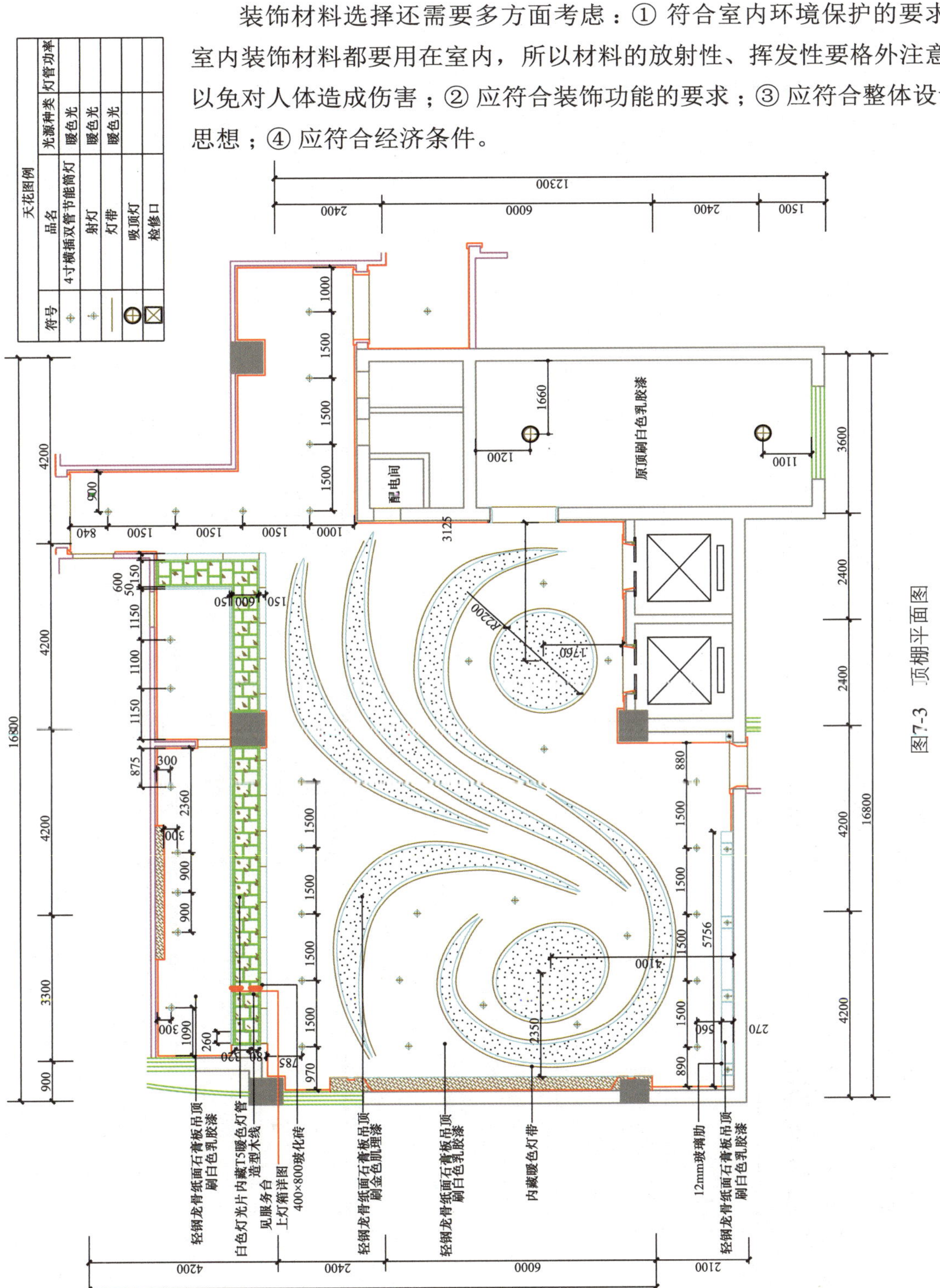

图7-3　顶棚平面图

400×800玻化砖留10mm鸡嘴缝
400×800玻化砖密拼
10mm不锈钢压条
台面米黄石材
镀金砖切60mm条
鸡翅木油清漆
米黄石材踢脚
黄色云石灯光片内藏T5暖色灯管
400×800玻化砖密拼
400×800玻化砖留10mm鸡嘴缝
详见服务台详图
400×800玻化砖密拼
400×800玻化砖留10mm鸡嘴缝
细木工板基层艺术玻璃
黑色瓷质踢脚线
大厅A立面图
400×800玻化砖留10mm鸡嘴缝
400×800玻化砖密拼
细木工板基层艺术玻璃
黑色瓷质踢脚线
隐型门
同色平板门套
鸡翅木油清漆饰面门页
大厅B立面图

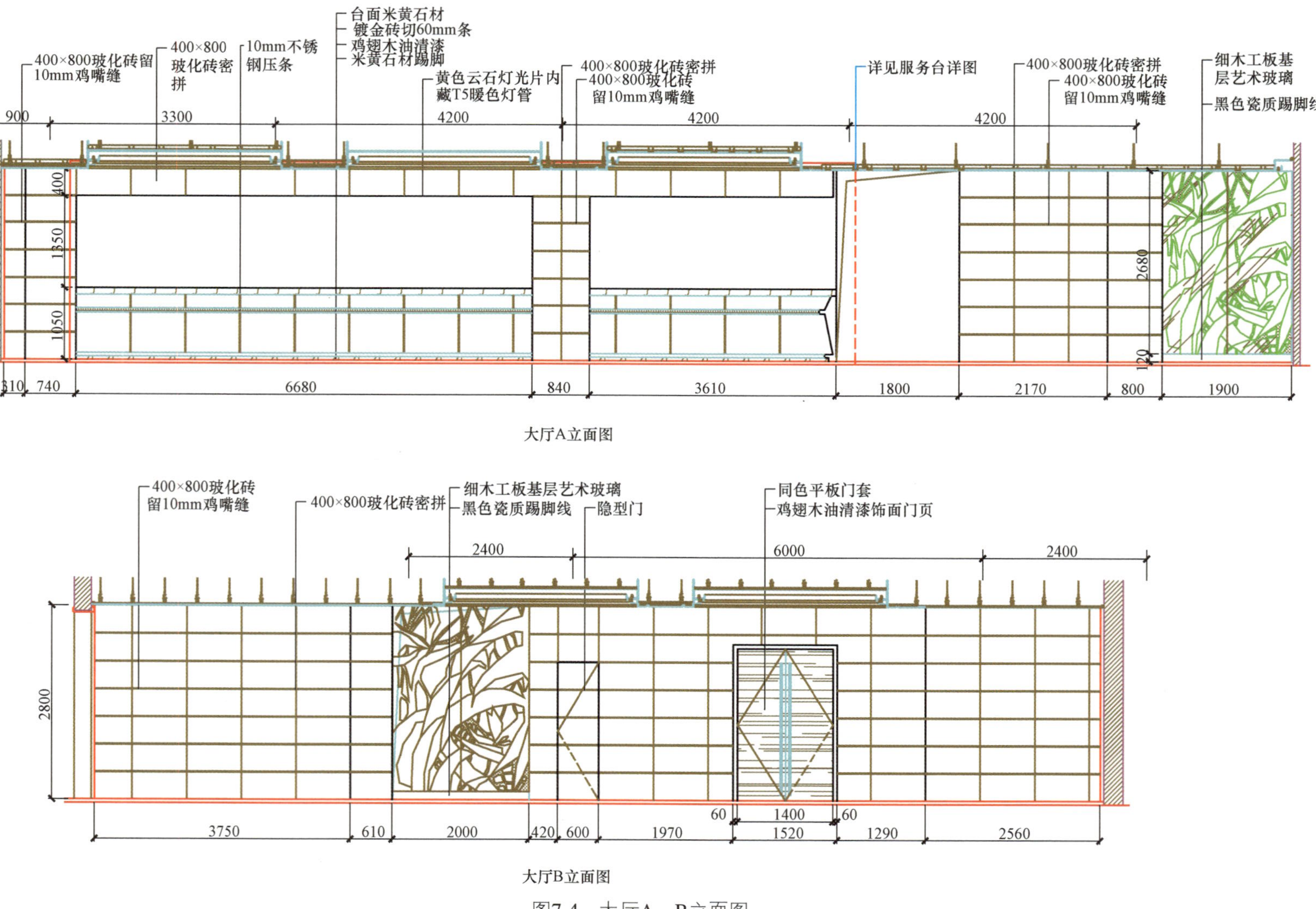

图7-4 大厅A、B立面图

400×800玻化砖
留10mm鸡嘴缝
400×800玻化砖密拼
60mm平板门套
玻化砖踏步
400×800玻化砖
留10mm鸡嘴缝
详见电梯门套详图
米黄石材门套
原电梯门
4200
4200
2400
2400
6710
60
1000
30
160
780
160
200
1050
200
870
200
1050
200
290
200
400
200
2200
2800
大厅C立面图

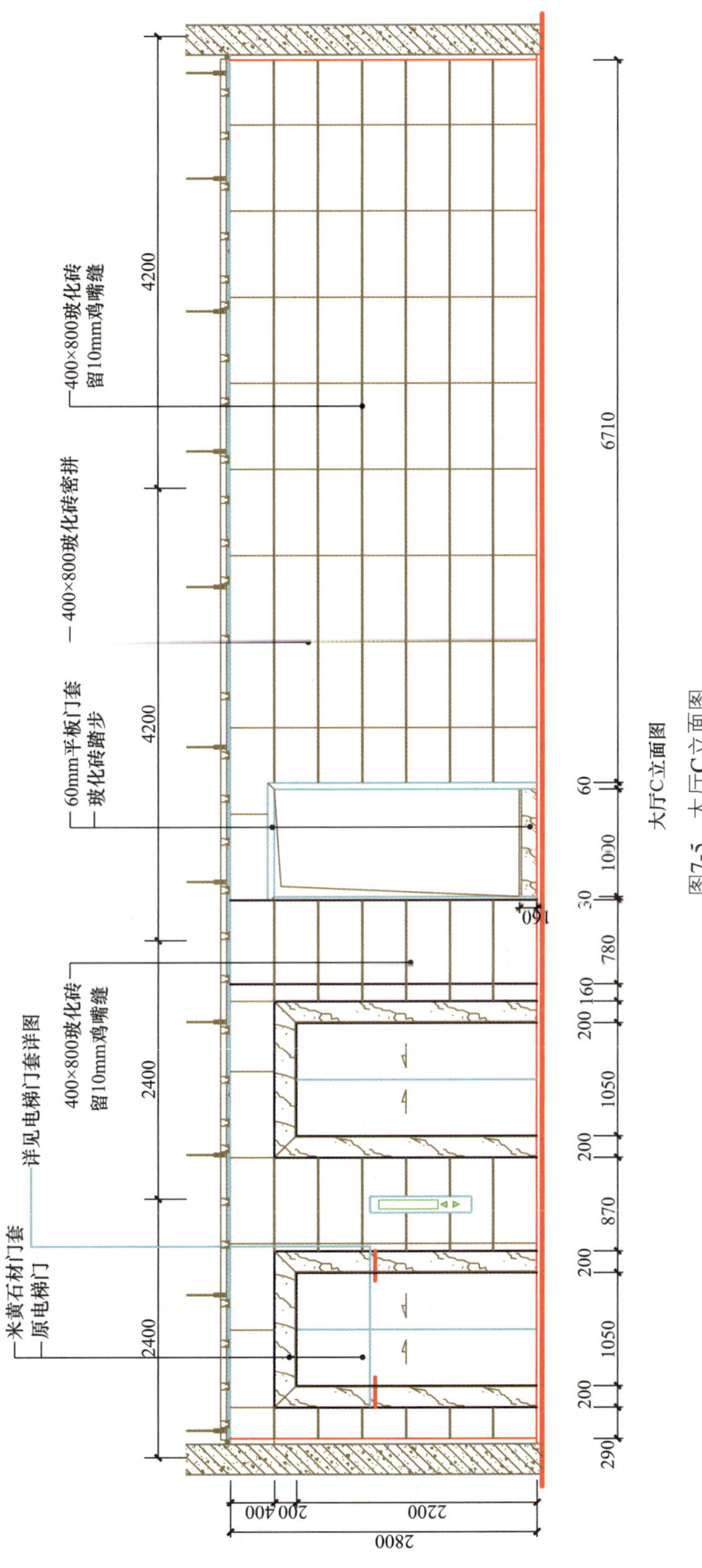

图7-5　大厅C立面图

详见大厅墙面剖面详图
400×800玻化砖密拼
造型木线
白色灯光片 内藏T5黄色灯管
留10mm同色缝
鸡翅木油清漆
400×800玻化砖密拼
400×800玻化砖
留10mm鸡嘴缝
十二厘板基层咖啡色
聚晶玻璃镜面书法文字
20mm不锈钢压条
鸡翅木饰面油清漆
内藏射灯
米黄石材
金色马赛克
米黄石材
400×800玻化砖密拼
400×800玻化砖
留10mm鸡嘴缝
2800
400
1350
1050
1660
650
800
150
395
1250
365
625
60
200
5660
2400
6000
2100
2905
2390
1810
大厅D立面图

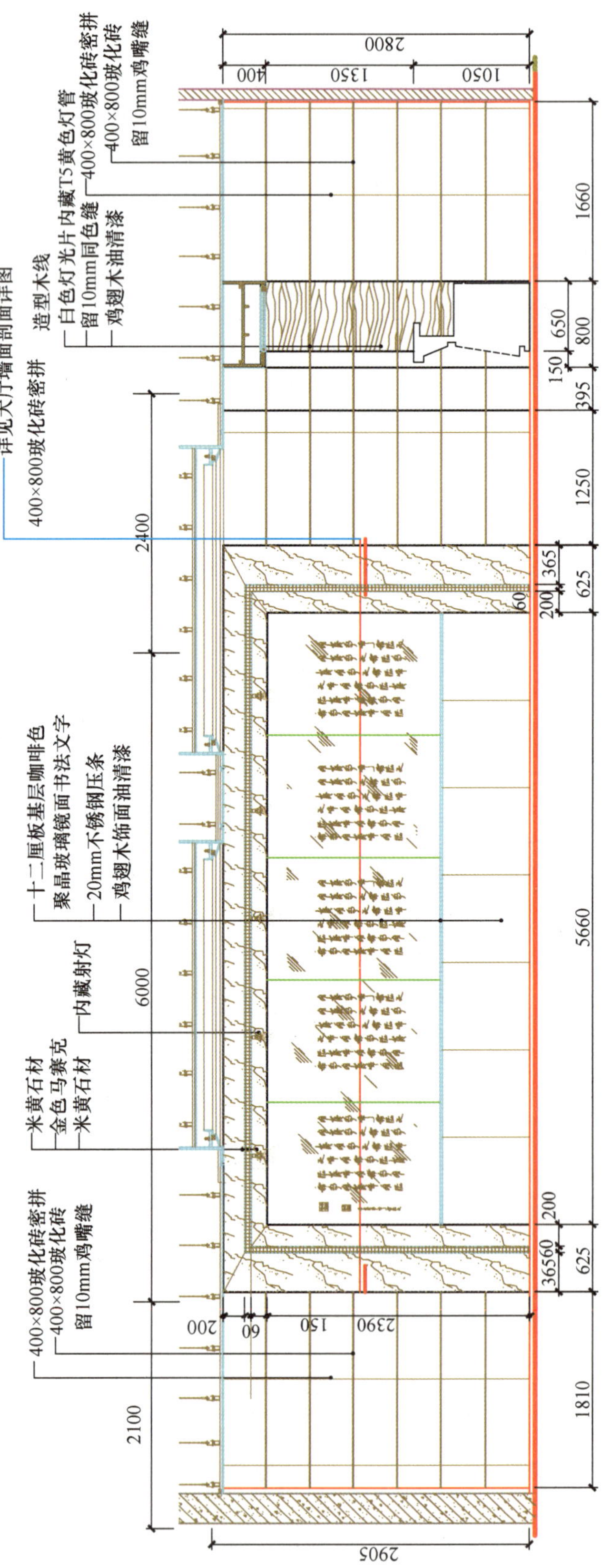

图7-6 大厅D立面图

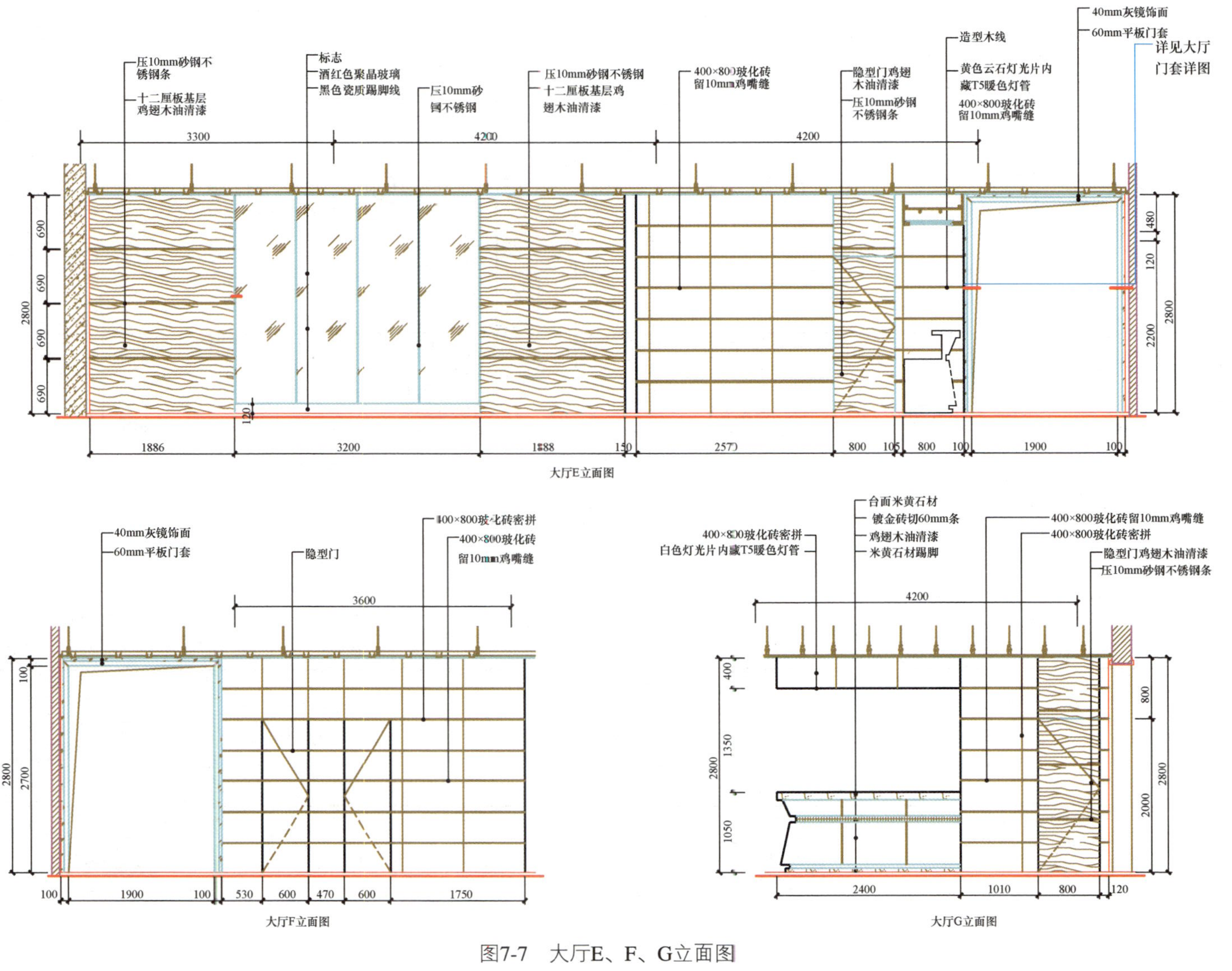

图7-7 大厅E、F、G立面图

400×800玻化砖密拼
留10mm同色缝
台面米黄石材
镀金砖切60mm条
鸡翅木油清漆
米黄石材踢脚
白色灯光片内
藏T5暖色灯管
400×800玻化砖密拼
400×800玻化砖
留10mm鸡嘴缝
400
1350
2800
100
200
60
590
50
50
6680
840
3560
2400
服务台正立面展开图
柜内鸡翅
木油清漆
踢脚线鸡翅
木油清漆
台面米黄石材
柜门鸡翅木油清漆
键盘架鸡翅
木油清漆
鸡翅木油清漆
留10mm同色缝
详见服务台
A剖面详图
详见服务台
B剖面详图
详见服务台
C剖面详图
400×800玻化砖
留10mm鸡嘴缝
鸡翅木油清漆
柜门鸡翅木油清漆
160
540
1156
9660
268
32
110
110
146
160
160
146
660
420
400
316
1136
312
224
400
400
400
412
400
400
2696
服务台内立面展开图

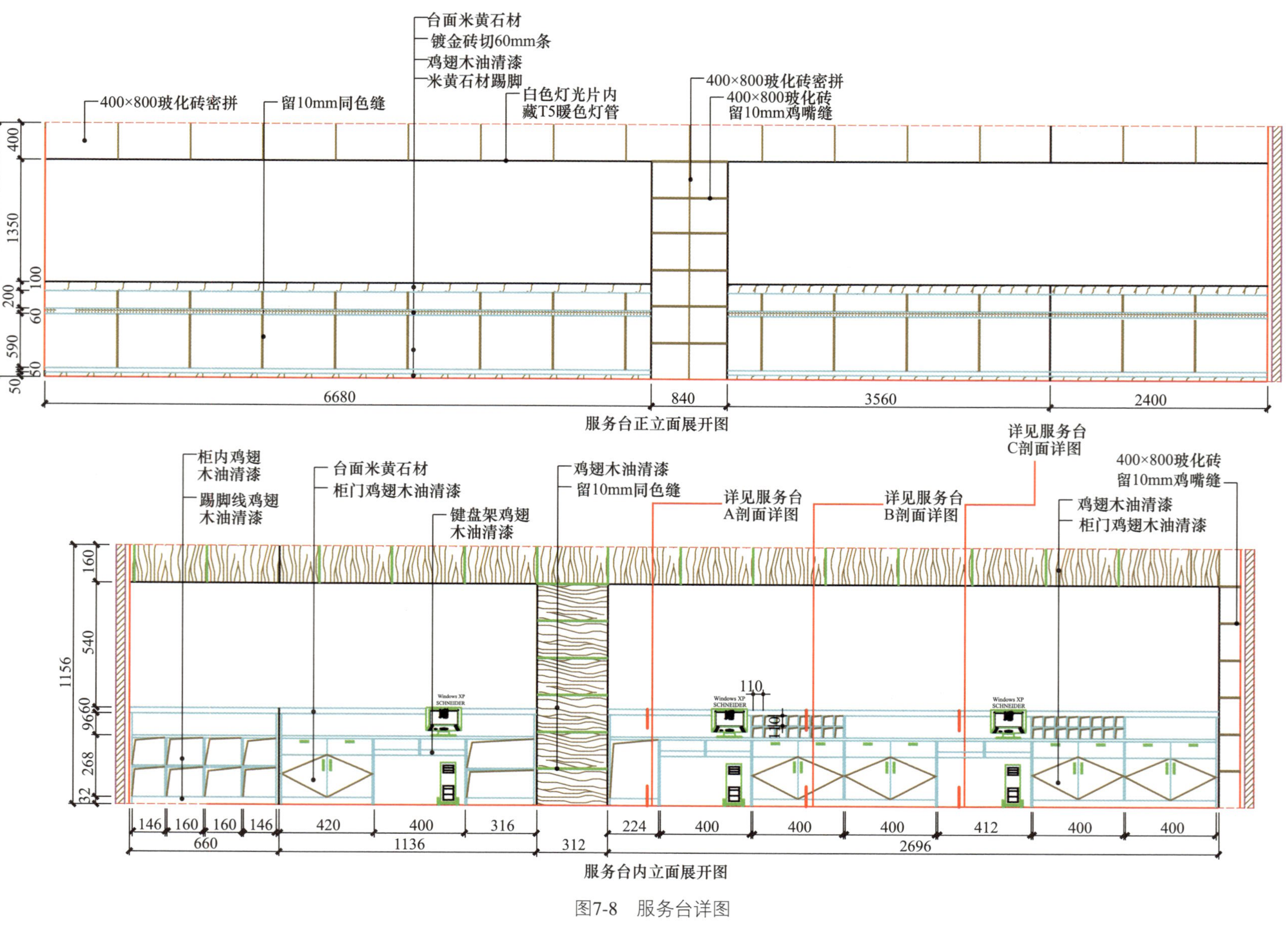

图7-8 服务台详图

细木工板基层
台面米黄石材
鸡翅木油清漆
镀金砖切60mm条
鸡翅木油清漆
鸡翅木油清漆
细木工板基层米黄石材
服务台A剖面图
细木工板基层
台面米黄石材
鸡翅木油清漆
镀金砖切60mm条
抽屉面鸡翅木油清漆
柜内鸡翅木油清漆
鸡翅木油清漆
细木工板基层米黄石材
服务台B剖面图
细木工板基层
台面米黄石材
鸡翅木油清漆
镀金砖切60mm条
键盘架鸡翅木油清漆
柜内鸡翅木清漆
鸡翅木油清漆
细木工板基层米黄石材
服务台C剖面图
玻化砖湿贴
十二厘板基层
鸡翅木油清漆
柱子详图
详见柱子详图
台面米黄石材
台面鸡翅木油清漆
收银台
11.98m²
茶水吧
5.95m²
服务台平面图
图7-8（续）

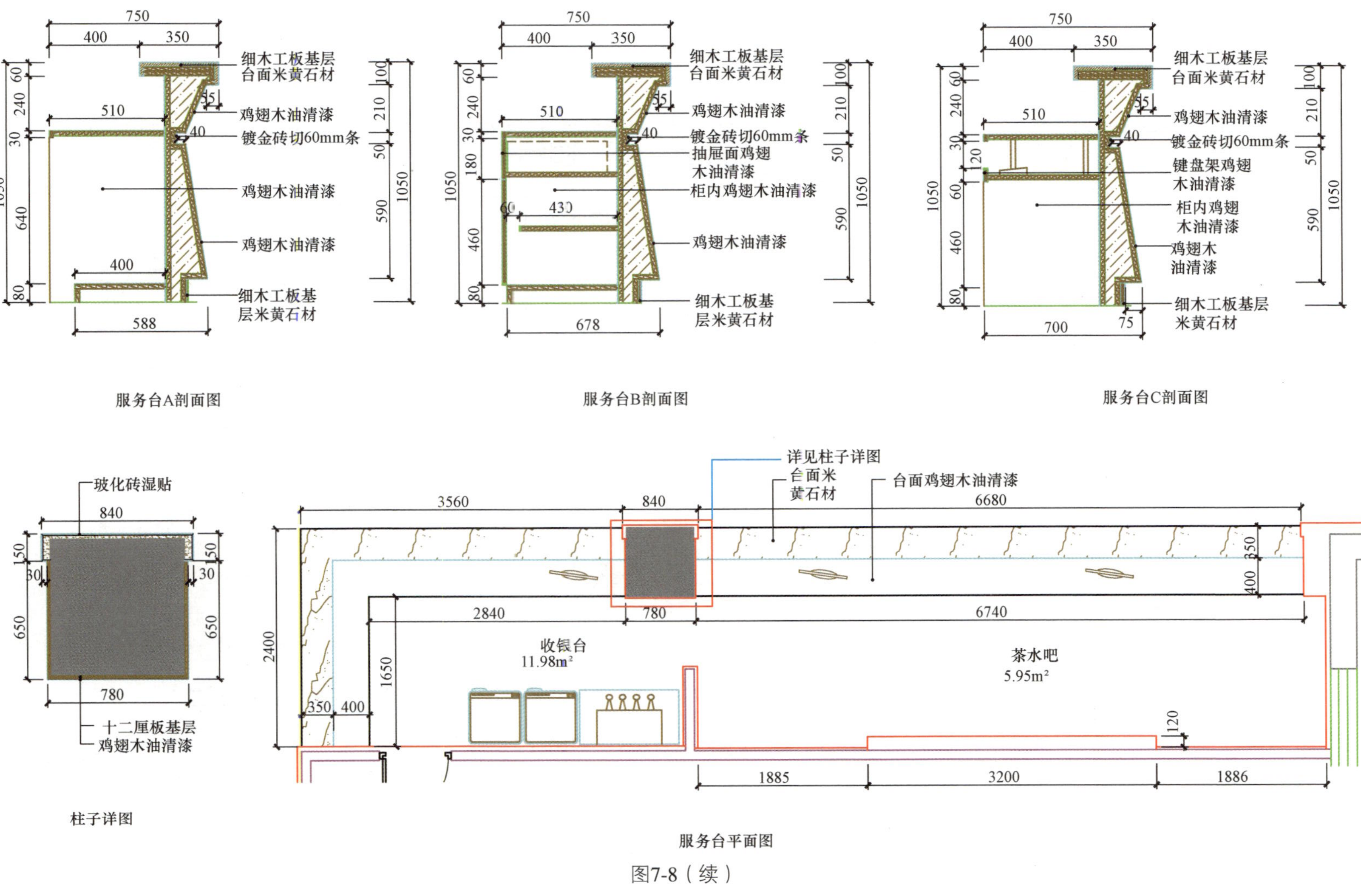

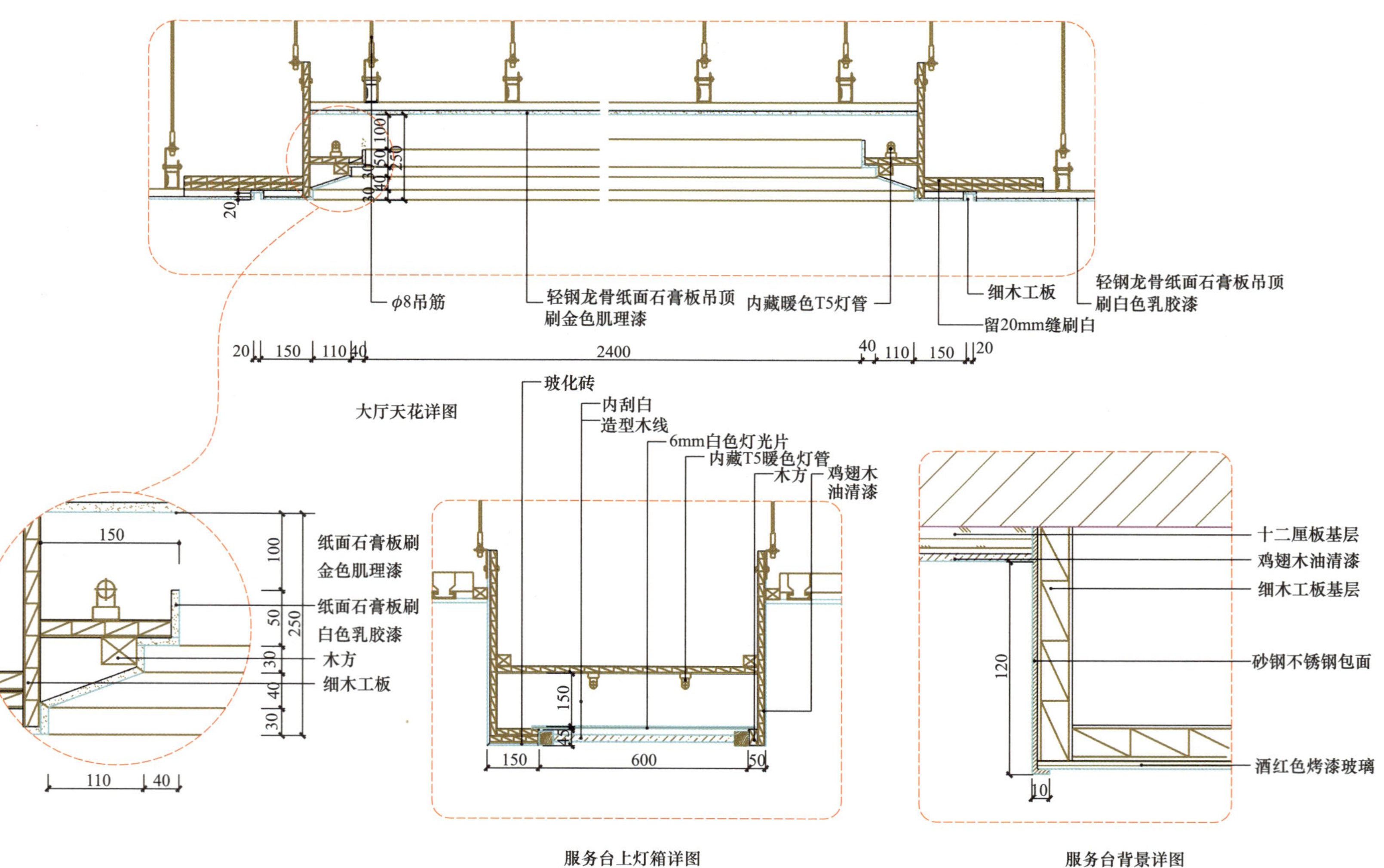

图7-9 墙面、天花、服务台详图

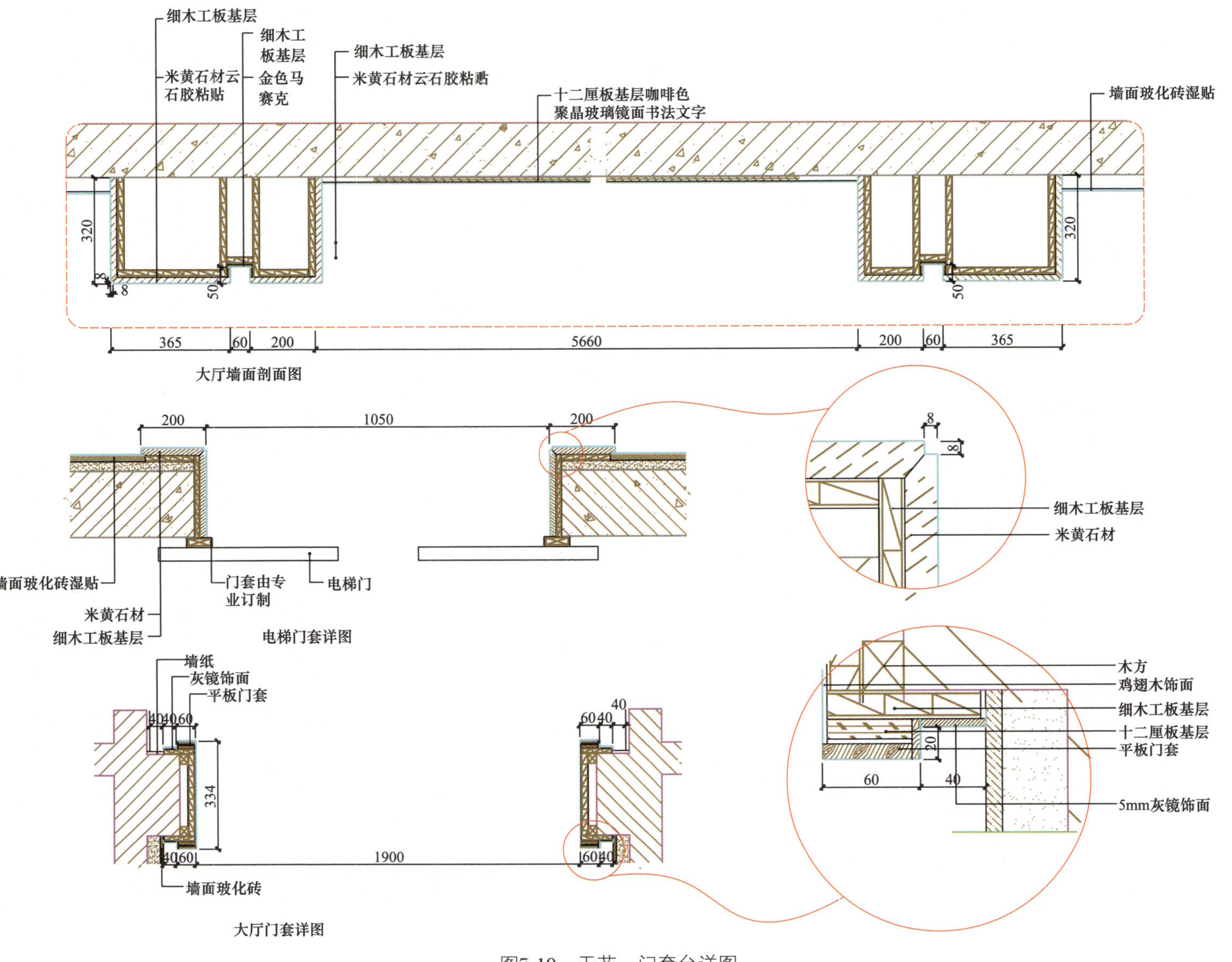

图7-10 天花、门套台详图

7.4 拓展训练：建筑装饰施工图设计

1. 实战目的

1）使学生深入了解建筑装饰施工图的内容、图示方法。

2）通过建筑装饰施工图的设计，完成具体的构造方式、工艺做法和工序的深入设计，使施工图完全具备可施工性，满足装饰施工严格按图施工的目的。

2. 实战要求

将之前所做建筑装饰方案设计图绘成建筑装饰施工图，要求符合相关设计规范要求和标准。

3. 实战成果

A3 文本，图面整洁规范，构图饱满，符合国家制图规范。

（1）封面

（2）设计说明

说明设计理念和风格特点。

（3）平面布置图

标明功能空间的名称，所布置家具、设备，并进行尺寸标注。

（4）地面铺装图

注明地面材质、色彩与规格尺寸，进行尺寸标注，有高差变化时注明标高。

（5）顶棚布置图

表明顶棚的造型与材料，所布置灯具及设备。标注顶棚造型尺寸及标高。必要时做灯具图例说明。

（6）立面图

绘制主要空间（如门厅、会议室、主管室、设计工作室等）的立面造型，注明墙面材料的材质、色彩，进行尺寸标注；标明主要家具、陈设等的位置、尺寸及饰面做法。

（7）详图

对地面、吊顶、墙面、隔断、小品、家具等的重要造型，绘制大样图或构造详图，详细说明细部造型、构造做法、面层材料、设备安装位置等，并标注详细尺寸和详图索引（绘图数量由指导教师根据各校教学情况自定）。

7.5 项目提交与展示：学生作品成果要求

项目提交与展示是学生攻克难关完成项目设定的实战任务，进行成果的提交与展示阶段。

1. 项目提交

（1）成果形式

一本设计图册，包括封面、扉页、目录、设计说明和设计方案图。

（2）成果格式

1）封面设计要求。封面设计要素包括项目名称、学生姓名、专业、班级、指导教师、完成日期等内容，并进行封面设计。

2）封面规格。一般采用 A3 图纸，装订线在左侧。

3）扉页。包括设计理念、创新点、亮点、内容提要。

4）目录。采用二级或三级目录形式，层次分明、图名正确、页码指示正确。

5）设计说明。包括工程概况、设计依据、技术要求及图纸上未尽事宜。

6）施工图。施工图是图纸的核心内容，要严格按照国家制图规范绘制，手绘或 autoCAD 绘制均可。

7）封底。封底设计要与封面图案、色彩相协调，且纸质相同。

2. 项目展示

项目展示包括 PPT 演示、图册展示及问答等内容。要求学生用演讲的方式展示最佳的语言表达能力，展示设计理念与方案亮点。

7.6 项目评价：考核标准

1）采用学生自评、小组互评、汇报及答辩、教师（专、兼）评价的方式对学生提交项目进行考核。

2）以过程性考核和终结性考核相结合。

3）考核标准。

考核类别		考核方法		分值
过程考核	学习态度、纪律	上课、实训态度、团队合作精神等	教师评价	10
	项目实践过程	资讯	教师评价占 60% 小组互评占 20% 学生自评占 20%	5
		决策		5
		计划		10
		实施		20
		检查		10
结果考核	项目成果	项目提交	教师（业主）评价占 60% 小组互评占 20% 学生自评占 20%	20
		项目展示		20
合计				100

7.7　工作页：建筑装饰施工图设计

姓名：　　　　　　学号：　　　　　　班级：　　　　　　日期：

<table>
<tr><td>任务</td><td colspan="3">7.1 项目引入：概述
7.2 项目解析：建筑装饰施工图设计要点
7.3 项目实战：水疗中心施工图设计过程与设计要点分析
7.4 拓展训练：建筑装饰施工图设计
7.5 项目提交与展示：学生作品成果要求
7.6 项目评价：考核标准
7.7 工作页：建筑装饰施工图设计</td></tr>
<tr><td>项目 7</td><td>建筑装饰施工图设计</td><td>课程名称</td><td>建筑装饰设计</td></tr>
<tr><td colspan="4">任务概述：</td></tr>
<tr><td colspan="4">通过讲授、PPT 案例教学等形式，掌握建筑装饰施工图的设计要点；能够完成建筑装饰施工图设计。</td></tr>
<tr><td colspan="4">工作任务流程图：</td></tr>
<tr><td colspan="4">布置设计任务书，提出教学要求—采用讲授、PPT 案例教学等形式进行理论指导—通过收集资料（规范、标准、图集等）、实地参观考察或现场勘察等形式分组进行学习和资料分析—完成设计任务—设计成果展示与评价。</td></tr>
<tr><td colspan="4">1. 资讯（明确任务、资料准备）</td></tr>
<tr><td colspan="4">（1）建筑装饰施工图包括哪些图纸？
（2）建筑装饰施工图的制图应注意哪些要点？</td></tr>
<tr><td colspan="4">2. 决策（分析并确定工作方案）</td></tr>
<tr><td colspan="4">（1）分析方案图与施工图的区别，项目设计需要获得哪些信息和资料，初步确定设计任务的完成过程和完成程度；
（2）小组讨论并完善工作任务方案。</td></tr>
<tr><td colspan="4">3. 计划（制订计划）</td></tr>
<tr><td colspan="4">（1）通过项目分析、资料查阅等形式掌握建筑装饰施工图设计的规范、标准、技术要求等；
（2）通过施工图设计阶段的训练认识施工图设计的内容，熟悉建筑装饰施工图设计的技术处理方法。</td></tr>
<tr><td colspan="4">4. 实施（实施工作方案）</td></tr>
<tr><td colspan="4">（1）资料分析（包括项目特点和要求、市场调研资料、学习笔记、相关规范和标准、同类空间的设计情况、初步设计等）；
（2）施工图设计；
（3）研讨并填写工作页。</td></tr>
</table>

续表

<table>
<tr><td>5. 检查</td></tr>
<tr><td>（1）以小组为单位进行设计资料的分析整理，小组成员补充优化；
（2）学生自己独立检查或小组之间相互交叉检查；
（3）设计成果的展示与评价，检查是否达到预期设计目标。</td></tr>
<tr><td>6. 评估</td></tr>
<tr><td>（1）填写学生自评和小组互评考核评价表；
（2）同老师一起评价认识过程；
（3）与老师进行深层次的交流；
（4）评估整个工作过程和设计成果（相关设计图纸和设计答辩），是否有需要改进的方法。</td></tr>
<tr><td>指导老师评语：</td></tr>
<tr><td>任务完成人签字：

日期：</td></tr>
<tr><td>指导老师签字：

日期：</td></tr>
</table>

附录1　书屋室内装饰设计VR应用

1. 实训目的

1）要求学生掌握SketchUp软件及相关知识，并使用VR相关技术进行室内装饰设计，掌握融会贯通的能力。

2）培养学生独立构思的能力，提出构想，系统、科学地对空间进行功能布局与形体构建，并保证其设计风格的整体性和一致性。

3）结合专业技能的训练，综合掌握项目分析、社会调研、方案构思、方案表现等设计方法与步骤，提高学生装饰工程方案设计的综合能力。

2. 工程概况

1）工程规模：书店室内空间装饰设计，面积约600m^2。

2）结构体系：钢结构框架，外墙为玻璃幕墙。

3）建筑概况：该工程是某示范区一层的用房，建筑所属地环境良好，市政管线齐备，室内净高为4500mm，室内标高为±0.000为地面装饰层标高，卫生间楼地面相对标高为-0.030。要求进行室内装饰设计。

3. 设计要求

1）熟悉书店建筑内部的设计工作流程，要求合理地进行功能和流线的组织，并能够综合运用建筑装饰设计原理的内容于设计中。

2）原建筑作为商业空间使用，部分兼做办公，现改作书店空间使用，要求具备办公区、图书区、文创产品区和饮品休息区。其他所需空间依联系自行设置。

3）掌握室内设计的步骤，了解书店设计流程中的特殊要求和所需遵守的一般规则、规范、室内设计制图，培养运用多种方法表达设计意图的能力。

方案一：

方案设计扫二维码观看

书屋设计方案（一）

视频动画扫二维码观看

书屋设计视频（一）

下载后可用 VR 软件打开观看。

登录科学出版社职教技术出版中心（www.abook.cn）网站下载课程资源包，在工程案例——商业建筑装饰设计即可找到相应的 VR 文件。

方案二：

方案设计扫二维码观看　　　　视频动画扫二维码观看

书屋设计方案（二）

书屋设计视频（二）

下载后可用 VR 软件打开观看。

登录科学出版社职教技术出版中心（www.abook.cn）网站下载课程资源包，在工程案例——商业建筑装饰设计即可找到相应的 VR 文件。

附录2　日料店室内装饰设计BIM应用

1. 实训目的

1）要求学生掌握BIM软件及相关专业知识，能够灵活运用于室内装饰设计。

2）培养学生空间构思和想象能力，能直观的地对空间进行功能布局与形体构建，能独立完成各设计阶段的图纸绘制。

3）根据软件特点，综合运用于方案设计、施工图设计和施工项目管理等方面，对项目进行整体设计、施工、预算及管理，提高学生对建筑装饰装修项目的认知及其综合能力的培养。

2. 工程概况

1）工程规模：日料店室内空间装饰设计，面积约为260m^2。

2）结构体系：钢筋混凝土框架—剪力墙结构。

3）建筑概况：该工程是某综合楼一层的部分用房，建筑所属地环境良好，市政管线齐备，室内净高为4200mm，梁高为600mm，梁宽为450mm，室内标高为±0.000为地面装饰层标高，卫生间楼地面相对标高为−0.030。要求进行室内装饰设计。

3. 设计要求

满足功能要求，合理分割空间；交通线路组织清晰流畅；用色、用料、用光合理、巧妙，既能满足公共空间设计的要求、又能体现日料店室内装饰特点；店面整体设计符合自身的定位、特征。

4. 图纸获取

登录科学出版社职教技术出版中心（www.abook.cn）网站下载课程资源包，在设计实训文件夹中即可找到相应的VR文件。

附录 3　优秀学生作品

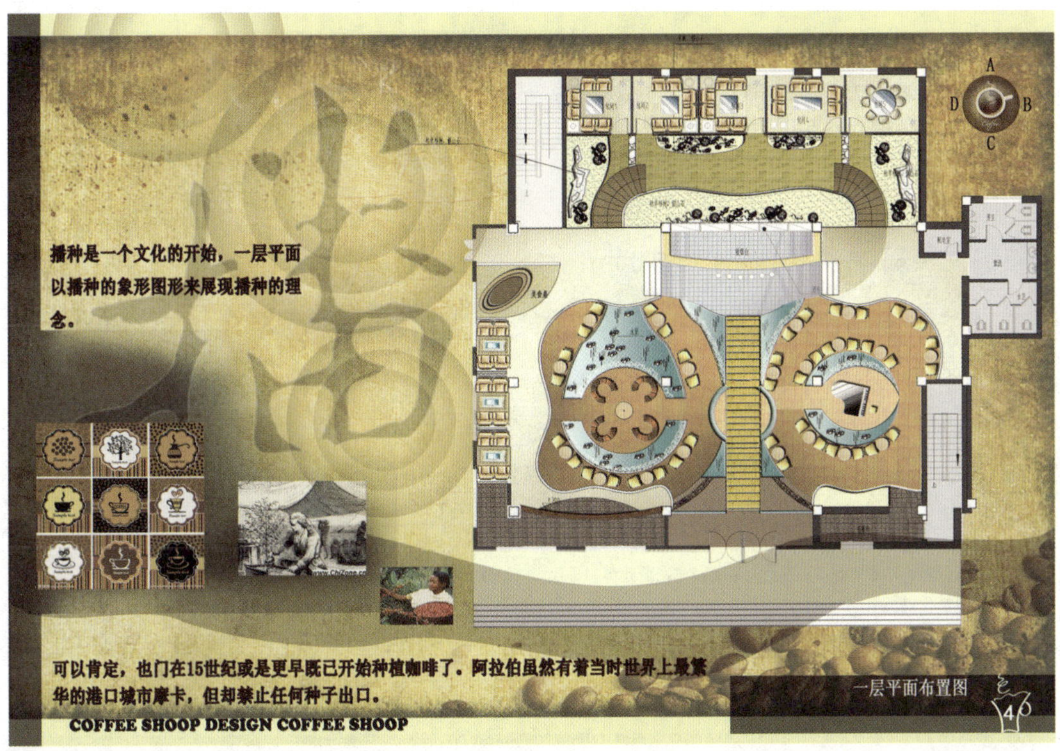

播种是一个文化的开始，一层平面以播种的象形图形来展现播种的理念。
可以肯定，也门在15世纪或是更早既已开始种植咖啡了。阿拉伯虽然有着当时世界上最繁华的港口城市摩卡，但却禁止任何种子出口。
COFFEE SHOOP DESIGN COFFEE SHOOP
一层平面布置图
4

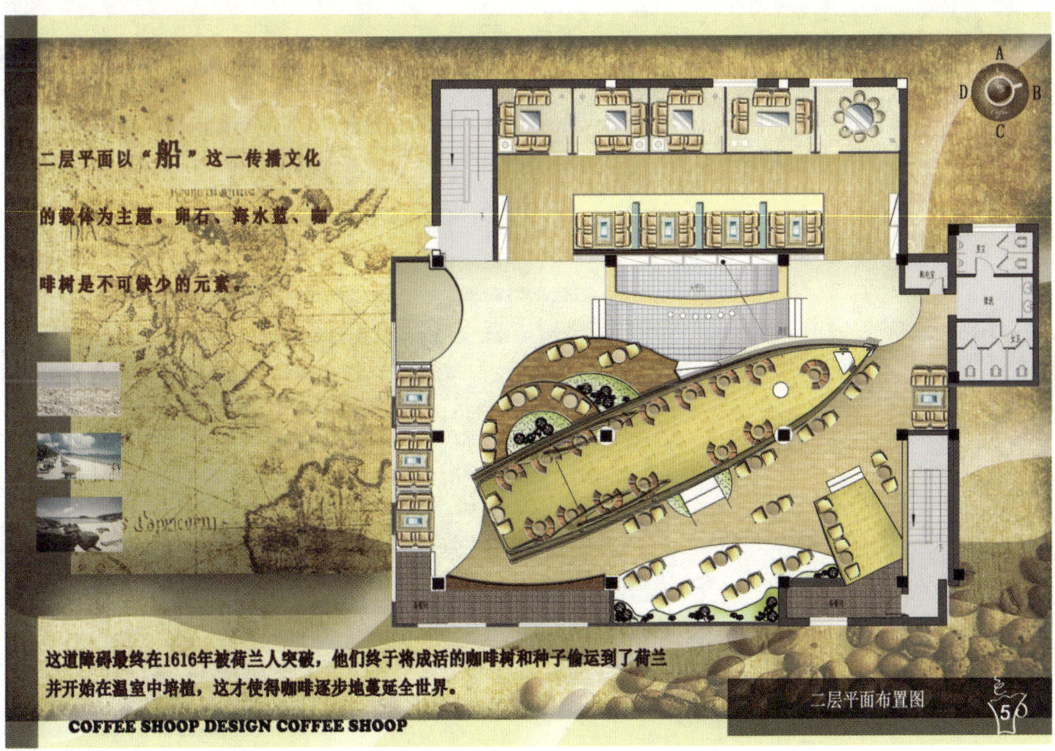

二层平面以“船”这一传播文化的载体为主题。卵石、海水蓝、咖啡树是不可缺少的元素。
这道障碍最终在1616年被荷兰人突破，他们终于将成活的咖啡树和种子偷运到了荷兰并开始在温室中培植，这才使得咖啡逐步地蔓延全世界。
COFFEE SHOOP DESIGN COFFEE SHOOP
二层平面布置图
5

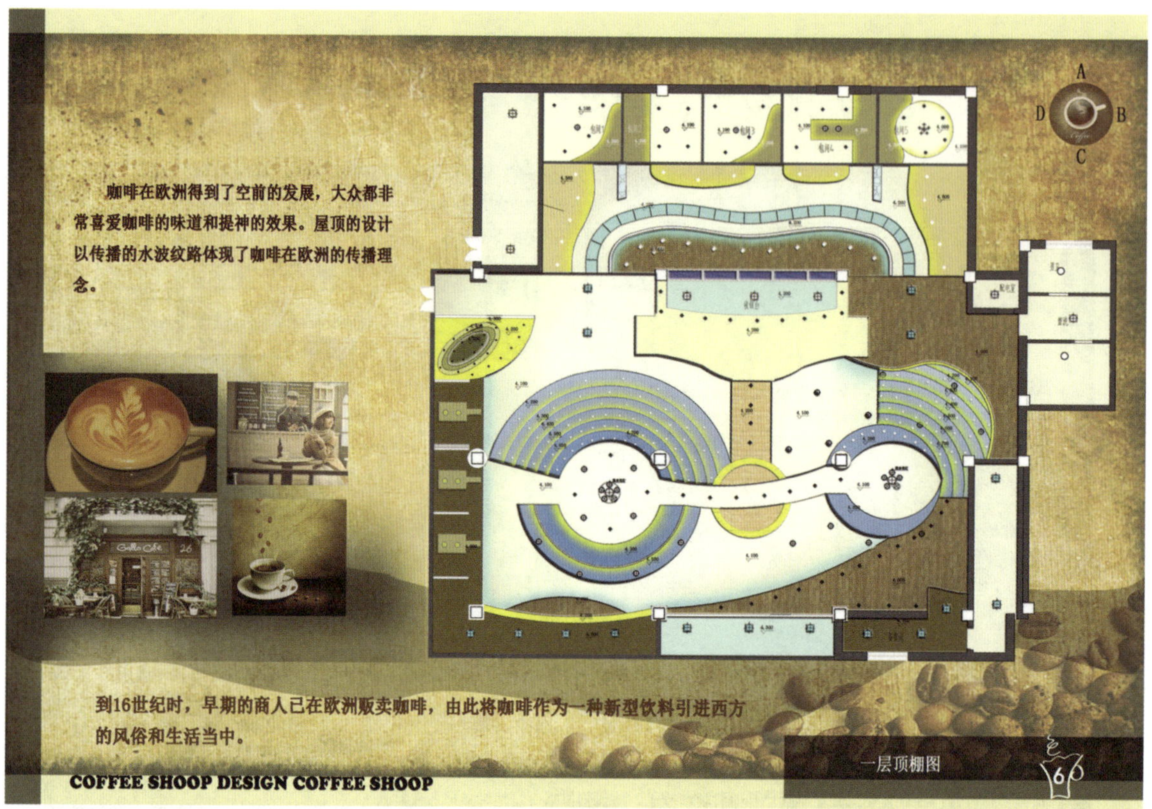
咖啡在欧洲得到了空前的发展，大众都非常喜爱咖啡的味道和提神的效果。屋顶的设计以传播的水波纹路体现了咖啡在欧洲的传播理念。
A
D
B
C
到16世纪时，早期的商人已在欧洲贩卖咖啡，由此将咖啡作为一种新型饮料引进西方的风俗和生活当中。
COFFEE SHOOP DESIGN COFFEE SHOOP
一层顶棚图

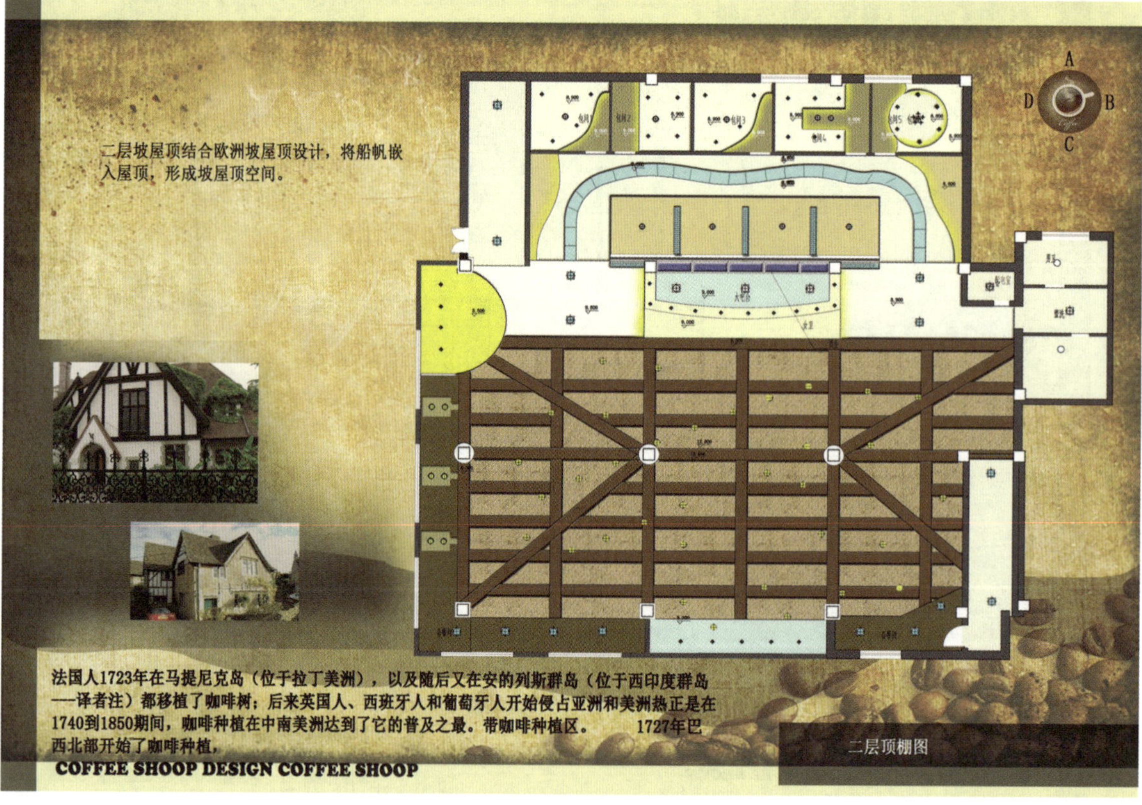
二层坡屋顶结合欧洲坡屋顶设计，将船帆嵌入屋顶，形成坡屋顶空间。
A
D
B
C
法国人1723年在马提尼克岛（位于拉丁美洲），以及随后又在安的列斯群岛（位于西印度群岛——译者注）都移植了咖啡树；后来英国人、西班牙人和葡萄牙人开始侵占亚洲和美洲热正是在1740到1850期间，咖啡种植在中南美洲达到了它的普及之最。带咖啡种植区。 1727年巴西北部开始了咖啡种植，
COFFEE SHOOP DESIGN COFFEE SHOOP
二层顶棚图

咖啡的传说之一：牧羊人的故事
有关于咖啡由来的传说有好几种，其中较为人熟知的是牧羊人的故事：根据罗马一位语言学家罗士德．奈洛伊(1613-1707)的记载：大约纪元六世纪时，有位阿拉伯牧羊人卡尔代某日赶羊到伊索比亚草原放牧时，看到每只山羊都显得无比兴奋，雀跃不已，他觉得很奇怪，後来经过细心观察发现，这些羊群是吃了某种红色果实才会兴奋不已，卡尔代好奇地尝了一些，发觉这些果实非常香甜美味，食後自己也觉得精神非常爽快，从此他就时常赶著羊群一同去吃这种美味果实。後来，一位回教徒经过这里，便顺手将这种不可思议的红色果实摘些带回家，并分给其他的教友们吃，所以其神奇效力也就因此流传开来了。
A
B
C
D
一层A立面
8
COFFEE SHOOP DESIGN COFFEE SHOOP

咖啡的传说之二：雪克．欧玛的故事
另一些传说是阿拉伯半岛上(即指北叶门)的守护圣徒雪克．卡尔第之弟子雪克．欧玛在摩卡是很受人民尊敬及爱戴的酋长，但因犯罪而被族人驱逐。雪克．欧玛因此而被流放到该国的俄萨姆，在这里偶然发现了咖啡的果实，这是一二五八年的事。一日，欧玛饥肠辘辘的在山林中走著，看见枝头上停著羽毛奇特的小鸟在啄食了树上的果实後，发出极为悦耳婉转的啼叫声。他将此果实带回并加水熬煮，不料竟发出浓郁诱人的香味，饮用後原本疲惫的感觉也随之消除，元气十足。欧玛便采集许多这种神奇的果实，遇见有人生病时，就将果实做成汤汁给他们饮用，恢复了精神。由於他四处行善，受到信徒的喜爱，不久他的罪得以被赦，回到摩卡的他，因发现这种果实而受到礼赞，人们并推崇他为圣者。而当时神奇的治病良药，据说就是咖啡。
A
B
C
D
一层B立面
9
COFFEE SHOOP DESIGN COFFEE SHOOP

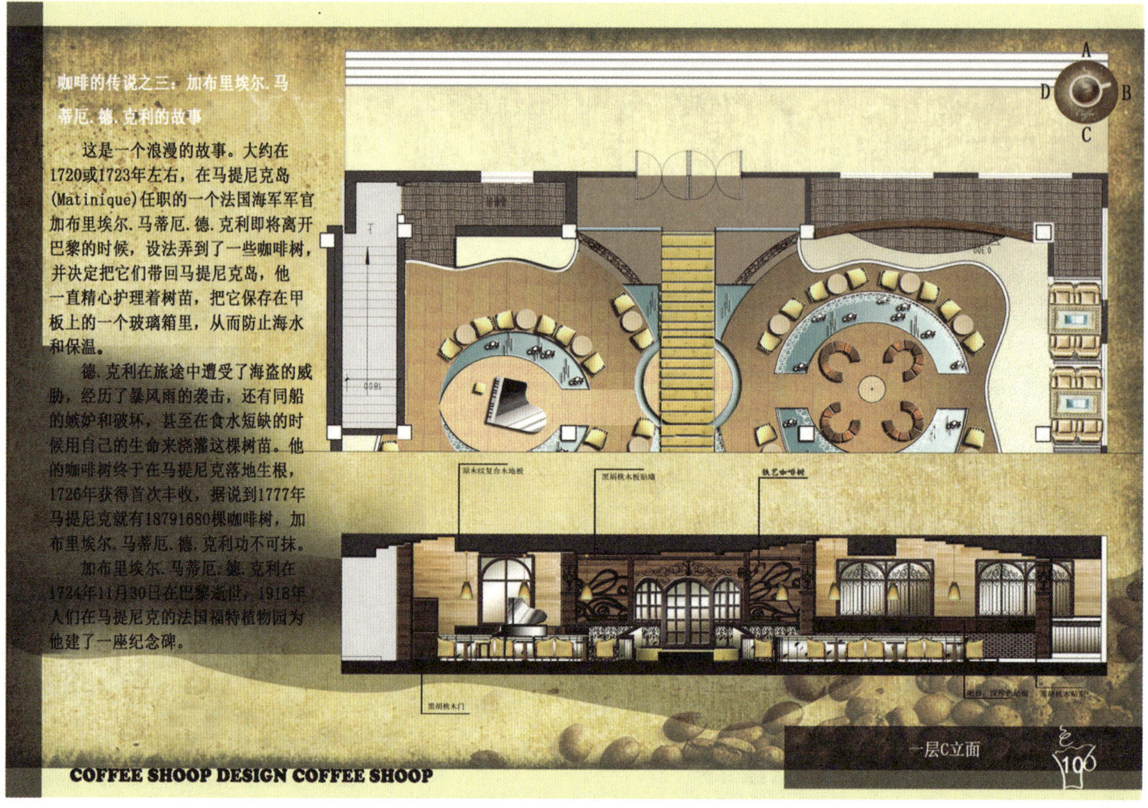

咖啡的传说之三：加布里埃尔.马蒂厄.德.克利的故事
这是一个浪漫的故事。大约在1720或1723年左右，在马提尼克岛(Matinique)任职的一个法国海军军官加布里埃尔.马蒂厄.德.克利即将离开巴黎的时候，设法弄到了一些咖啡树，并决定把它们带回马提尼克岛，他一直精心护理着树苗，把它保存在甲板上的一个玻璃箱里，从而防止海水和保温。
德.克利在旅途中遭受了海盗的威胁，经历了暴风雨的袭击，还有同船的嫉妒和破坏，甚至在食水短缺的时候用自己的生命来浇灌这棵树苗。他的咖啡树终于在马提尼克落地生根，1726年获得首次丰收，据说到1777年马提尼克就有18791680棵咖啡树，加布里埃尔.马蒂厄.德.克利功不可抹。
加布里埃尔.马蒂厄.德.克利在1724年11月30日在巴黎逝世，1918年人们在马提尼克的法国福特植物园为他建了一座纪念碑。
A
D
B
C
一层C立面
10
COFFEE SHOOP DESIGN COFFEE SHOOP

用铁艺来抽象的表达咖啡树的剪影效果
A
D
B
C
一层D立面
11
COFFEE SHOOP DESIGN COFFEE SHOOP

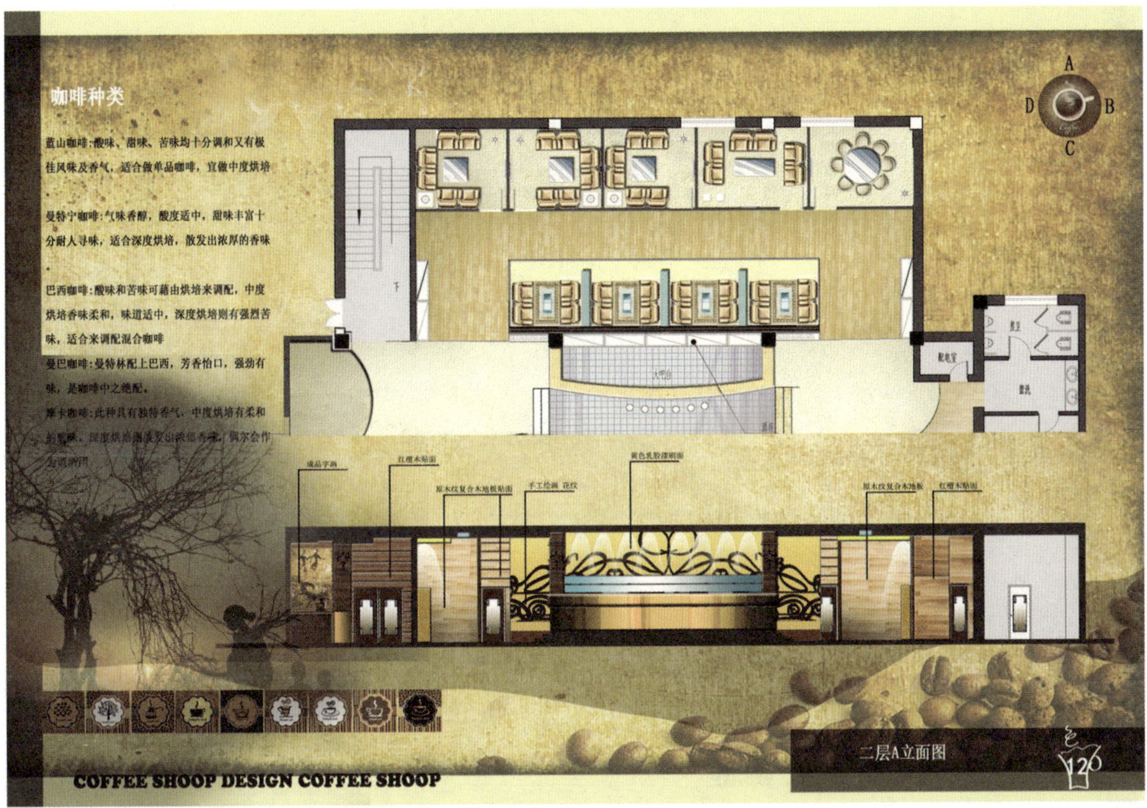
咖啡种类
蓝山咖啡:酸味、甜味、苦味均十分调和又有极佳风味及香气，适合做单品咖啡，宜做中度烘培。
曼特宁咖啡:气味香醇，酸度适中，甜味丰富十分耐人寻味，适合深度烘培，散发出浓厚的香味。
巴西咖啡:酸味和苦味可藉由烘培来调配，中度烘培香味柔和，味道适中，深度烘培则有强烈苦味，适合来调配混合咖啡
曼巴咖啡:曼特林配上巴西，芳香怡口，强劲有味，是咖啡中之绝配。
摩卡咖啡:此种具有独特香气、中度烘培有柔和
二层A立面图
12
COFFEE SHOOP DESIGN COFFEE SHOOP

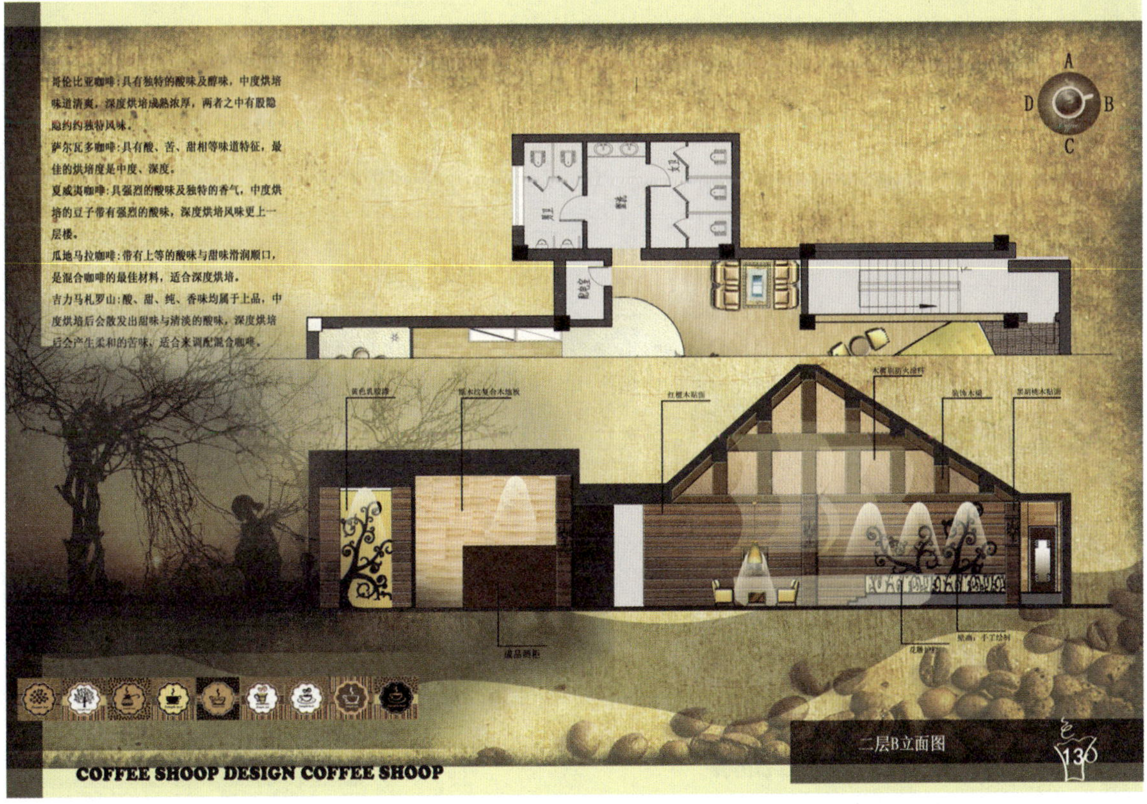
哥伦比亚咖啡:具有独特的酸味及醇味，中度烘培味道清爽，深度烘培成熟浓厚，两者之中有股隐隐约约独特风味。
萨尔瓦多咖啡:具有酸、苦、甜相等味道特征，最佳的烘培度是中度、深度。
夏威夷咖啡:具强烈的酸味及独特的香气，中度烘培的豆子带有强烈的酸味，深度烘培风味更上一层楼。
瓜地马拉咖啡:带有上等的酸味与甜味滑润顺口，是混合咖啡的最佳材料，适合深度烘培。
吉力马札罗山:酸、甜、纯、香味均属于上品，中度烘培后会散发出甜味与清淡的酸味，深度烘培后会产生柔和的苦味，适合来调配混合咖啡。
二层B立面图
13
COFFEE SHOOP DESIGN COFFEE SHOOP

A
D
B
C
二层C立面图
COFFEE SHOOP DESIGN COFFEE SHOOP
14

A
D
B
C
咖啡制作台
二层D立面图
COFFEE SHOOP DESIGN COFFEE SHOOP
15

一层效果图
17

一层效果图
18

二层效果图
20

二层效果图
21

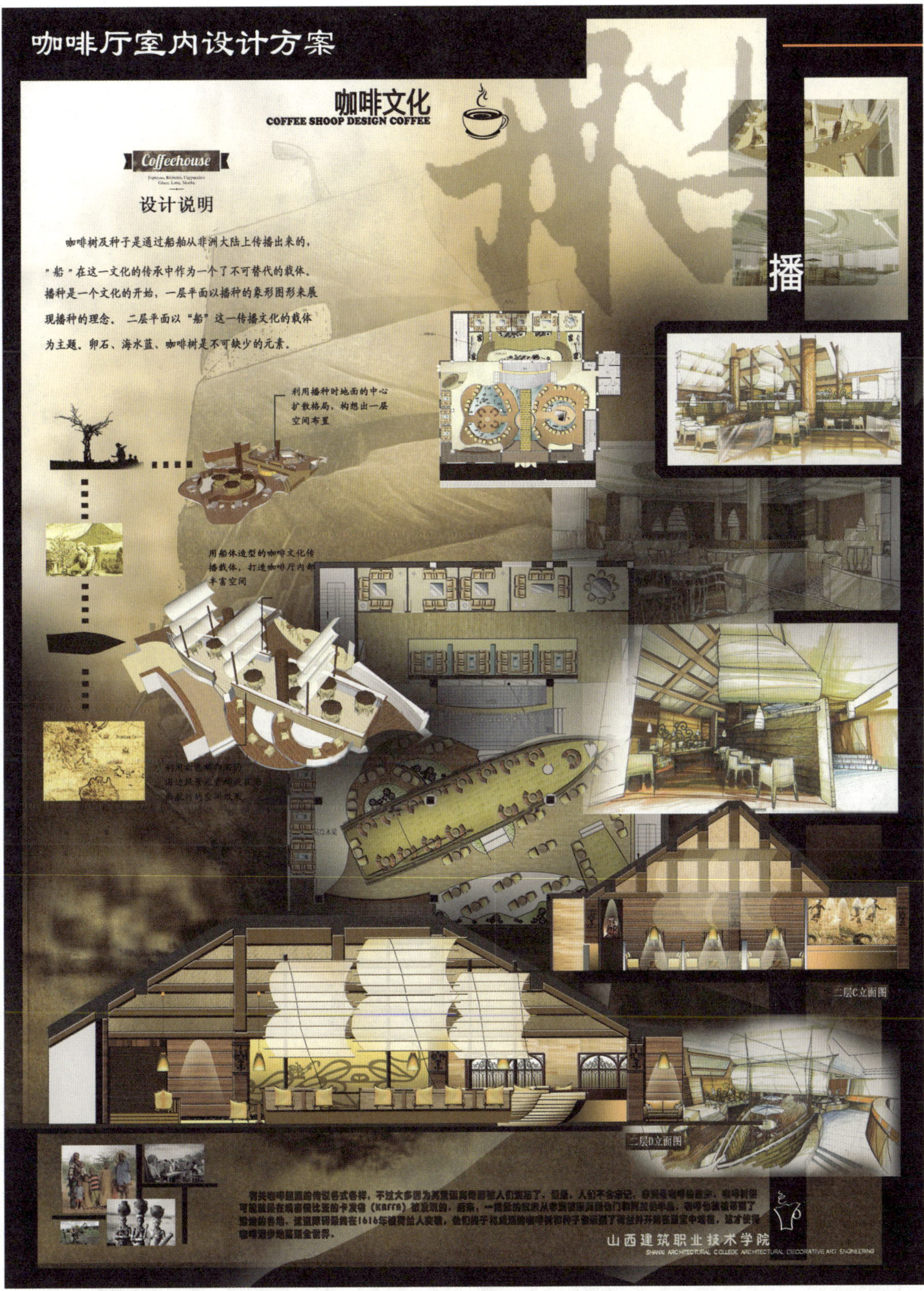
咖啡厅室内设计方案
咖啡文化
COFFEE SHOOP DESIGN COFFEE
Coffeehouse
设计说明
咖啡树及种子是通过船舶从非洲大陆上传播出来的，"船"在这一文化的传承中作为一个了不可替代的载体。播种是一个文化的开始，一层平面以播种的象形图形来展现播种的理念。二层平面以"船"这一传播文化的载体为主题。卵石、海水蓝、咖啡树是不可缺少的元素。
利用播种时地面的中心扩散格局，构想出一层空间布置
用船体造型的咖啡文化传播载体，打造咖啡厅内部丰富空间
播
二层C立面图
二层D立面图
山西建筑职业技术学院
SHANXI ARCHITECTURAL COLLEGE ARCHITECTURAL DECORATIVE ART ENGINEERING

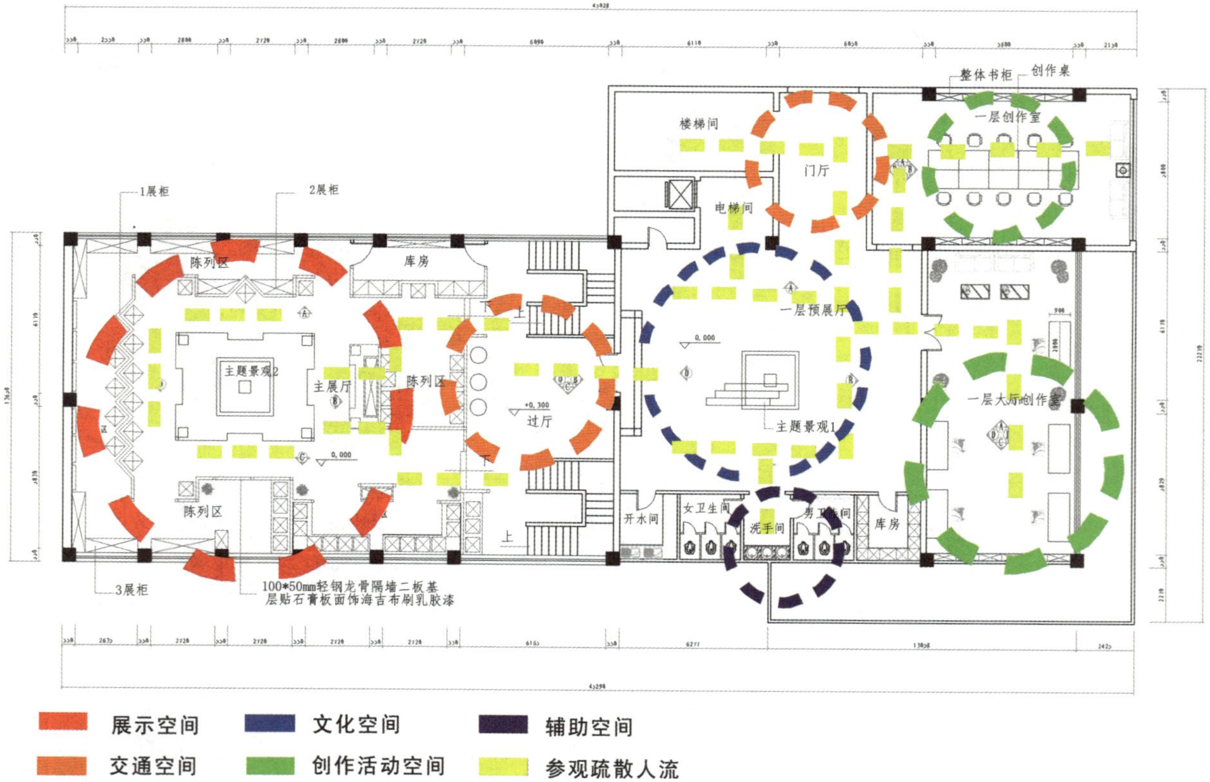

工艺美术展览馆室内装饰工程施工图设计

功能流线分析图

展示空间　文化空间　辅助空间

交通空间　创作活动空间　参观疏散人流

工艺美术展览馆室内装饰工程施工图设计

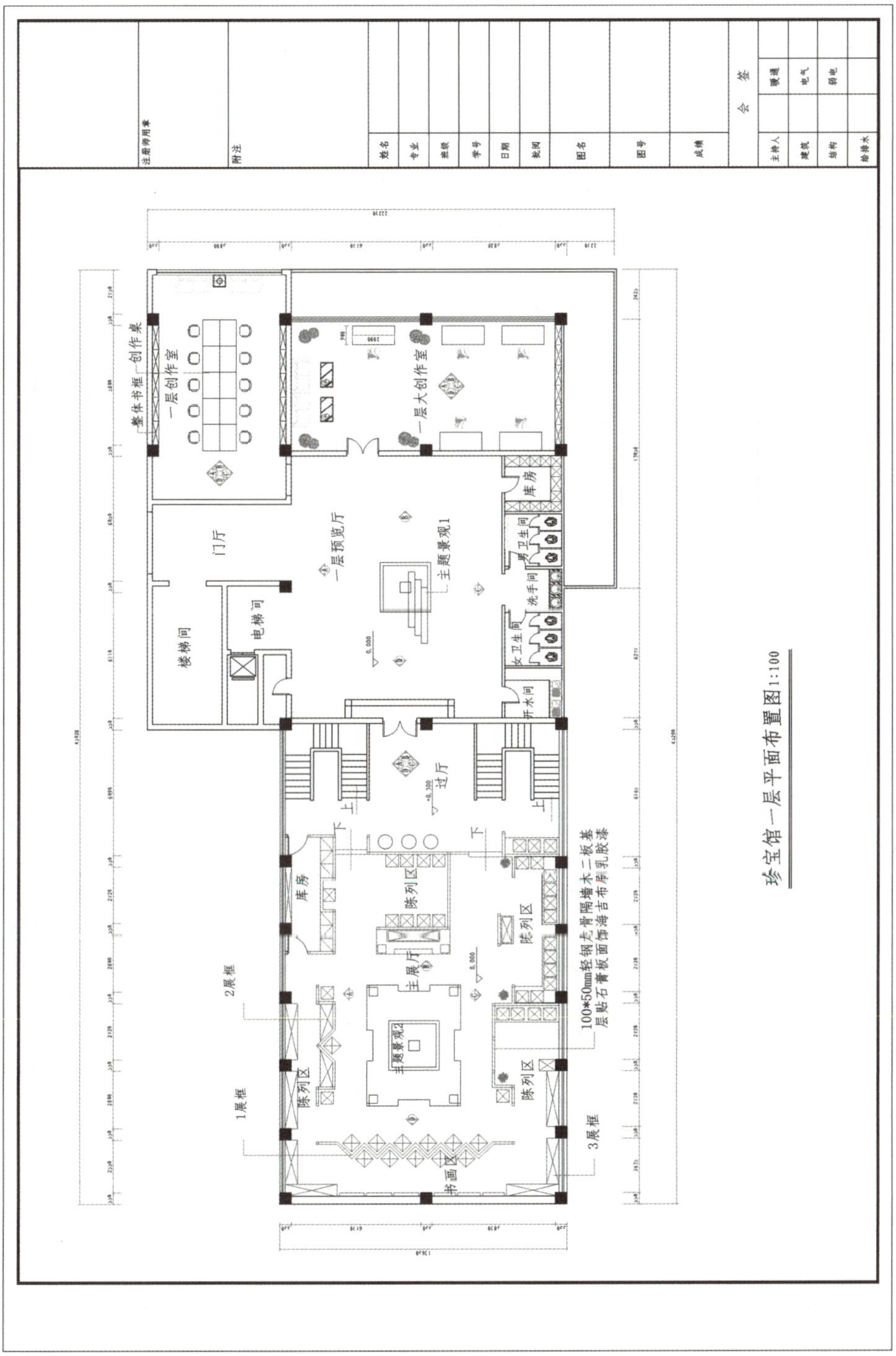

会签 主持人 暖通 建筑 电气 结构 弱电 给排水

注册师用章

附注

姓名 专业 班级 学号 日期 批阅 图名 图号 成绩

整体书框 创作桌

一层创作室

一层大创作室

库房

门厅

一层预览厅

主题景观1

男卫生间

洗手间

女卫生间

楼梯间

电梯间

开水间

过厅

上

下

库房

陈列区

陈列区

主展厅

主题景观2

2展框

陈列区

陈列区

1展框

3展框

书画区

100*50mm轻钢龙骨隔墙木二板基层贴石膏板面饰海吉布刷乳胶漆

珍宝馆一层平面布置图1:100

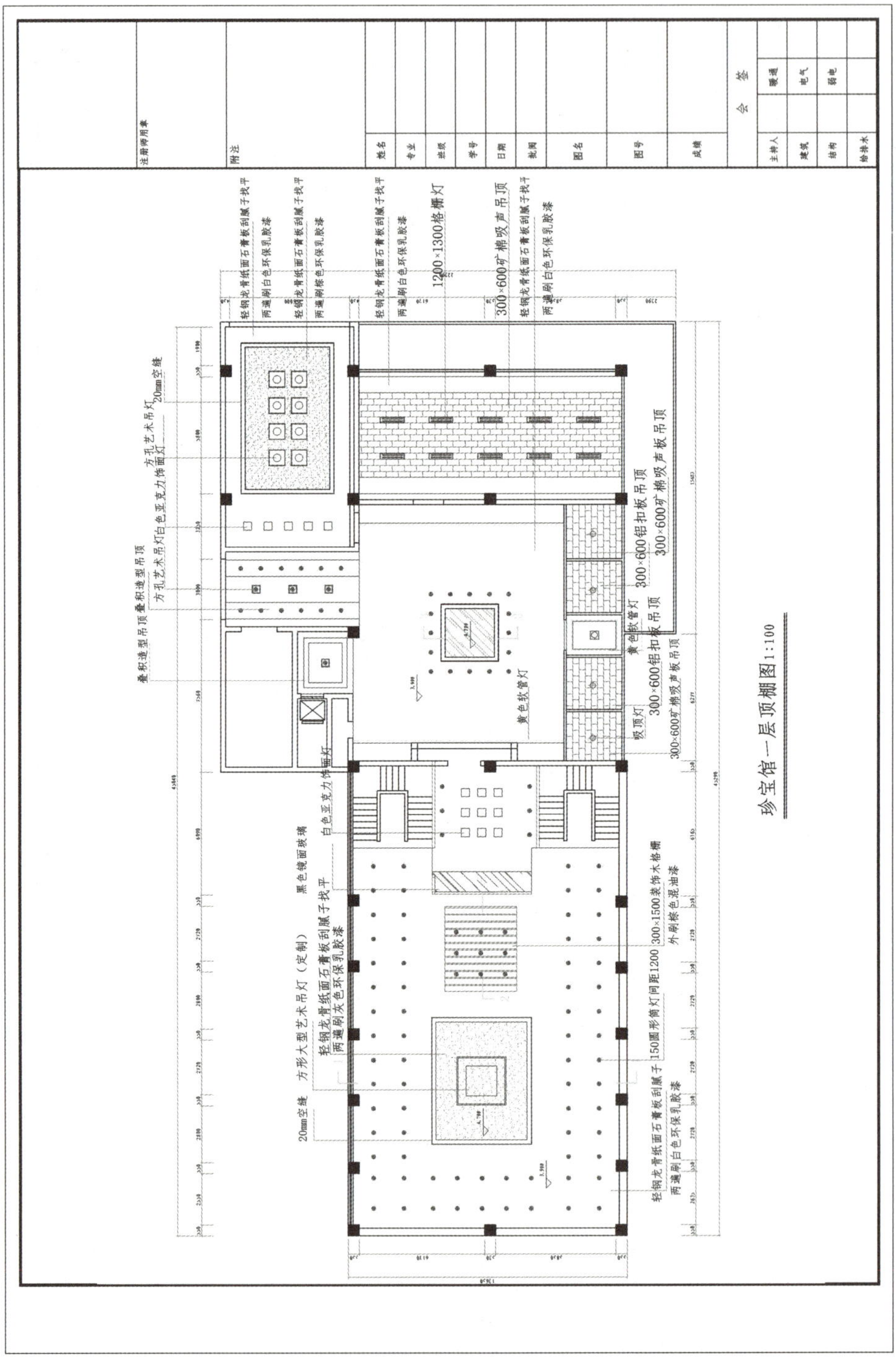

叠积造型吊顶 叠积造型吊顶
方孔艺术吊灯 白色亚克力饰面灯
方孔艺术吊灯
20mm空缝

轻钢龙骨纸面石膏板刮腻子找平
两遍刷白色环保乳胶漆
轻钢龙骨纸面石膏板刮腻子找平
两遍刷棕色环保乳胶漆

20mm空缝 方形大型艺术吊灯（定制） 黑色镜面玻璃
轻钢龙骨纸面石膏板刮腻子找平
两遍刷灰色环保乳胶漆
白色亚克力饰面灯

轻钢龙骨纸面石膏板刮腻子找平
两遍刷白色环保乳胶漆
1200×1300格栅灯
300×600矿棉吸声吊顶
轻钢龙骨纸面石膏板刮腻子找平
两遍刷白色环保乳胶漆

黄色软管灯

轻钢龙骨纸面石膏板刮腻子 150圆形筒灯间距1200 300×1500装饰木格栅
两遍刷白色环保乳胶漆 外刷棕色混油漆
吸顶灯 黄色软管灯
300×600铝扣板吊顶 300×600铝扣板吊顶
300×600矿棉吸声板吊顶 300×600矿棉吸声板吊顶

珍宝馆一层顶棚图1:100

注册师用章	
附注	
姓名	
专业	
班级	
学号	
日期	
批阅	
图名	
图号	
成绩	

会签			
主持人		暖通	
建筑		电气	
结构		弱电	
给排水			

工艺美术展览馆室内装饰工程施工图设计

工艺美术展览馆室内装饰工程施工图设计

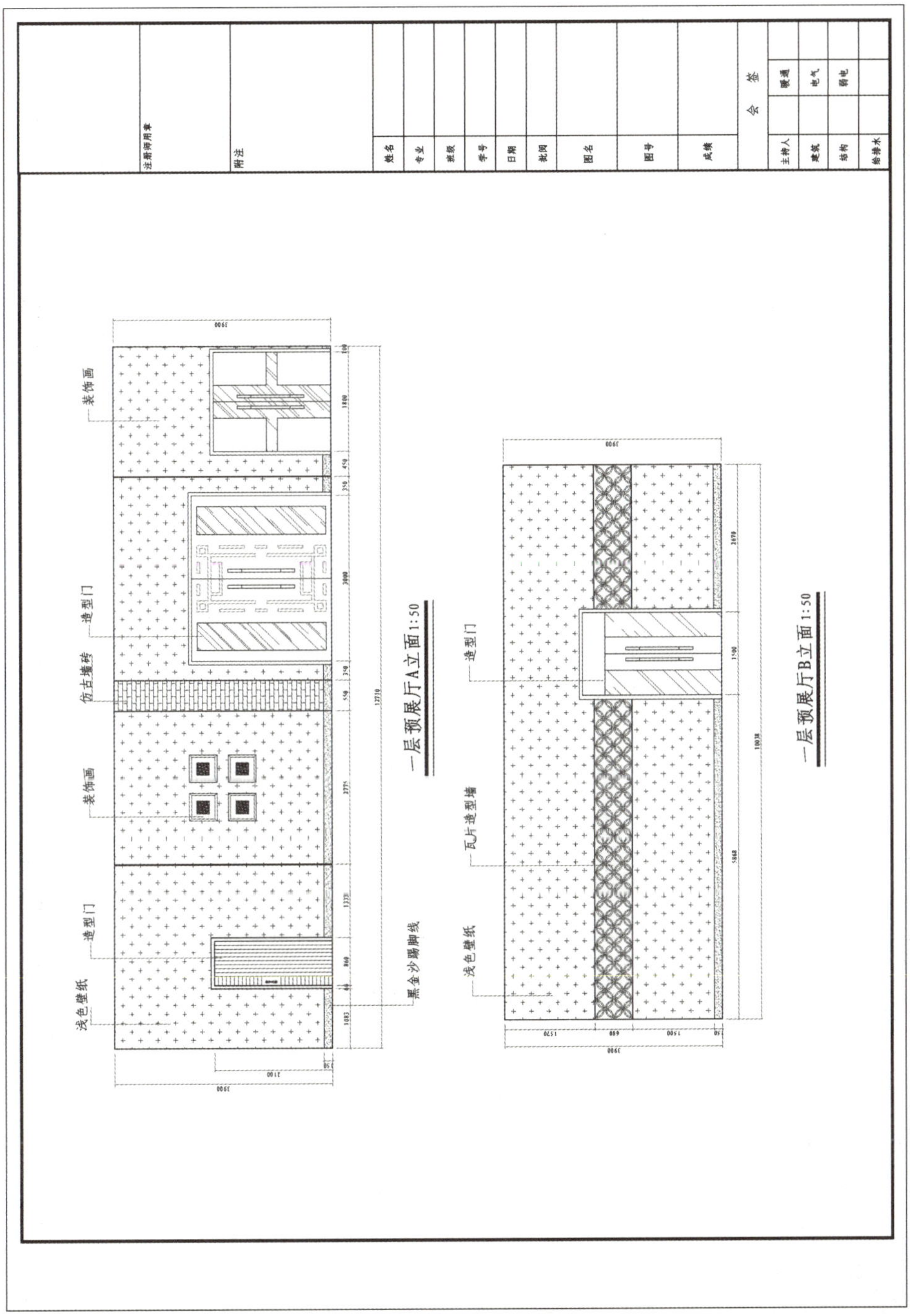

一层预展厅A立面1:50

浅色壁纸
造型门
装饰画
仿古墙砖
造型门
装饰画
黑金沙踢脚线

一层预展厅B立面1:50

浅色壁纸
瓦片造型墙
造型门

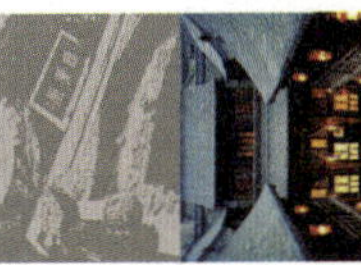

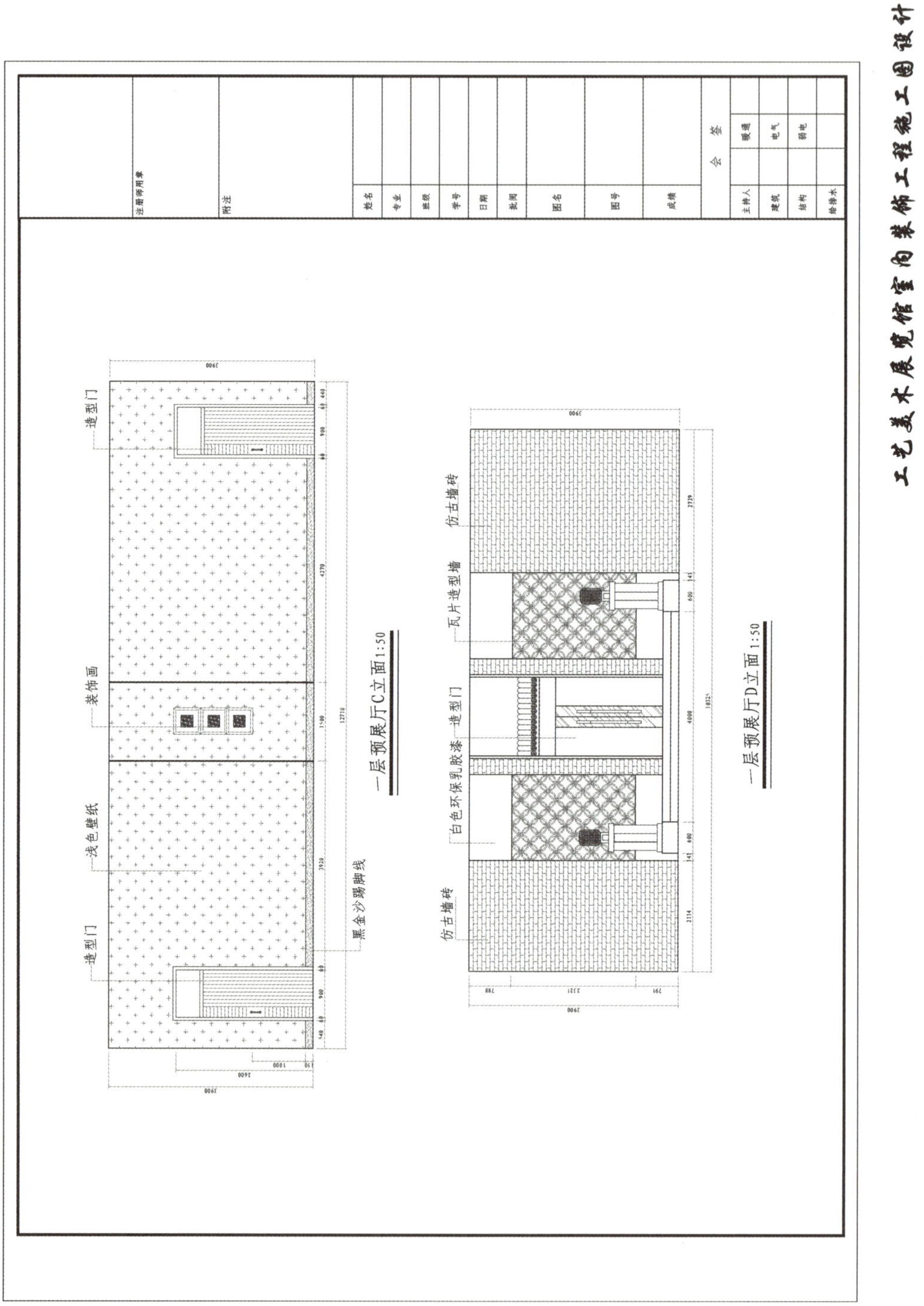

造型门
浅色壁纸
装饰画
造型门
黑金沙踢脚线

一层预展厅C立面1:50

仿古墙砖
白色环保乳胶漆
造型门
瓦片造型墙
仿古墙砖

一层预展厅D立面1:50

注册师用章	
附注	
姓名	
专业	
班级	
学号	
日期	
批阅	
图名	
图号	
成绩	

会签			
主持人		暖通	
建筑		电气	
结构		弱电	
给排水			

工艺美术展览馆室内装饰工程施工图设计

工艺美术展览馆室内装饰工程施工图设计

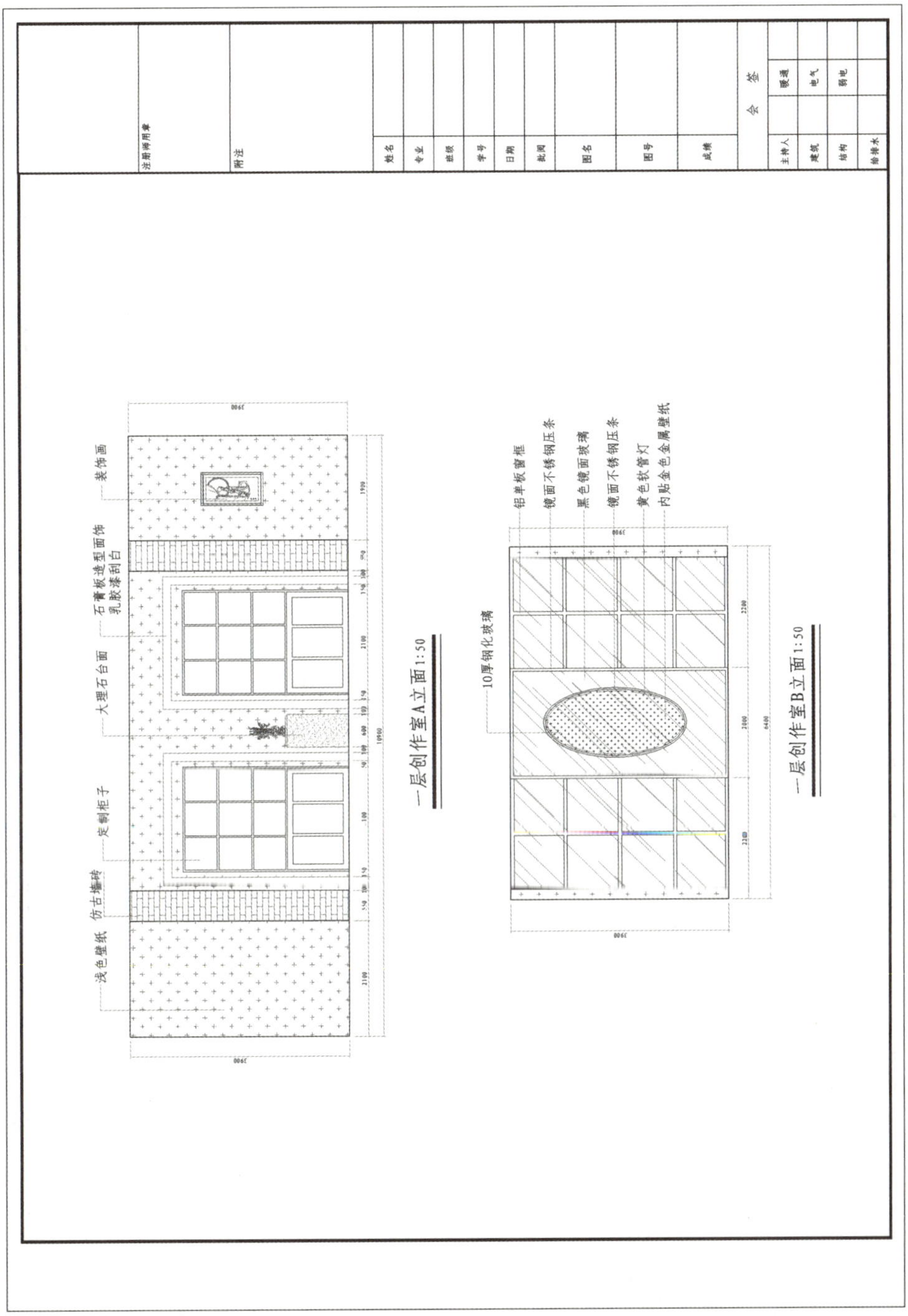

浅色壁纸
仿古墙砖
定制柜子
大理石台面
石膏板造型面饰
乳胶漆刮白
装饰画

一层创作室A立面1:50

10厚钢化玻璃
铝单板窗框
镜面不锈钢压条
黑色镜面玻璃
镜面不锈钢压条
黄色软管灯
内贴金色金属壁纸

一层创作室B立面1:50

注册师用章	
附注	
姓名	
专业	
班级	
学号	
日期	
批阅	
图名	
图号	
成绩	

会签			
主持人		暖通	
建筑		电气	
结构		弱电	
给排水			

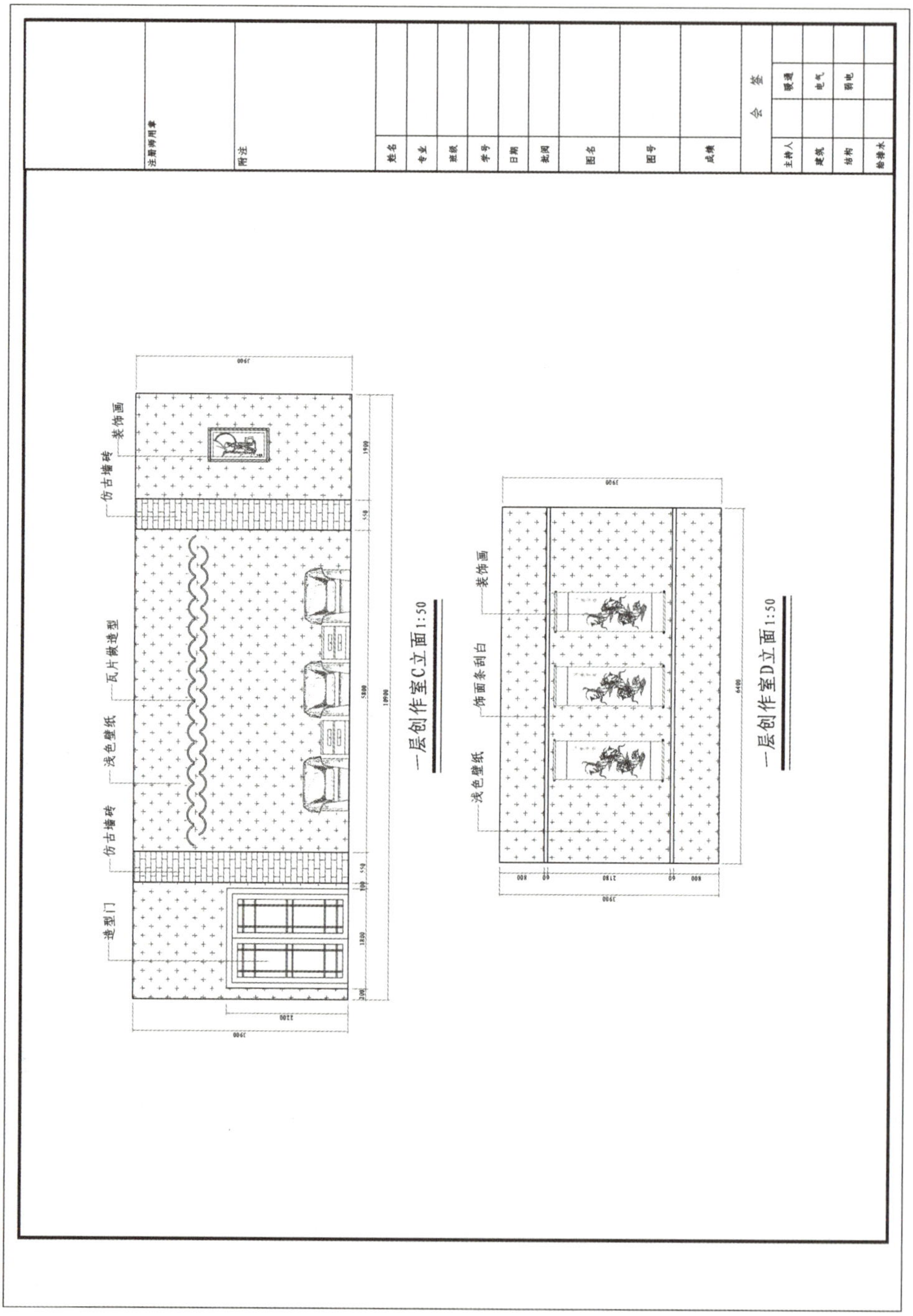

工艺美术展览馆室内装饰工程施工图设计

造型门
仿古墙砖
浅色壁纸
瓦片做造型
仿古墙砖
装饰画

3900
2200
200 1800 100 550 5800 550 1900
10900

一层创作室C立面1:50

浅色壁纸
饰面条刮白
装饰画

3900
800 60 2180 60 800
6400

一层创作室D立面1:50

注册师用章	
附注	
姓名	
专业	
班级	
学号	
日期	
批阅	
图名	
图号	
成绩	

会签			
主持人		暖通	
建筑		电气	
结构		弱电	
给排水			

仿古墙砖

造型陈列柜

干挂石材包住

400×400钢化玻璃文化墙

灰色环保乳胶漆

3900

1700

600 2130 550 2800 500 2720 550 1835 2175 1400 1255

16565

一层主展区A立面1:50

注册师用章

附注

姓名	
专业	
班级	
学号	
日期	
批阅	
图名	
图号	
成绩	

会签			
主持人		暖通	
建筑		电气	
结构		弱电	
给排水			

工艺美术展览馆室内装饰工程施工图设计

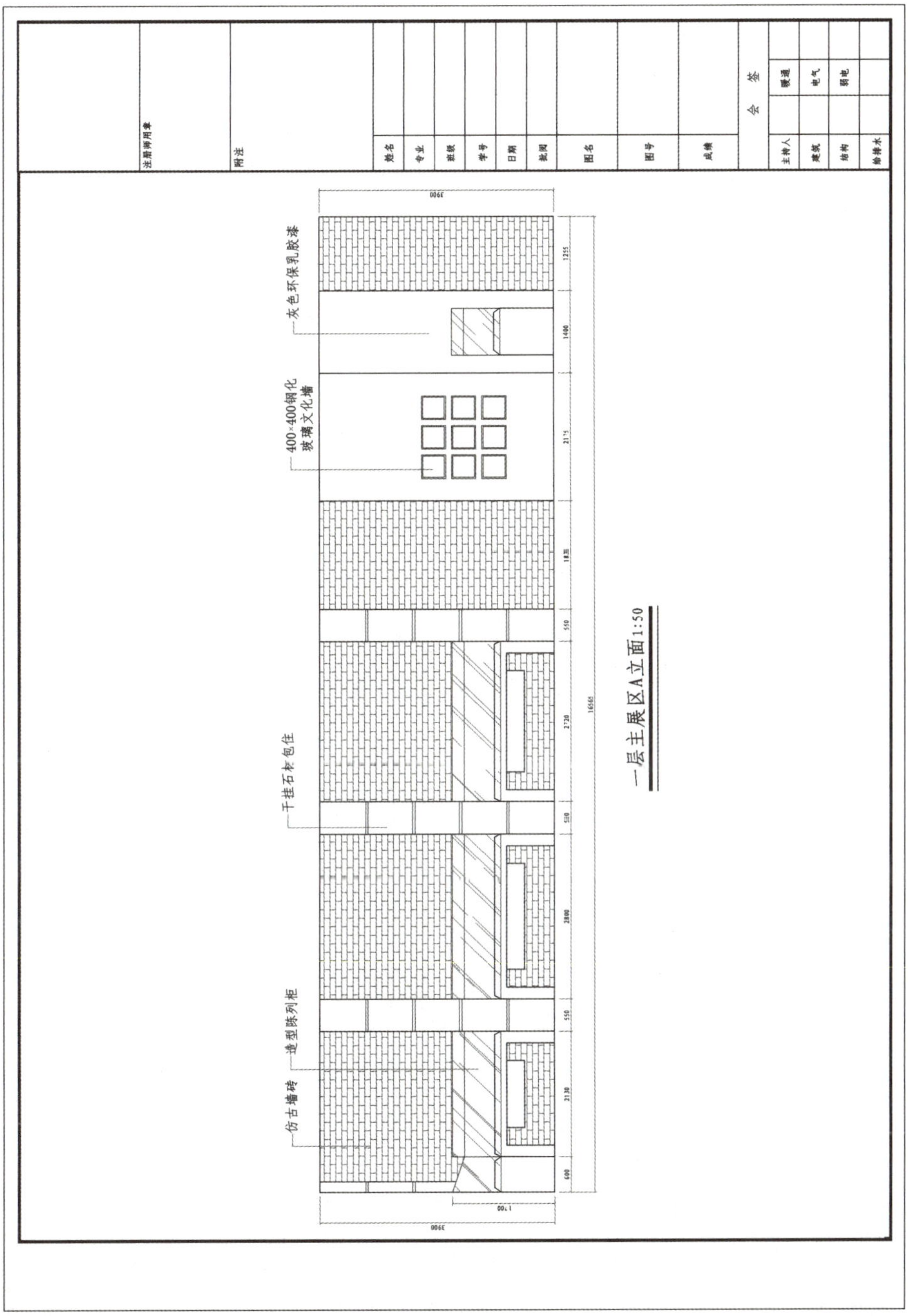

工艺美术展览馆室内装饰工程施工图设计

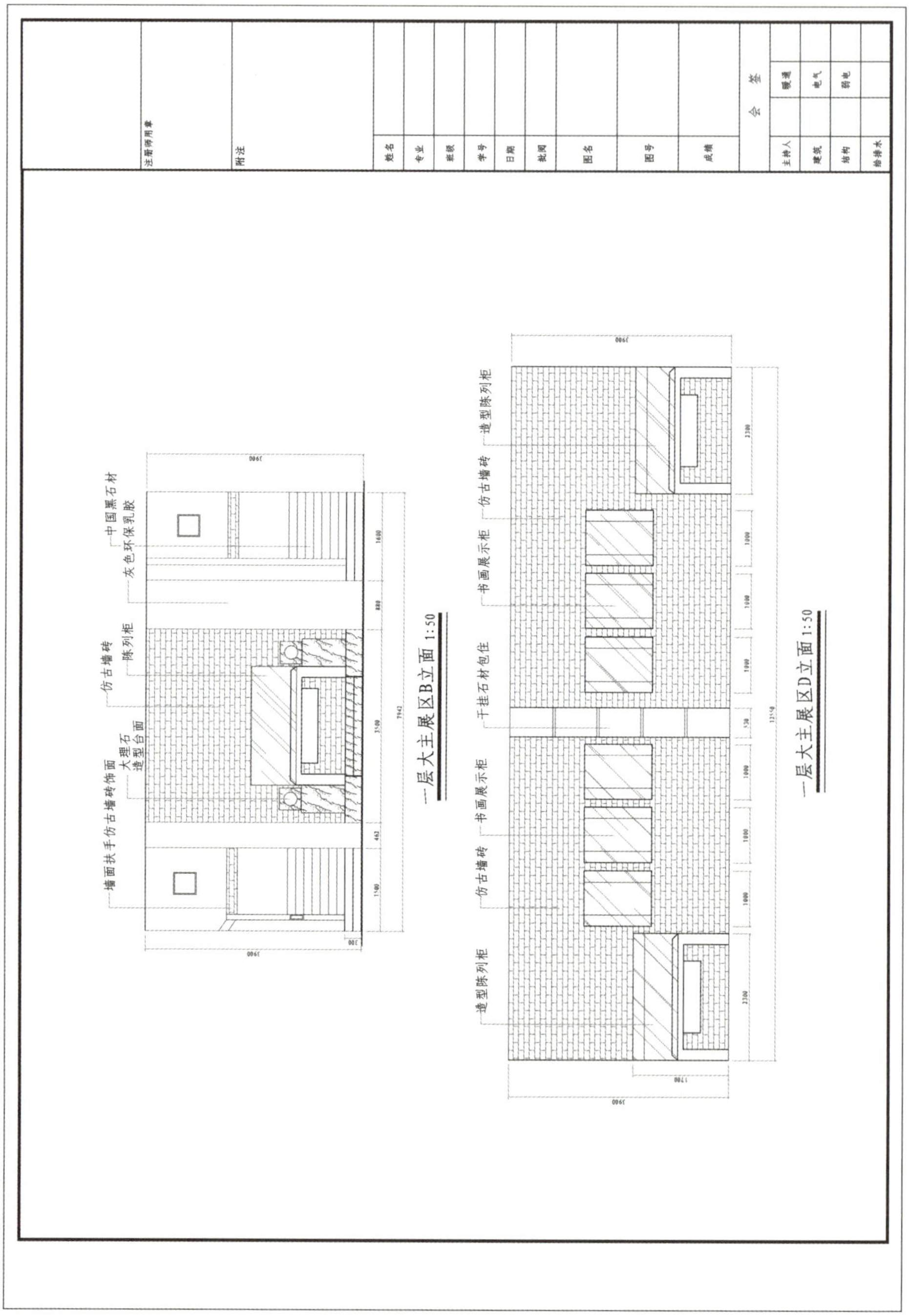

注册师用章	附注	姓名	专业	班级	学号	日期	批阅	图名	图号	成绩	会签

主持人	暖通
建筑	电气
结构	弱电
给排水	

中国黑石材

灰色环保乳胶

陈列柜

仿古墙砖

大理石造型台面

墙面扶手仿古墙砖饰面

一层大主展区B立面 1:50

造型陈列柜

仿古墙砖

书画展示柜

干挂石材包住

书画展示柜

仿古墙砖

造型陈列柜

一层大主展区D立面 1:50

造型陈列柜
干挂石材包住
造型展示窗
装饰木线条
灰色环保乳胶漆
仿古墙砖
装饰木线条
灰色环保乳胶漆

3900
1700
600 2215 550 1020 5850 1865 1600 1745 1000
16445

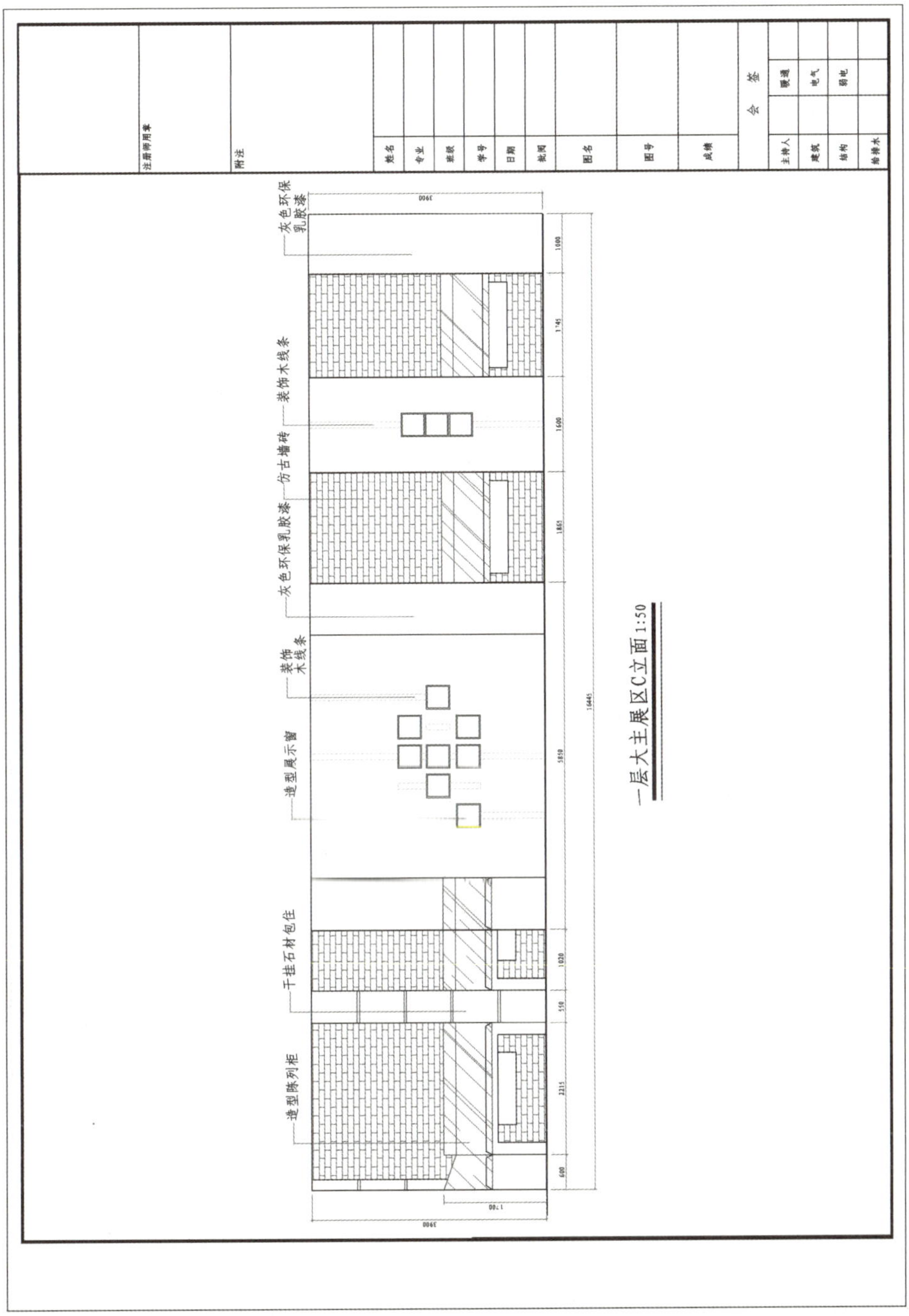

一层大主展区C立面 1:50

注册师用章	
附注	
姓名	
专业	
班级	
学号	
日期	
批阅	
图名	
图号	
成绩	

会签			
主持人		暖通	
建筑		电气	
结构		弱电	
给排水			

工艺美术展览馆室内装饰工程施工图设计

工艺美术展览馆室内装饰工程施工图设计

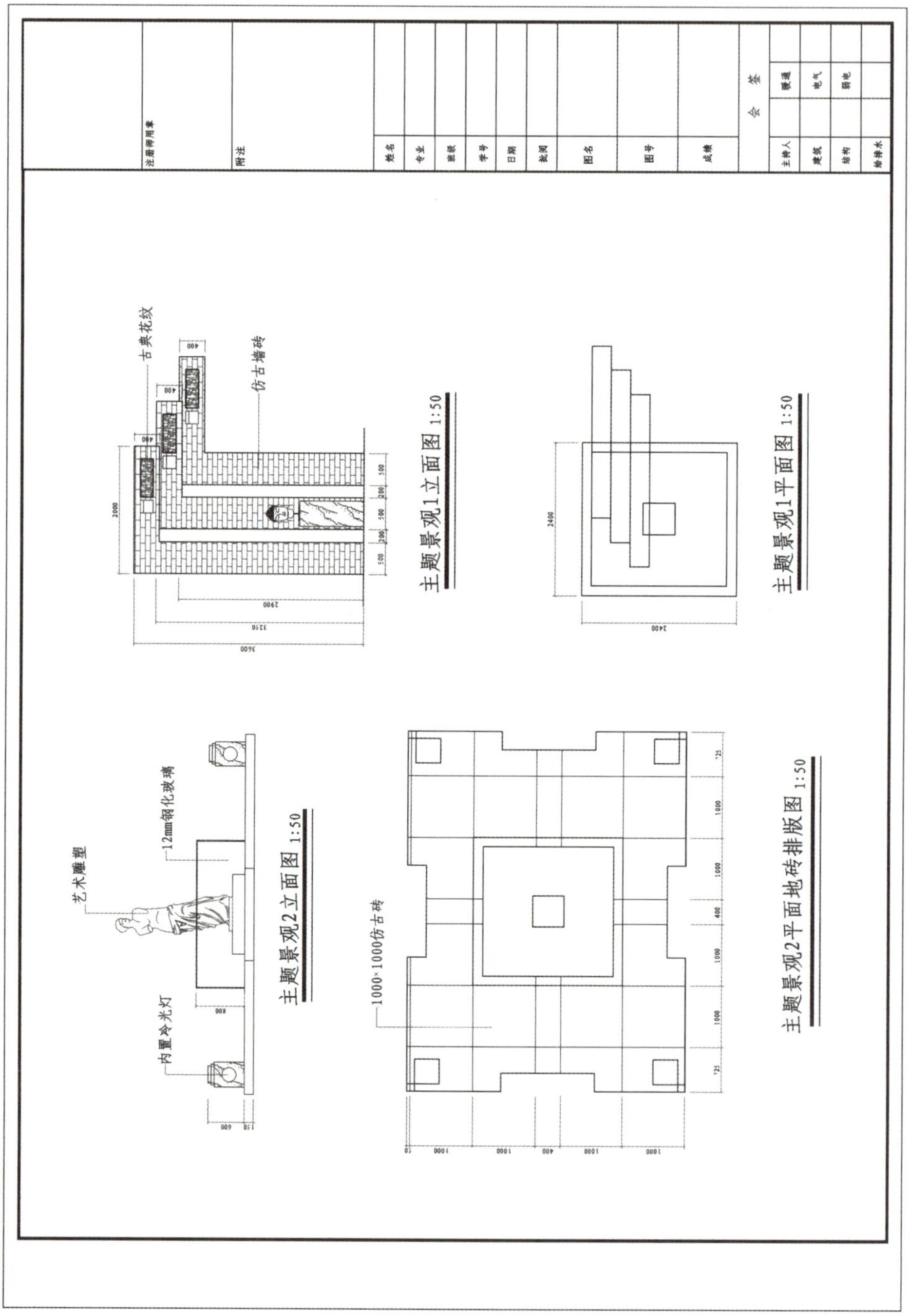

主题景观1立面图 1:50

古典花纹

仿古墙砖

主题景观1平面图 1:50

艺术雕塑

12mm钢化玻璃

内置冷光灯

主题景观2立面图 1:50

1000×1000仿古砖

主题景观2平面地砖排版图 1:50

注册师用章	附注	姓名	专业	班级	学号	日期	批阅	图名	图号	成绩	会签

主持人	暖通
建筑	电气
结构	弱电
给排水	

不锈钢干挂
5# 镀锌角钢
20 厚棕色石材
不锈钢干挂件
原混凝土柱
5# 镀锌角钢
20厚 深棕色进口石材
剖面图 1:5

混水锯齿板
20 厚棕色石材
剖面图
剖面图
混水锯齿板
红纱影被板
金色吉祥图案
20 厚棕色石材
黑金沙柱脚

吉祥图案 1:5

包柱立面详图 1:10

注册师用章	
附注	
姓名	
专业	
班级	
学号	
日期	
批阅	
图名	
图号	
成绩	

会签			
主持人		暖通	
建筑		电气	
结构		弱电	
给排水			

工艺美术展览馆室内装饰工程施工图设计

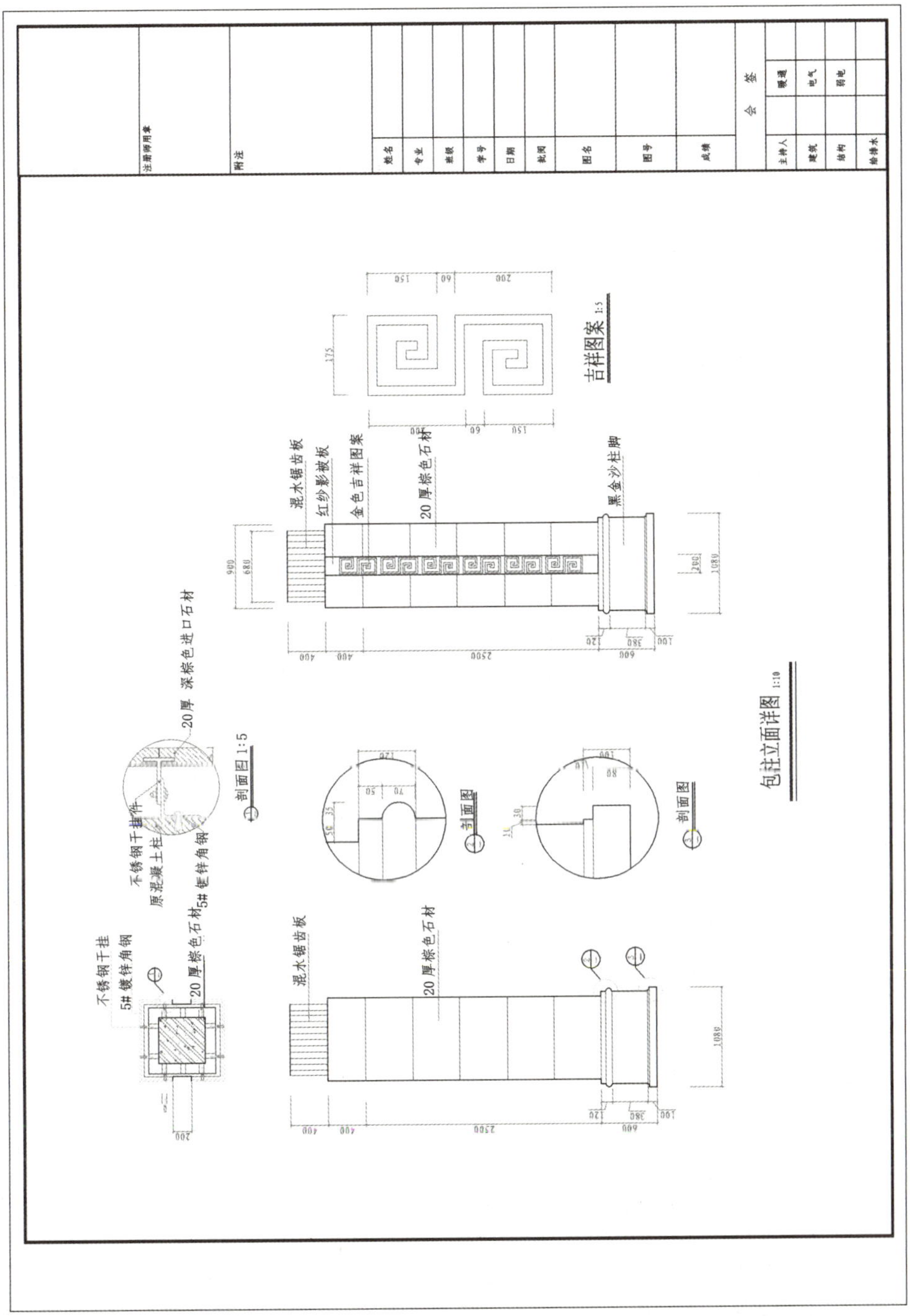

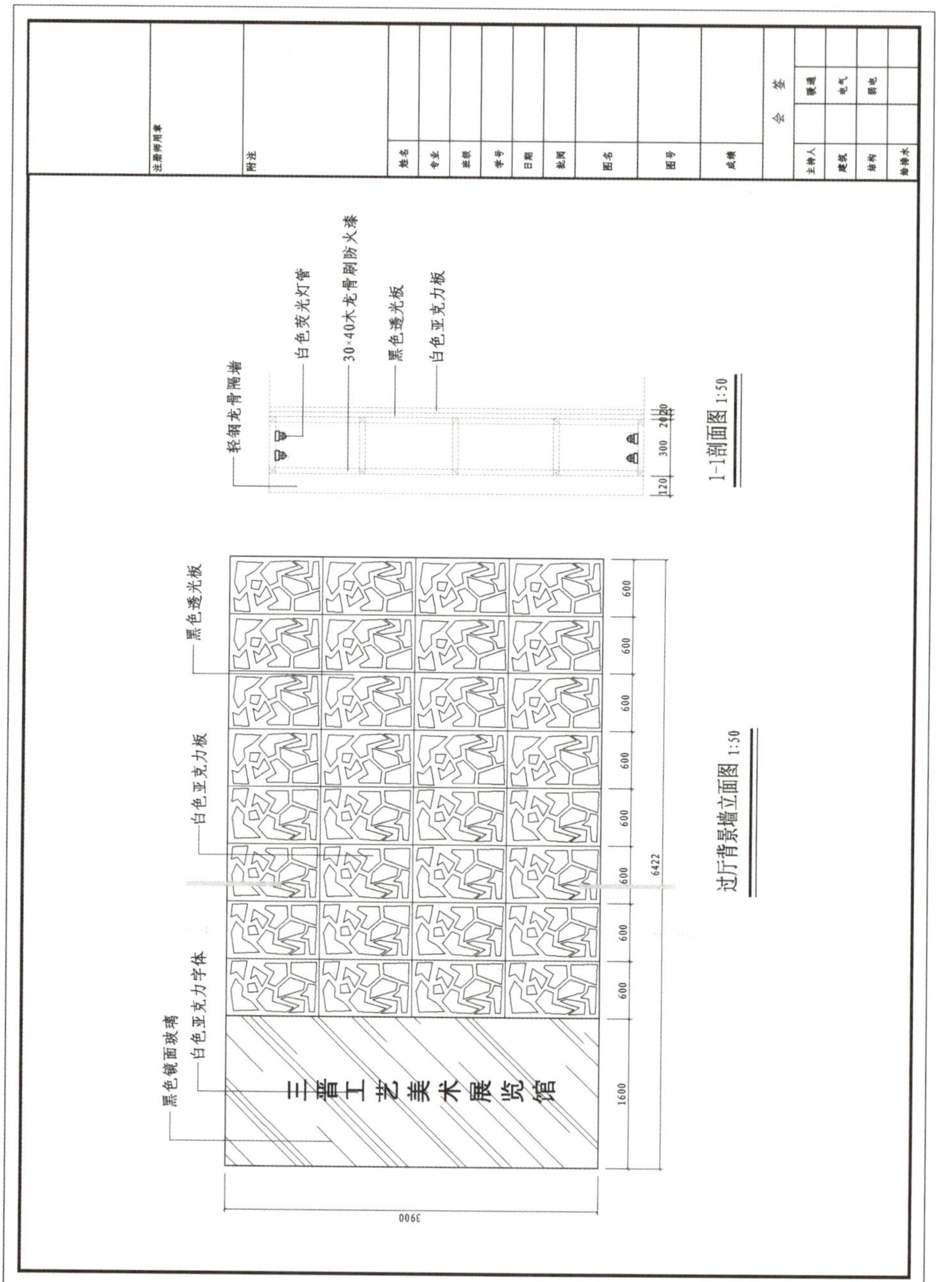

黑色镜面玻璃
白色亚克力字体
白色亚克力板
黑色透光板
三晋工艺美术展览馆
3900
1600 600 600 600 600 600 600 600 600
6422

过厅背景墙立面图 1:50

轻钢龙骨隔墙
白色荧光灯管
30×40木龙骨刷防火漆
黑色透光板
白色亚克力板
120 300 20 20

1-1剖面图 1:50

注册师用章	
附注	
姓名	
专业	
班级	
学号	
日期	
批阅	
图名	
图号	
成绩	

会签			
主持人		暖通	
建筑		电气	
结构		弱电	
给排水			

工艺美术展览馆室内装饰工程施工图设计

综合练习题

1. 旅馆总服务台台面选材时应注意什么？试举出几种常用材料。
2. 大堂是指旅馆中的哪一部分？
3. 外墙立面装修选材时需注意什么？试举出几种常用材料。
4. 橱窗内的净高达到几米，才能使顶部既能安装照明设备，又可避免见到直接光源？
5. 橱窗距地高度一般为多少？
6. 橱窗入口招牌等重点部位的照明有哪些形式？
7. 灯箱内一般用什么光源？
8. 广告招牌有哪几种安装形式？
9. 店面照明包括哪几种形式？
10. 什么是整体泛光照明？
11. 商店内营业员走道最小宽度是多少？推荐宽度是多少？
12. 商店内主要的公共走道最小宽度是多少？次要通道最小宽度是多少？
13. 营业厅净高推荐值为多少？
14. 营业厅吊顶材料选择时需注意什么？试举出几种常用材料。
15. 装饰设计的流派有哪些？
16. 公共建筑疏散楼梯宽度是多少？
17. 什么是设计中的尺度？
18. 装饰构造的类型有哪些？
19. 在楼地面构造中，刚性垫层一般用什么材料？
20. 不论哪一级防火，其防火墙的耐火极限不得低于几小时？
21. 间接费的计算基础是什么？
22. 你认为最佳的装饰构造设计是什么？
23. 框架结构中柱网的经济尺寸是多少？
24. 公共建筑的空间由哪几部分组成？
25. 公共建筑装饰设计的核心内容是什么？
26. 若使柱子看起来较细，饰面应采用什么颜色？
27. 吊顶面积较大时需起拱高度是多少？
28. 什么是清水墙、混水墙？
29. 简述木墙裙的施工顺序。
30. 上人天棚的吊筋间距是多少？
31. 餐桌餐椅的尺寸应该是多少？

32. 餐饮空间内的酒吧台的平面布置形式有哪几种？
33. 室内照明方式有哪些？
34. 色彩的物理效应是什么？
35. 室内绿化的作用有哪些？
36. 室内设计的要素有哪些？
37. 空间序列由哪几个阶段组成？
38. 如何利用色彩改善空间的体量感？
39. 色彩设计的一般原则是什么？
40. 吊顶类顶棚有哪些设计形式？
41. 窗拉手距地面高度宜为多少？
42. 门拉手距地面高度宜为多少？
43. 什么是玄关？
44. 列举几种日式风格的符号。
45. 设计比例中常用到黄金分割比，黄金比指的是多少？举例说明。
46. 在室内空间中设置镜面，形成的是什么空间？
47. 小空间的设计策略有哪些？
48. 光源的种类有哪些？
49. 在人体工程学中，下蹲取物区，直立取物区的尺度分别是什么？
50. 陈设品分为哪两大类？
51. 室内植物装饰常见的有哪几种方式？
52. 说出热水器、洗衣机、厨房水槽等出水口的高度？
53. 家装过程中会产生哪些污染物？

练习题答案

主要参考文献

贝思出版有限公司，2001. 设计一百系列——工作间 [M]. 南昌：江西科学技术出版社 .

高钰，2011. 公共空间室内设计速查 [M]. 北京：机械工业出版社 .

侯林，2009. 室内公共空间设计 [M]. 2 版 . 北京：中国水利水电出版社 .

焦涛，李捷，2010. 建筑装饰设计 [M]. 2 版 . 武汉：武汉理工大学出版社 .

孔键，等，2010. 现代室内光环境设计 [M]. 上海：同济大学出版社 .

李梦玲，邱玉，2011. 办公空间设计 [M]. 北京：清华大学出版社 .

刘超英，2007. 家装设计攻略：家装设计师核心能力解密 [M]. 北京：中国电力出版社 .

刘蔓，2004. 餐饮文化空间设计 [M]. 重庆：西南师范大学出版社 .

陆震纬，来增祥，2004. 室内设计原理下册 [M]. 2 版 . 北京：中国建筑工业出版社 .

阮忠，黄平，陈易，2007. 室内设计：建筑·环境艺术设计教学实录 [M]. 沈阳：辽宁美术出版社 .

斯坦利·阿伯克龙比，1999. 世界建筑空间设计办公空间 2[M]. 蔡红，等译 . 北京：中国建筑工业出版社，南昌：江西科学技术出版社 .

斯坦利·阿伯克龙比，2002. 酒店与餐厅空间设计 [M]. 苏畅，等译 . 沈阳：辽宁科学技术出版社 .

“拓者设计吧”网站论坛（http：//www.tuozhe8.com）

王捷二，2006. 饭店规划与设计 [M]. 长沙：湖南大学出版社 .

吴剑锋，林海，2008. 室内与环境设计实训 [M]. 上海：东方出版中心 .

吴志豪，郑玉芝，等，2002. 餐馆、酒吧、咖啡厅室内环境设计 [M]. 哈尔滨：黑龙江科学技术出版社 .

英才，2002. 商店室内环境设计 [M]. 哈尔滨：黑龙江科学技术出版社 .

张国崴，邓怀东，2007. 建筑装饰设计 [M]. 北京：中国电力出版社 .

张绮曼，郑曙旸，2000. 室内设计资料集 [M]. 北京：中国建筑工业出版社 .

周一鸣，李建伟，2010. 建筑装饰设计Ⅱ [M]. 北京：中国水利水电出版社 .

“中国室内设计联盟”网站论坛（http：//www.cool-de.com）

“筑龙网”网站论坛（http：//www.zhulong.com/）